JOURNAL FÜR HIRNFORSCHUNG

INTERNATIONALES JOURNAL FÜR NEUROBIOLOGIE
INTERNATIONAL JOURNAL OF NEUROBIOLOGY
JOURNAL INTERNATIONAL DE NEUROBIOLOGIE

BEGRÜNDET VON CÉCILE UND OSKAR VOGT

Unter Mitwirkung des Cécile und Oskar Vogt Instituts für Hirnforschung in Düsseldorf und der Arbeitsgemeinschaft für vergleichende Neuroanatomie der Fédération mondiale de Neurologie (World Federation of Neurology)

BAND 13 · HEFT 6 · 1973

AKADEMIE-VERLAG · BERLIN

Inhalt des Heftes 6

Im JOURNAL FÜR HIRNFORSCHUNG werden Arbeiten aus dem Gesamtgebiet der normalen Morphologie (Anatomie, Histologie, Cytologie, Elektronenmikroskopie, Histochemie) und der Entwicklungsgeschichte des Nervensystems unter Einschluß experimentell-anatomischer Arbeiten veröffentlicht. Neuropathologische Arbeiten werden nur angenommen, wenn sie Beiträge zur normalen Struktur, den Strukturwandlungen oder deren funktionellen Bedeutungen enthalten. Zum Publikationsgebiet des JOURNAL FUER HIRNFORSCHUNG gehören auch Arbeiten, die sich mit der Zuordnung experimenteller Reiz- und Ausfallerscheinungen bzw. klinischen Symptomen zu bestimmten Strukturen des Gehirns („Lokalisationslehre") befassen. Als spezielles Publikationsgebiet ist die vergleichende Neurobiologie vorgesehen.

The JOURNAL FÜR HIRNFORSCHUNG will publish studies on normal morphology (anatomy, histology, cytology, electron microscopy, histochemistry), on the development of the nervous system, as well experimental anatomical studies. Neuropathological studies will only be published if they contribute to the knowledge of normal structures, structural changes or their functional significance. Papers dealing with the cerebral localization of experimental excitation and deficit phenomena or clinical symptoms (localization theory) will also be published by the JOURNAL FUER HIRNFORSCHUNG. A special part of the publication is reserved for comparative neurobiology.

Le JOURNAL FÜR HIRNFORSCHUNG publiera des études sur la morphologie normale (anatomie, histologie, cytologie, microscopie électronique, histochimie), sur le développement du système nerveux ainsi que des études anatomiques expérimentales. Des études neuropathologiques seront seulement acceptées quand elles contribuent à la connaissance des structures normales, des changements structurels ou de leur signification fonctionelle. Des études sur la localisation cérebrale de phénoménes expérimentaux ou cliniques d'excitation ou de déficit (doctrine des localisations) seront également publiées par le JOURNAL FUER HIRNFORSCHUNG. Une partie spéciale sera réservée à la neurobiologie comparée.

Verantwortlich für den Inhalt Prof. Dr. I. Anthony, Paris; Prof. Dr. A. Hopf, 4 Düsseldorf; Prof. Dr. W. Kirsche, 104 Berlin; Prof. Dr. J. Szentágothai, Budapest.
Verlag: Akademie-Verlag GmbH, 108 Berlin, Leipziger Straße 3–4.
Fernruf: 200441, Telex-Nr. 0112020; Postscheckkonto: Berlin 35021. Bestellnummer dieses Heftes: 1018/13/6.
Das „Journal für Hirnforschung" erscheint sechsmal jährlich. 6 Hefte bilden einen Band.
Preis je Einzelheft 25,– M. Der Preis für einen Band beträgt 150,– M.
Satz und Druck: VEB Druckhaus „Maxim Gorki", 74 Altenburg.
Veröffentlicht unter der Lizenznummer 1326 des Presseamtes beim Vorsitzenden des Ministerrates der Deutschen Demokratischen Republik.
Printed in the German Democratic Republic

JOURNAL FÜR HIRNFORSCHUNG

Internationales Journal für Neurobiologie

BAND 13 | Heft 6 | 1973

Aus dem Anatomischen Institut der Humboldt-Universität zu Berlin
(Direktor: Prof. Dr. sc. med. W. KIRSCHE)
und
aus der Abteilung für Elektronenmikroskopie des Bereiches Medizin (Charité)
(Leiter: Prof. Dr. sc. med. H. DAVID)
am Pathologischen Institut der Humbold-Universität zu Berlin
(Direktor: Prof. Dr. sc. med. L.-H. KETTLER)

Licht- und elektronenmikroskopische Untersuchungen über die Dendritenspines an Pyramiden-Neuronen des Hippocampus (CA 1) bei der Ratte[1][2]

Von

J. WENZEL, W. KIRSCHE, G. KUNZ, H. NEUMANN, M. WENZEL und E. WINKELMANN

Mit 12 Abbildungen und 2 Tabellen

(Eingegangen am 20. 9. 1971)

Untersuchungen der letzten Jahre über die Struktur postsynaptischer Neuronoberflächen haben zu der Vorstellung geführt, daß an Pyramidenneuronen die Dendritenspines (-Dornen) das entscheidende rezeptive Strukturelement darstellen und ein signifikantes Merkmal des synaptischen Apparates sind (GLOBUS and SCHEIBEL 1967, SCHEIBEL 1968). Quantitative Untersuchungen über das Vorkommen und die Verteilung der Dendritenspines an Neuronen der Hirnrinde bestätigen die Richtigkeit dieser Ansicht (GLOBUS and SCHEIBEL 1966, JACOBSON 1967, MARIN-PADILLA 1967, 1968, SCHEIBEL and SCHEIBEL 1968, VALVERDE 1968, 1967, VALVERDE and RUIZ-MARCOS 1969 u. a.). Besondere Bedeutung erhalten diese Erkenntnisse durch die Ergebnisse morpho-funktioneller und pathomorphologischer Untersuchungen, in denen zwischen der Spines-Anzahl und dem Alter sowie der Ausbildung senso-motorischer Funktionen bzw. gestörter Funktionen eindeutige Korrelationen nachgewiesen wurden (SARKISSOW 1967, Lit.!, SCHEIBEL and SCHEIBEL 1968).

Während für den senso-motorischen Cortex bereits Ergebnisse quantitativer Spines-Untersuchungen vorliegen, fehlen sie bisher für den Hippocampus, der zentralen Struktur des limbischen Systems. Sie scheinen hier umso notwendiger, da dem Hippocampus bei der Kontrolle

[1]) Mit dankenswerter Unterstützung durch einen Forschungsauftrag des Ministeriums für Wissenschaft und Technik der DDR.

[2]) Den medizinisch-technischen Assistentinnen Frau Gisela DUWE und Frau Brigitte MANNSFELD danken wir für die sorgfältige technische Mitarbeit.

und Verarbeitung sensorischer Afferenzen und deren Integration in komplexe kortikale Prozesse eine entscheidende Rolle im Lern- und Gedächtnisprozeß zukommen soll (ADEY 1961, 1962, 1967, MEISSNER 1966, GREEN 1964, DOUGLAS 1967, KIMBLE and KIMBLE 1965, SMYTHIES 1967, FLEXNER 1968, LIEBMANN and RAUCH 1970, MATTHIES et al. 1970 (pers. Mitt.) u. a.).

Ziel der vorliegenden Untersuchungen ist eine qualitative und quantitative Strukturanalyse der CA-1-Region des Hippocampus unter besonderer Berücksichtigung der Dendritenspines und ihrer verschiedenen funktionellen Beziehungen.

Material und Methoden

Die Untersuchungen wurden an 6 Monate alten, männlichen Albinoratten (Stamm Rehbrücke) durchgeführt. Sämtliche Versuchstiere wurden unter standardisierten Bedingungen gehalten und erhielten Standardfutter und Trinkwasser ad libidum. Für die Untersuchungen wurden nur gesunde Ratten verwendet; als Narkotikum diente Äther pro narcosi.

Lichtmikroskopie: Für die lichtmikroskopischen Untersuchungen wurde eine modifizierte GOLGI-KOPSCH-Methode verwendet. Die Fixierung erfolgte durch transcardiale Perfusion. Nach Abschluß der Imprägnation wurden die Gehirne in Zelloidin eingebettet und in Frontalserien von 200 µm Schnittdicke aufgearbeitet. Zur Orientierung dienten ferner Horizontalserien, Golgi-Rapid-Präparate und HE-Schnittserien gleichaltriger Ratten. Von insgesamt 25, nach einem Zufallsverfahren ausgewählten und nach GOLGI-KOPSCH imprägnierten Rattengehirnen, wurden die 5 Gehirne für quantitative Untersuchungen verwendet, die die beste Imprägnation in der CA 1-Region des Hippocampus zeigten. Von diesen 5 Rattengehirnen wurden aus dem rostralen Hippocampus jeweils 15 vollständig imprägnierte, verschieden lange Pyramidenneurone der CA 1-Region ausgewählt. Es wurden nur solche Zellen quantitativ ausgewertet, die einen deutlich ausgebildeten Spitzendendriten aufwiesen. Folgende Spines-Zählungen wurden vorgenommen: Im Bereich der apikalen und basalen Dendriten wurden pro Neuron an jeweils 10 Dendriten von mindestens 75 µm Länge in einem Abstand von 25 µm vom Hauptdendriten bzw. vom Perikaryon (basal) über eine Dendritenstrecke von 50 µm die sichtbaren Spines ausgezählt. Der apikale Hauptdendrit wurde über seine gesamte Länge in 50 µm lange Segmente unterteilt und die in den entsprechenden Segmenten sichtbaren Spines gezählt. Die statistische Auswertung umfaßte Berechnungen ungewogener arithmetischer Mittelwerte und der dazugehörigen Standardabweichungen sowie die einfache Varianzanalyse.

Elektronenmikroskopie: Sämtliche für die feinstrukturellen Untersuchungen verwendeten Gehirne wurden mittels Perfusion fixiert. Nach transcardialem Einführen einer Kanüle in die Aorta wurde für ca. 30—60 Sekunden das Gehirn mit einer isotonischen Elektrolyt-Infusionslösung (ca. 25 ml) durchströmt und anschließend mit eiskalter Fixierungslösung nach KARNOVSKY für ca. 30 Minuten bei 100 mm Hg (ca. 100 ml) perfundiert und für 1 Stunde bei 4 °C in der gleichen Lösung weiterfixiert. Im Hinblick auf spätere quantitative Untersuchungen wurde auf Zusatz von gefäßerweiternden oder gerinnungshemmenden Substanzen wegen evtl. pharmakologischer Effekte an den Synapsen verzichtet. Nach beendeter Aldehyd-Fixation wurden die Blöckchen mit 0,1 m Millonig-Puffer (pH 7,4) gewaschen und in 1%iger OSO_4 bei 4 °C nachfixiert, über die aufsteigende Acetonreihe dehydriert und in Vestopal W eingebettet. Von den Blöckchen wurden Semidünnschnitte angefertigt, mit MALLORYS Methylenblau gefärbt und die entsprechende Region ausgewählt. Ultradünnschnitte wurden mit einem LKB-Ultrotom angefertigt und mit Uranylazetat und Bleizitrat nach REYNOLDS kontrastiert. Teilweise wurden die Schnitte mit Phosphorwolframsäure behandelt. Das Mikroskopieren der Ultradünnschnitte erfolgte mit einem Siemens-Elmiskop IA.

Befunde

A. Licht- und elektronenmikroskopische Untersuchungen

Die Pyramiden-Neurone der CA-1-Region des Hippocampus (LORENTE DE NÓ 1934) lassen sich auf Grund bestimmter morphologischer Merkmale von den Neuronen angrenzender Hippocampusareale relativ gut unterscheiden. Golgi-Präparate zeigen in Übereinstimmung mit Befunden der älteren Literatur (CAJAL 1893, 1903, POPOFF and POPOFF 1929, LORENTE DE NÓ 1934, ROSE 1927, 1926) eine deutliche Schichtung der CA 1-Region (Regio superior): Alveus, Stratum oriens (150 µm), Str. pyramidale (50 µm), Str. radiatum einschließlich Str. lacunosum (300 µm) und Str. moleculare

Abb. 1. Hippocampus der Ratte — Regio superior CA 1. →

a) Ausschnitt aus der Regio CA 1 mit typischen Neuronen: gerade verlaufender apikaler Hauptdendrit (Zellen um 180° gedreht). GOLGI. Schnittdicke 200 µm. Vergr. 120×. b) Spinesfreies Anfangssegment des apikalen Hauptdendriten eines CA 1-Neurons. GOLGI. Vergr. 900×. c, d) Axo-somatische (c) und axo-dendritische (d) Synapsen an CA 1-Neuronen. Vergr. 900×. e) Mittlerer Teil des apikalen Hauptdendriten mit Spines im Str. radiatum. GOLGI. Vergr. 1 200×. f) Apikaler Hauptdendrit mit Spines im Str. lacunosum. GOLGI. Vergr. 900×. g) Axo-somatische Synapse (as) im Str. pyramidale. P— Perikaryon eines CA 1-Neurons; A — Axon; M — Mitochondrium. Vergr. 50000×

a
b
c
d
e
f
M
A
P
as
g

(100 µm). (Die Zahlenangaben stellen abgerundete Mittelwerte von Messungen dar, die an Golgi- und HE-Präparaten 6 Monate alter Ratten vorgenommen wurden).

Die Perikarya der Pyramiden-Neurone liegen in einer ca. 50 µm dicken Schicht eng aneinandergedrängt. Nur vereinzelt kommen ober- oder unterhalb dieser Zone „deplazierte" Neurone (HAMLYN 1963) vor. Pyramiden-Neurone der CA 1-Region (Abb. 1a) besitzen als typisches morphologisches Merkmal einen vertikal zum Str. moleculare aufsteigenden Hauptdendriten, der in seinem Anfangsteil relativ wenige Seitendendriten abgibt. Mit zunehmender Entfernung vom Perikaryon wird jedoch über die Gesamtlänge des Hauptdendriten eine Vielzahl von Seiten- oder Primär-Dendriten abgegeben. Im Str. lacunosum erfolgt meist schon eine stärkere Aufteilung des Hauptdendriten; der Hauptdendrit läßt sich in Golgi-Kopsch-Präparaten gut verfolgen und ist aufgrund seines größeren Durchmessers und geraden Verlaufes gut gegen die anderen Dendriten abgrenzbar. Aus den primären Dendriten geht nach dichotomer Teilung eine Vielzahl dünnkalibriger Seitendendriten hervor. Am basalen Teil der Pyramidenneurone (Bezeichnung nach dem Axonabgang) entspringen einige dickkalibrige Dendriten, die sich schon in unmittelbarer Nähe des Perikaryon in zahlreiche dünne Dendritenäste aufzweigen und ein breites basales Dendritenfeld bilden. Die seitliche und damit räumliche Ausdehnung der basalen Dendriten übertrifft die der apikalen Dendriten beträchtlich.

Golgi-Rapid-Präparate lassen besonders deutlich erkennen, daß sich zwischen den Dendritenverzweigungen ausgedehnte unmyelinisierte Axonplexus mit zahlreichen, knöpfchenähnlichen Endigungen befinden.

Die weitere Darstellung der Befunde ist in erster Linie auf die Synaptologie der einzelnen Schichten beschränkt, da über die Feinstruktur der Perikarya und Dendriten der CA 1-Region entsprechende Untersuchungsergebnisse bereits vorliegen.

1. Stratum pyramidale

Die untersuchten Neurone der CA 1-Region lassen weder mit licht- noch feinstrukturellen Methoden sicher somatische Spines erkennen (Abb. 1b). Vereinzelt beobachtet man Protuberanzen der Perikaryonoberfläche und in ihrer Nähe liegende Axone; die Ausbildung synaptischer Membrankontakte wird jedoch nicht gefunden. Die Anzahl axosomatischer Synapsen (Abb. 1c, g) ist im Vergleich zu anderen Hippocampusregionen ebenfalls sehr gering. Die vorkommenden axosomatischen Synapsen besitzen auffallend große Axonterminale. Neben Axonterminalen mit überwiegend runden Vesikeln kommen große axonale Endigungen mit unterschiedlich großen Vesikeln vor. In der Mehrzahl enthalten sie runde Vesikel (250—500 Å), ovale Vesikel (750—1000 Å) und große mit elektronendichtem Material gefüllte, runde bis ovale Vesikel ("dense core vesicles", 1250 bis max. 2000 Å). Im Golgi-Präparat fallen sie als feine Axone auf, die in Perikaryonnähe besonders große Anschwellungen besitzen und am Soma endigen (Abb. 1c).

2. Stratum radiatum und Str. lacunosum

Die Anfangsteile des Str. radiatum sind mit der Vielzahl parallel ziehender und großkalibriger Hauptdendriten der CA 1-Neurone ausgefüllt (Abb. 2). Zwischen ihnen liegen die feinen Seitendendriten und zahlreiche unmyelinisierte Axone (Abb. 2c). Axo-dendritische Synapsen sind relativ selten; auch das Fehlen oder nur vereinzelte Vorkommen von Spines ist in diesem Abschnitt ein charakteristischer Befund. Vorhandene axo-dendritische Synapsen sind asymmetrisch hinsichtlich der Membranspezialisation oder als GRAY-I-Typ ausgebildet, d. h. nur die postsynaptische Membran weist eine entsprechende Gestaltung auf.

Der auffallendste Befund des Str. radiatum ist die Verteilung der Spines über die Länge des Hauptdendriten. Während im Anfangsteil nur selten Spines gesehen werden, nimmt mit größerer Entfernung vom Perikaryon ihre Häufigkeit zu (Abb. 1b, e, f). Lichtmikroskopisch erscheinen sie als plumpe Vergröberungen der Dendritenoberfläche; nur ein Teil läßt am Dendritenabgang einen schlanken Abschnitt mit einem anschließenden rundlichen und größeren Profil erkennen. Feinstrukturell läßt sich dieser Befund bestätigen. In den meisten Dendritenspines erkennt man einen Spine-Apparat, eine aus mehreren membranbegrenzten Säckchen bestehende und durch dichte Bänder geteilte Spezialstruktur (Abb. 3a). Neurotubuli oder Mitochondrien fehlen in jedem Fall in den Spines. Der Spine-Apparat liegt sowohl in der Spitze als auch in den basalen Teilen der Spines; vereinzelt reichen die Säckchen bis in die Dendriten. Im Bereich des Str. radiatum-lacunosum-Übergangs ist die Dichte der Spines am Hauptdendriten am größten.

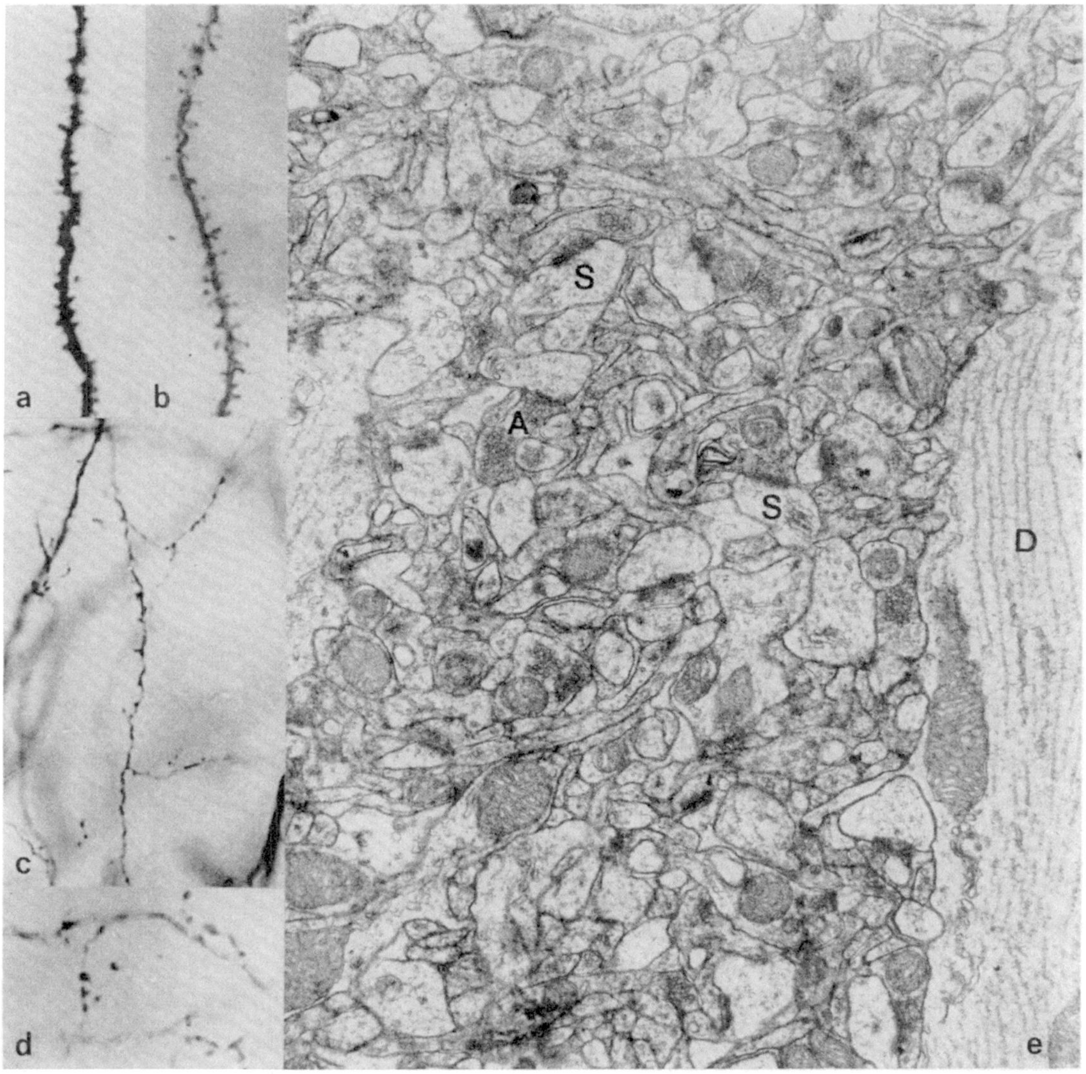

Abb. 2. Ausschnitte aus dem Str. radiatum des Rattenhippocampus (CA 1).
a, b) Seitendendriten mit Spines nach Golgi-Rapid (a) und Golgi-Kopsch (b). Vergr. 900×. c) Unmyelinisiertes Axon mit Kollateralen im Str. radiatum. Golgi. Vergr. 900×. d) Axonplexus mit zahlreichen Terminalen. Golgi. Vergr. 900×. e) Übersicht aus dem Str. radiatum. D — Hauptdendrit mit Spines; S — Spines mit Spine-Apparat; A — Axonterminale (Praesynapse). Vergr. 20000×

An den Seitendendriten läßt sich bereits lichtmikroskopisch ein polymorphes Bild der Spines-Struktur erkennen (Abb. 2a, b). Schlankstielige, mit einem rundlich vergrößerten Endprofil geformte Spines neben einfachen Dendritenprotuberanzen sowie verzweigte, schlanke Profile wechseln auf einem Dendriten einander ab. Die Mehrzahl dieser Spines zeigt feinstrukturell einen Spine-Apparat. Damit ist es bereits im Str. radiatum möglich, 3 Grundformen der Dendritenspines in Übereinstimmung mit den Befunden von Sarkissow (1967) herauszuarbeiten. Größe und Form, das Vorhandensein oder Fehlen des Spine-Apparates sowie die Ausbildung der synaptischen Kontaktflächen sind dabei die Kriterien für die Einteilung. Die erste Gruppe besteht aus länglichen Profilen, die am Dendritenabgang eingeengt und zur Spitze hin eine kugelförmige Verbreiterung besitzen. Diese Spines sind bis zu 3 μm lang, kommen am Hauptdendriten selten und an den Seitendendriten häufig vor. Auffallend sind ihre Länge und die besonders breite postsynaptische Membran (Kontaktfläche) im Gegensatz zu anderen Hippocampusschichten. Die zweite Gruppe wird von rundlichen oder länglich-plumpen Spines gebildet, die hauptsächlich am apikalen Hauptdendriten vorkommen und besonders, manchmal fast die gesamte Oberfläche einnehmend, große synaptische Kontaktflächen besitzen. Eine dritte Gruppe bilden die verzweigten bzw. unmittelbar

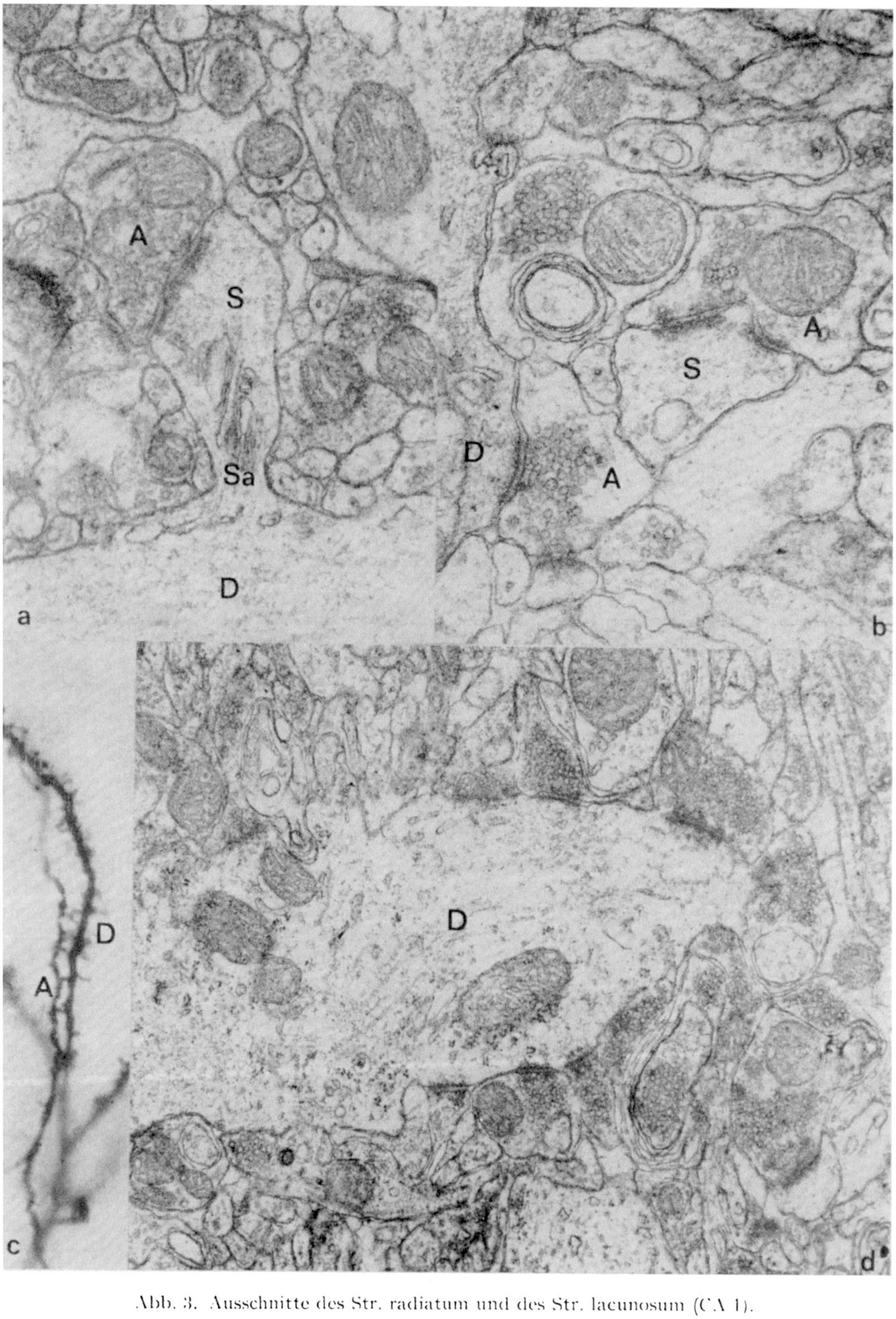

Abb. 3. Ausschnitte des Str. radiatum und des Str. lacunosum (CA 1).

a, b) Dendritenspines (S) mit Spine-Apparat (Sa) und Axonterminale (A). D = Dendrit. Vergr. 40000 ×. c) Axo-dendritische Synapsen (A, D). GOLGI. Vergr. 900 ×. d) Dendrit (D) mit zahlreichen axo-dendritischen Synapsen im Str. lacunosum. Vergr. 25000 ×.

nebeneinander entspringenden schlanken Spines, deren Spine-Apparat meist an der gemeinsamen Dendritenbasis liegt. Die synaptischen Kontaktflächen sind klein und befinden sich nur an der Spitze der Spines. Diese Spines sieht man nur an den feineren Aufzweigungen der Seitendendriten.

Die Mehrzahl der im Str. radiatum und Str. lacunosum vorkommenden Axone ist unmyelinisiert und bildet sowohl „Boutons terminaux" als auch „Boutons en passage" (Abb. 3c).

Boutons terminaux werden in den vorliegenden Untersuchungen nur an den apikalen Hauptdendriten beobachtet. Die an ihrem Ende keulenförmig aufgetriebenen Axone treten in direkten Kontakt mit dem Dendriten bzw. stülpen sich kuppenförmig über besonders große Dendritenspines. Neben kleinen rundlichen Vesikeln kommen auch größere mit elektronendichtem Inhalt gefüllte "dense core vesicles" vor. Außerdem gibt es Boutons terminaux, die synaptischen Kontakt einerseits mit dem Hauptdendriten und andererseits zu zwei angrenzenden Spines des gleichen Dendriten haben. Die synaptische Verbindung zwischen den Spines der Seitendendriten und dem Axon bzw. seinen Kollateralen entspricht dem Typ "Boutons en passage".

Lichtmikroskopisch und feinstrukturell sieht man Axonkollateralen, die mit mehreren Dendritenspines Parallelkontakt aufnehmen, sich feinstrukturell als echte axo-spino-dendritische Synapsen darstellen und dann zu anderen Dendriten ziehen. Die lichtmikroskopisch sichtbaren varicösen Anschwellungen der Axone entsprechen feinstrukturell den Vesikelansammlungen, in deren Nähe sich immer eine Synapse befindet. Bemerkenswert ist bei den 6 Monate alten Ratten, daß zahlreiche Axone bzw. ihre Boutons ring- oder schleifenförmig angeordnete filament- oder fibrillenähnliche Strukturen enthalten (Abb. 3b). Oft befindet sich innerhalb dieser „Ringe" eine größere Anzahl von kleinen rundlichen Vesikeln. Der größte Teil der beobachteten axo-spino-dendritischen Synapsen gehört zum asymmetrischen- oder Gray-I-Typ. Daneben gibt es aber auch symmetrisch ausgebildete prae- und postsynaptische Membranen an axo-spino-dendritischen Synapsen.

Zusammenfassend kann gesagt werden, daß der größte Teil der Spines-Synapsen dem asymmetrischen- oder Gray-I-Typ entspricht, vereinzelt aber auch symmetrische Formen (Gray-II-Typ) vorkommen.

Im Str. lacunosum entspricht der bereits lichtmikroskopisch sichtbaren hohen Spinesanzahl der Reichtum an Axonkollateralen und Synapsen sowie die hohe Anzahl axo-dendritischer Synapsen (Abb. 3d). Gegen das Str. moleculare hin nimmt die Anzahl der Spines zahlenmäßig ab. Auch für die Seitendendriten läßt sich eine entsprechende Verteilung der Spines feststellen. Im Abgangsteil vom Hauptdendriten findet man relativ wenig Spines an den Seitendendriten. Mit zunehmender Entfernung nimmt auch die Spinesdichte auf den Dendriten zu und damit über längere Strecken die Möglichkeit des synaptischen Kontaktes als "Boutons en passage".

3. Stratum moleculare

Das Str. moleculare enthält die vielen Endaufzweigungen der apikalen Dendriten und soweit erkennbar, die Endstrecke des Hauptdendriten. Neben unmyelinisierten Axonen kommen häufig myelinisierte Axone, häufiger als im Str. radiatum oder lacunosum vor. Die Dendriten stellen schlanke, stark gewundene Gebilde dar. Dendritenabschnitte ohne Spines wechseln mit spinesreichen Strecken ab. Im Str. moleculare liegt eine Polymorphie der Dendritenspines vor (Abb. 4a—c). Überwiegend handelt es sich um Spines-Formen der Gruppe I und II. Insgesamt erscheinen die Spines im Str. moleculare kleiner, häufiger verzweigt und mehr den besonderen Verhältnissen dieser Schicht angepaßt. Die synaptischen Kontaktflächen finden sich sowohl an den Spitzen als auch an den Seitenflächen der Dornen. Fast in allen Spines sieht man einen Spine-Apparat, oft nur aus 2 oder 3 Säckchen bestehend. Das Str. moleculare enthält Axone und Kollateralen, die echte Boutons terminaux bilden, überwiegend aber als Boutons en passage vorkommen.

Einen besonderen Befund stellen die feinsten Dendritenendigungen dar, denen kappenförmig oder einfach gegenüberliegend ein Bouton aufsitzt. Im Gegensatz zu den Dendritenspines besitzen diese Strukturen keinen Spine-Apparat, enthalten aber Mitochondrien und einzelne Tubuli. An den Spines-freien Abschnitten der Dendriten findet man axo-dendritische Synapsen, wobei das Axon parallel zum Dendriten verläuft und mehrfach synaptische Kontakte bildet.

4. Stratum oriens

Im Str. oriens liegt der basale, stark verzweigte Dendritenbaum der CA 1-Neurone. Nur wenige stärkere Dendriten und das Axon treten am basalen

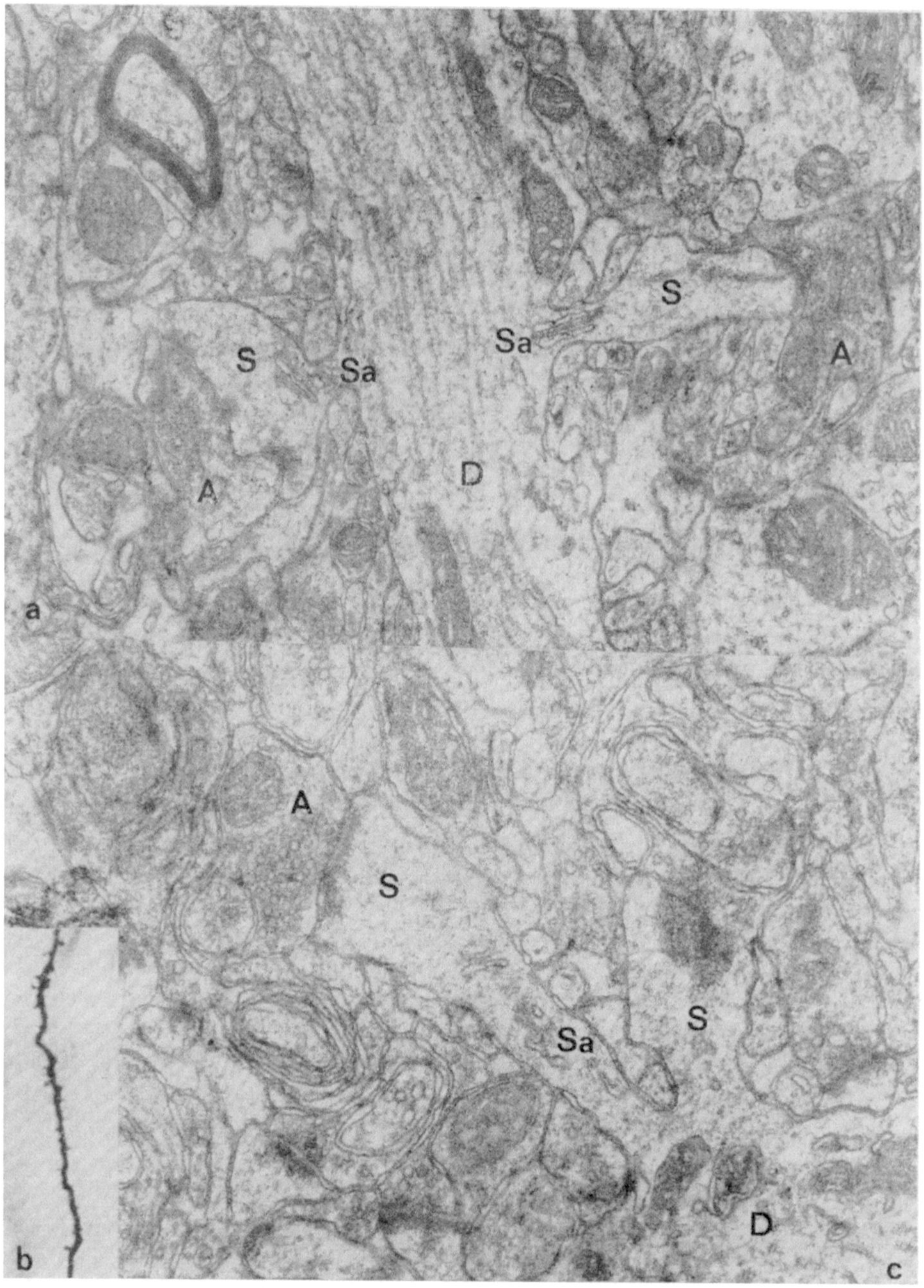

Abb. 4. Ausschnitte des Str. moleculare (CA 1)

a) Dendrit (D) mit Spines (S) und Spine-Apparaten (Sa). A — Axonterminale. Vergr. 30000×. b) Seitendendrit mit Spines im Str. moleculare. GOLGI. Vergr. 750×. c) Geteilter Spine mit verschieden langen Einzelspines (S) und Spine-Apparat (Sa). A — Axonterminale, D — Dendrit. Vergr. 35000×

Perikaryonteil aus und teilen sich nach wenigen µm dichotom. Die Anfangsabschnitte der basalen Dendriten sind fast völlig spines-frei. Mit zunehmender Entfernung vom Perikaryon treten Spines auf, und es nimmt ihre Dichte zu. Die Spines-Formen gehören allen 3 Gruppen an, überwiegend handelt es sich aber um einfache langstielige, kleinere Profile. Verzweigte und an den Enden aufgetriebene Spines kommen seltener vor. Überhaupt scheint die Polymorphie der Spines-Form im Str. oriens nicht so ausgeprägt zu sein; auch der Spine-Apparat wird seltener beobachtet. Übersichten zeigen das Überwiegen kleiner Synapsen. In der Mehrzahl finden sich Synapsen vom

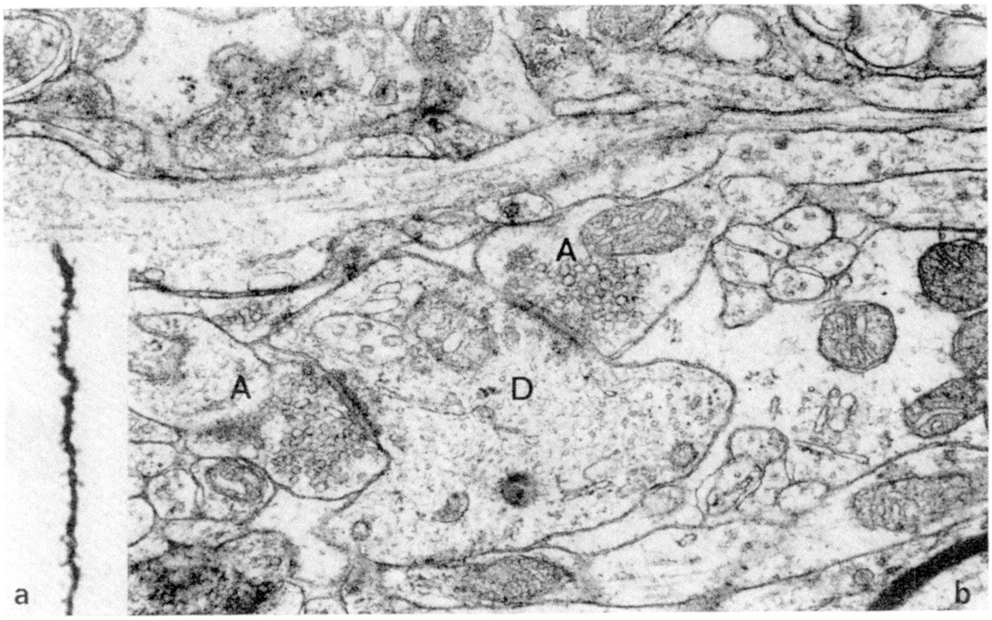

Abb. 5a) Dendrit mit Spines im Str. oriens. GOLGI. Vergr. 900 ×. b) Zwei Axonterminale (A), die mit einem Dendriten (D) in synaptischer Verbindung stehen. Vergr. 36000 ×

Typ "Bouton en passage". Auffällig ist das vermehrte Auftreten von "dense core vesicles" in den praesynaptischen Axonkollateralen.

Freie Dendritenendigungen mit synaptischem Kontakt, wie sie im Str. moleculare vorkommen, konnten nicht mit Sicherheit identifiziert werden. Das Str. oriens enthält, besonders zum Alveus hin, den größten Anteil myelinisierter Axone.

B. *Quantitative Untersuchungen*

Der Darstellung der quantitativen Untersuchungsergebnisse muß vorangestellt werden, daß sich sämtliche Angaben über die Spines-Anzahlen nur auf die sichtbaren Dendritenspines beziehen. Die im Bereich der optischen Achse vor oder hinter den Dendriten liegenden Spines sind bisher nicht zu ermitteln und gehen demzufolge nicht in die quantitative Analyse ein. Außerdem ist ein Vergleich zwischen den apikalen Hauptdendriten und den apikalen bzw. basalen Seitendendriten nur bedingt möglich, da durch den wesentlich größeren Durchmesser des Hauptdendriten auch eine größere Anzahl von Spines verdeckt wird.

Sämtliche Zählungen wurden bei 600facher Vergrößerung im Trockensystem vorgenommen (Planachromat 40, Okular K 15).

Zur Ermittlung der Durchschnittswerte der Spines-Dichte an apikalen und basalen Dendriten wurden von 5 Ratten (75 Pyramidenneurone — CA 1 verschiedener Hauptdendritenlänge) insgesamt 1491 Segmente zu jeweils 50 μm Länge in einer Entfernung von 25 μm vom Hauptdendriten bzw. vom Perikaryon (bei den basalen Dendriten) ausgezählt. Auf den apikalen Seitendendriten werden in den gewählten Dendritenabschnitten pro 50 μm 50,4 Spines und auf den basalen Dendriten 33,6 Spines pro 50 μm gezählt (Abb. 8, Tabelle 1).

Für die Ermittlung der durchschnittlichen Spines-Anzahl auf den apikalen Hauptdendriten werden insgesamt 538 Segmente (je 50 μm) von 75 Neuronen verschiedener Länge ausgezählt. Der Mittelwert aller 5 Ratten liegt bei 27,5 Spines pro 50 μm Dendritensegment. Aus der Tabelle 1 wird ersichtlich, daß die arithmetischen Mittel der einzelnen Ratten erheblich voneinander abweichen (Abb. 8 u. 9). Der Mittelwert (Parameter) der Spines-Dichte an apikalen Hauptdendriten liegt in dem Konfidenzintervall von $19{,}9 < \mu < 35{,}1$ Spines pro 50 μm Hauptdendrit mit einer statistischen Sicherheit von 95%. Der varianzanalytische Vergleich der Spines-Mittelwerke apikaler Hauptdendriten verschieden langer Zellen ergibt auf dem Signifikanzniveau von 5% Unterschiede.

Zusammenfassend ergibt sich, daß die apikalen Seitendendriten durchschnittlich einen höheren Spines-Besatz als die basalen Dendriten aufweisen

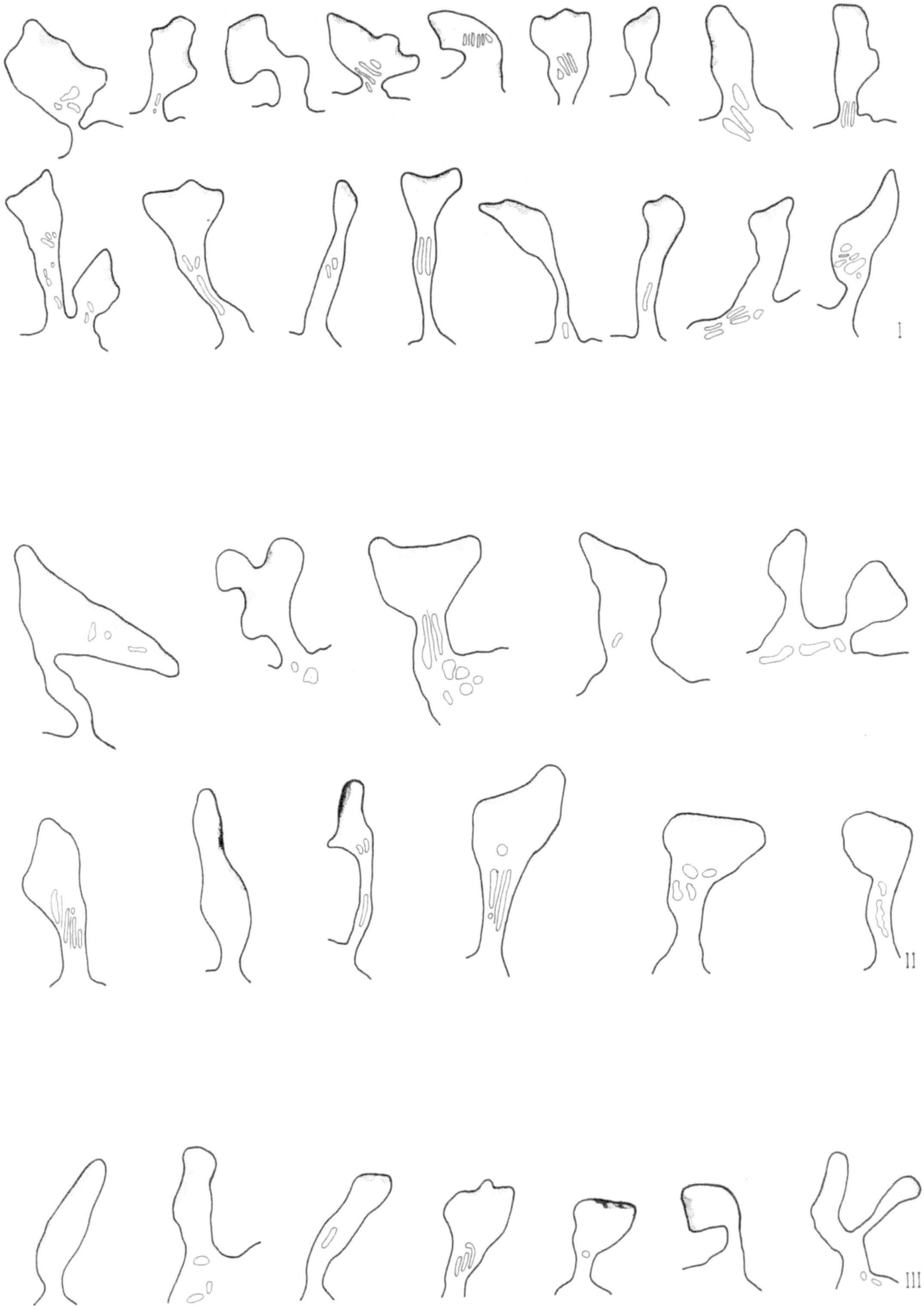

Abb. 6. Übersicht der verschiedenen Formen und Größen von Spines im Str. moleculare (I), Str. radiatum und lacunosum (II) sowie Str. oriens (III). Im Str. radiatum-lacunosum überwiegen größere Profile mit relativ großen synaptischen Kontaktflächen.

Abb. 7. Übersicht über die „Spines-Synaptologie" der CA 1-Region des Rattenhippocampus. Links ein schematisiertes CA 1-Neuron. Str. moleculare: 1, 2: Dendritenendprofile mit axo-dendritischen Synapsen. 4, 6: „Bouton terminaux" an Dendritenspines. 3, 5, 7: „Boutons en passage" an Dendritenspines. 8: Symmetrische axo-spinodendritische Synapse. Str. radiatum-lacunosum: 9, 10, 12: „Bouton en passage"-Synapsen mit Dendritenspines. 11, 13: An Dendriten endigende Axonterminale („Bouton terminaux") mit axo-dendritischen und axo-spinodendritischen Kontakten. 14: Axo-dendritischer Kontakt am perikaryonnahen Teil des Hauptdendriten. Str. oriens: 15–19: Verschiedene Formen des axo-spinodendritischen Kontaktes, überwiegend als „Bouton en passage"-Synapsentyp.

Tabelle 1: Ungewogene arithmetische Gesamtmittelwerte (*M*) und Standardabweichungen (*S*) der Spines an basalen, apikalen und Hauptdendriten von CA 1-Neuronen des Hippocampus. Gruppierung der Werte nach den Versuchstieren (Ratten 1–5 und insgesamt)

Ratten (Je Ratte 15 Zellen)	Anzahl der Spines pro Segment (50 μm)						
	Basale Dendriten		Apikale Dendriten		Apikaler Hauptdendrit		Vertrauensgrenzen Stat. Sicherheit 95%
	Anz. der Segmente	M u. S	Anz. der Segmente	M u. S	Anz. der Segmente	M u. S	
Ratte 1	150	30,4 ± 3,3	150	46,3 ± 3,9	111	22,9 ± 4,4	20,3 < μ < 25,5
Ratte 2	150	29,0 ± 3,2	150	43,6 ± 4,2	110	22,3 ± 5,6	19,1 < μ < 25,7
Ratte 3	149	35,4 ± 3,8	150	54,2 ± 4,3	97	27,1 ± 6,6	23,3 < μ < 30,9
Ratte 4	142	38,2 ± 4,2	150	54,5 ± 5,0	109	35,2 ± 5,5	32,0 < μ < 38,4
Ratte 5	150	35,2 ± 3,7	150	53,6 ± 5,5	111	30,5 ± 5,1	27,7 < μ < 33,5
Ratten insges.	741	33,6 ± 5,0	750	50,4 ± 6,5	538	27,5 ± 5,3	19,9 < μ < 35,1

und daß zwischen den einzelnen Tieren erhebliche Variabilitäten bestehen. CA 1-Neurone mit dichtem Spines-Besatz an den apikalen Dendriten weisen auch an den basalen Dendriten relativ höhere Spines-Werte auf; bei geringer Spines-Dichte bestehen entsprechende Beziehungen.

Die Zählung der Spines an aufeinanderfolgenden Segmenten (je 50 μm) der Hauptdendriten führt nach Berechnung der arithmetischen Mittelwerte und der dazugehörigen Streuung zu einem charakteristischen Verteilungsmodus über die Gesamtdendritenlänge (Tabelle 2); ihre graphische Darstellung zu einer Spines-Verteilungskurve (Abb. 10).

Wie aus den licht- und feinstrukturellen Untersuchungen bereits hervorgeht, sind die ersten 50 μm des Hauptdendriten nahezu ohne Spines. In den folgenden 200 μm kommt es zu einem steilen Anstieg der Spines-Dichte, um dann zum

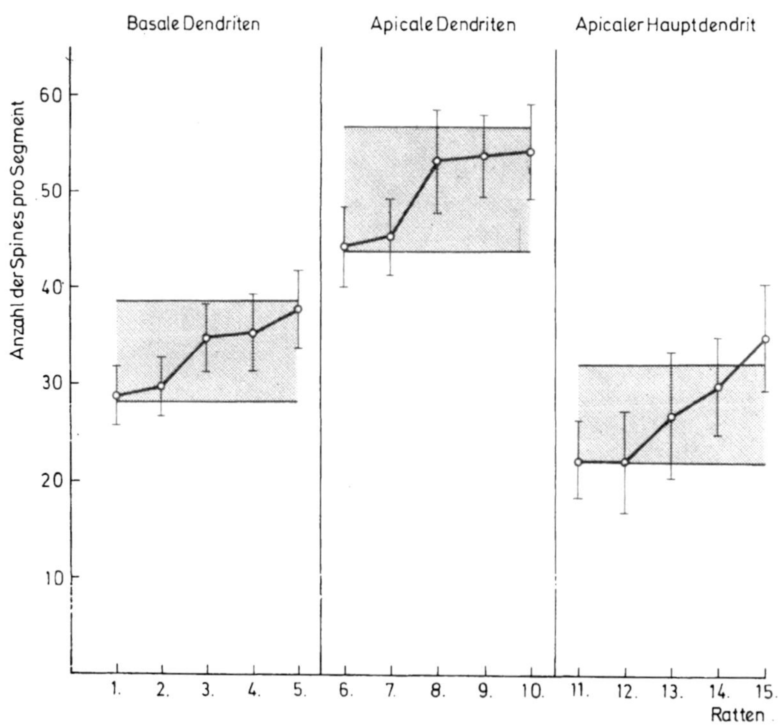

Abb. 8. Grafische Darstellung der ungewogenen arithmetischen Mittelwerte (u. a. M.) einschließlich der dazugehörigen Streuung der Spines-Anzahl pro Segment (50 μm) an basalen, apikalen Dendriten sowie am Hauptdendriten von CA 1-Neuronen des Rattenhippocampus. Jeder eingetragene Wert entspricht dem Gesamtmittelwert einschließlich Streuung einer Ratte (15 Zellen). Die Grafik enthält außerdem die Streuung der 5 Ratten untereinander (Punktraster).

Tabelle 2: Ungewogene arithmetische Mittelwerte und Standardabweichungen der Spines an aufeinanderfolgenden Segmenten des apikalen Hauptdendriten (CA 1-Neurone des Hippocampus).

Nr. der Segmente	Ratte 1	Ratte 2	Ratte 3	Ratte 4	Ratte 5	Ratten insges.
1.	0,26 ± 0,5	0,13 ± 0,5	0,53 ± 1,1	1,5 ± 2,6	0,4 ± 0,9	0,57 ± 0,55
2.	5,2 ± 5,3	6,3 ± 6,1	7,6 ± 7,6	13,3 ± 12,5	13,3 ± 11,4	9,1 ± 3,8
3.	18,4 ± 9,5	21,4 ± 9,7	31,2 ± 13,5	37,8 ± 14,4	41,0 ± 14,1	30,0 ± 9,8
4.	37,2 ± 11,1	34,9 ± 10,2	43,5 ± 11,5	54,8 ± 6,8	50,9 ± 11,4	44,3 ± 8,5
5.	48,4 ± 6,6	42,3 ± 8,7	46,3 ± 13,7	56,3 ± 5,4	44,8 ± 13,4	47,6 ± 5,3
6.	33,7 ± 11,1	35,6 ± 9,7	33,4 ± 13,9	47,5 ± 8,7	42,0 ± 10,4	38,4 ± 6,1
7.	21,2 ± 6,7	20,5 ± 8,6	32,3 ± 11,2	39,7 ± 9,4	32,3 ± 8,6	29,2 ± 8,2
8.	15,6 ± 8,3	14,1 ± 5,3	25,5 ± 7,7	28,0 ± 7,1	21,7 ± 8,2	20,4 ± 5,6
9.		10,0		35,0	12,0 ± 3,6	19,0 ± 13,8

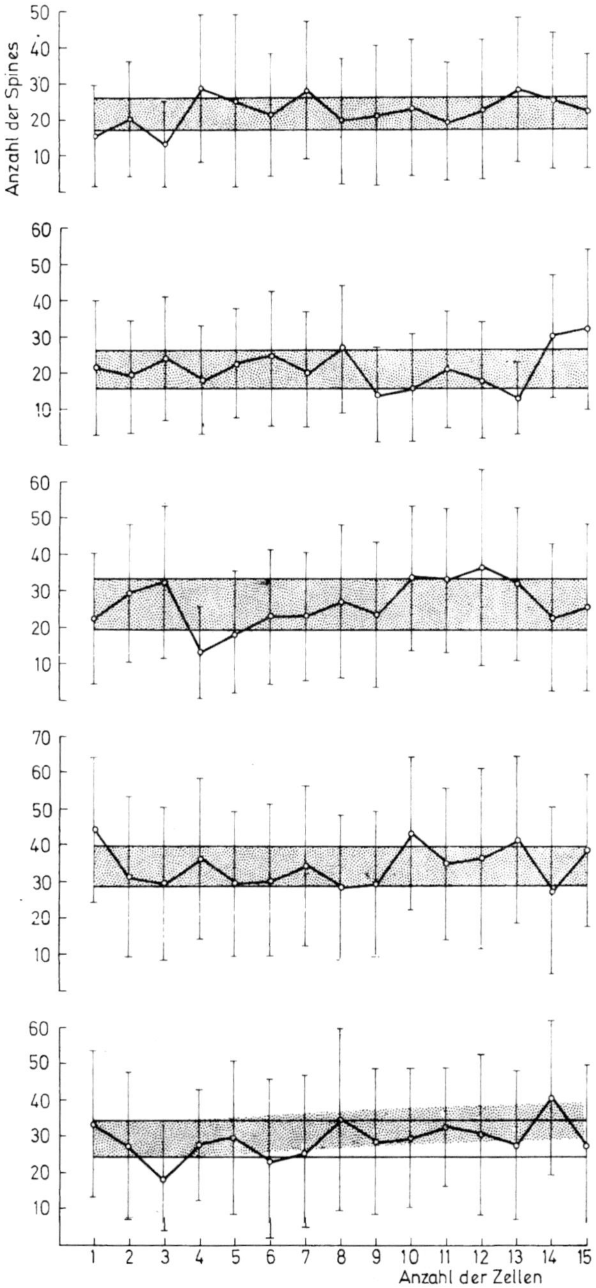

Str. moleculare allmählich abzunehmen. Die graphische Darstellung der Spines-Mittelwerte aufeinanderfolgender Hauptdendritenabschnitte bildet für die Einzeltiere und für die Ratten insgesamt eine Kurve mit 4 charakteristischen Abschnitten (Abb. 10 u. 11):

1. ein Abgangssegment von 50 μm Länge, nahezu ohne Spines,
2. einen Abschnitt des Hauptdendriten (100 μm) mit starker Zunahme der Spines-Dichte,
3. den abgeflachten Teil der Kurve (zwischen 200 und 250 μm) vom Perikaryon entfernt), der die höchsten Spines-Zahlen aufweist und
4. die Zone der allmählichen Abnahme.

Damit ergibt sich, daß zwischen der Anzahl der Spines und der Entfernung des Hauptdendriten vom Perikaryon bzw. der Zuordnung zu einzelnen Schichten der CA 1-Region direkte Abhängigkeiten bestehen. Der erste Abschnitt der Verteilungskurve entspricht dem Dendritenabgang vom Perikaryon. Der zweite Abschnitt liegt im Zentrum des Str. radiatum. Die halblogarithmische Darstellung weist für diesen Abschnitt näherungsweise einen exponentiellen Anstieg der Spines-Werte auf (Abb. 12). Am Übergang vom Str. radiatum zum Str. lacunosum bzw. im Str. lacunosum selbst liegt der 3. Abschnitt der Kurve und damit das Maximum der Spines-Werte pro 50 μm. Der 4. Teil der Kurve entspricht dem Str. moleculare. Eine kumulative Darstellung der Spines-Verteilung zeigt

Abb. 9. Grafische Darstellung der Gesamtmittelwerte und der Streuung der sichtbaren Spines am apikalen Hauptdendriten pro Segment (50 μm). Jede Kurve entspricht einer Ratte mit 15 CA 1-Neuronen verschiedener Hauptdendritenlänge (Punktraster: Gesamtstreuung der Zellen einer Ratte).

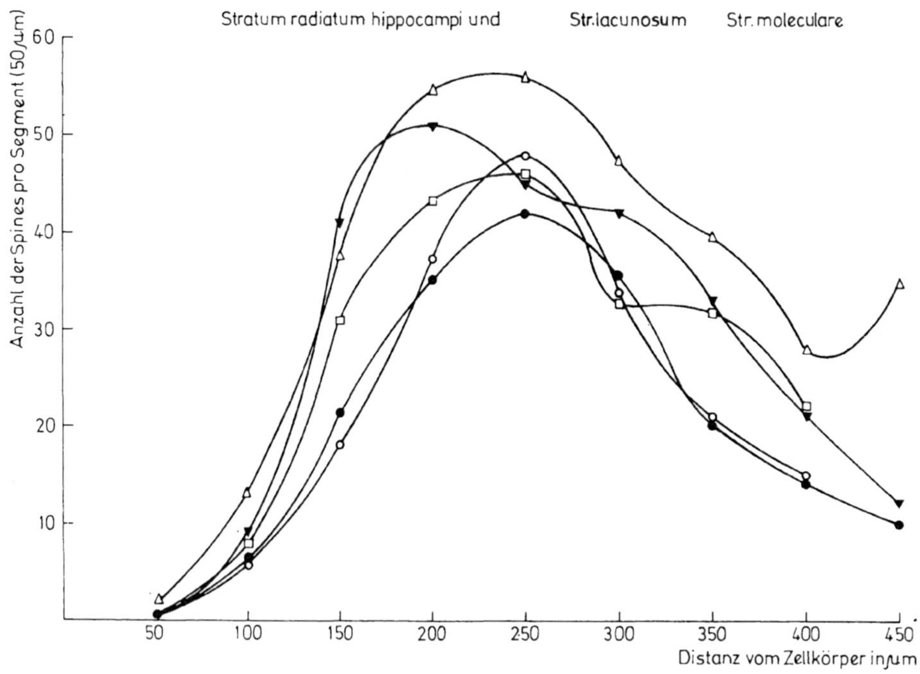

Abb. 10: Grafische Darstellung der Spines-Verteilung an apikalen Hauptdendriten von CA 1-Neuronen des Rattenhippocampus. Jede Kurve entspricht einer Ratte mit 15 Zellen verschieden langer Hauptdendriten und enthält die Spines-Mittelwerte (u. a. M.) pro aufeinanderfolgende Segmente von 50 µm. Die Grafik ergibt 5 ähnliche Spines-Verteilungskurven.

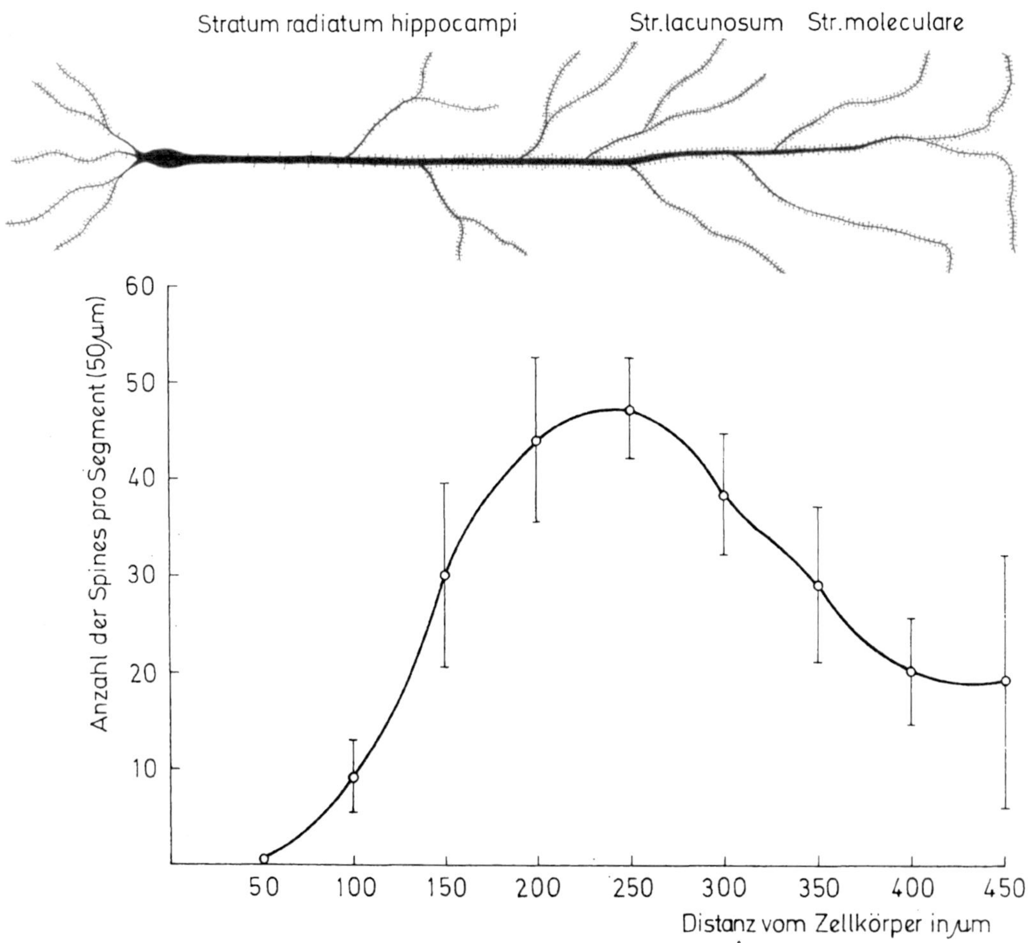

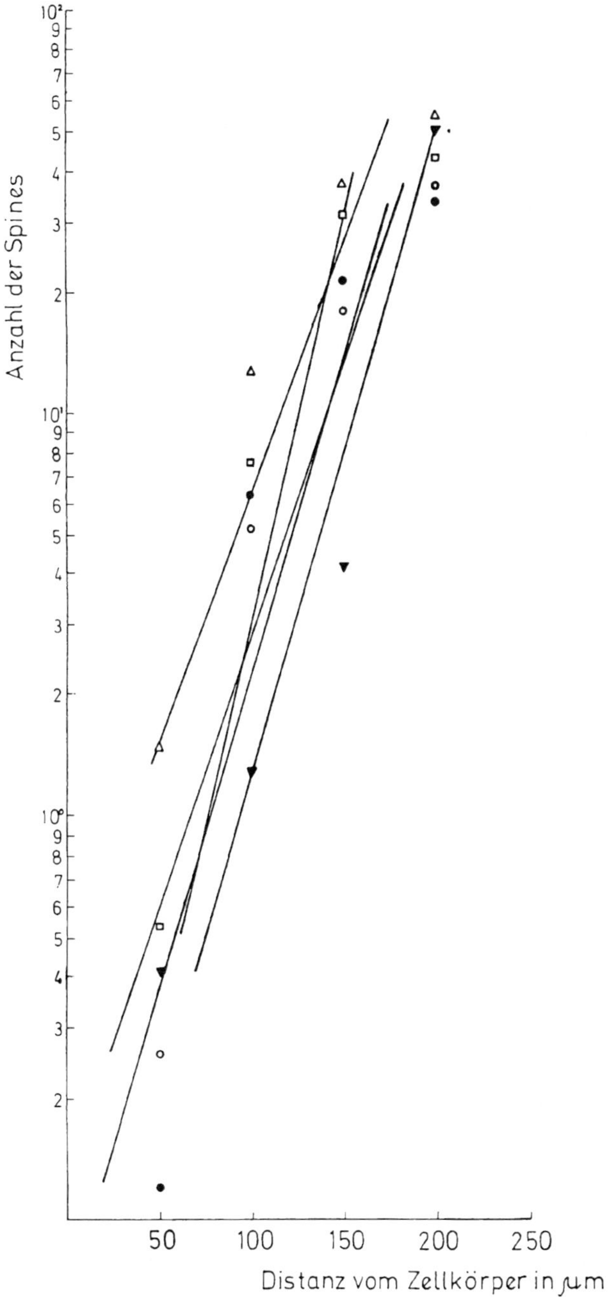

Abb. 12. Die halblogarithmische Darstellung der Spines-Mittelwerte der ersten 4 Segmente der 5 Verteilungskurven ergibt für den Anfangsteil des Hauptdendriten näherungsweise einen exponentiellen Anstieg der Spines-Zunahme.

ebenfalls die starke Spines-Zunahme in den ersten 5 Segmenten. Der varianzanalytische Vergleich der Spines-Mittelwerte zeigte, daß die individuelle Variabilität der Ratten so groß ist, daß für die verschieden langen CA 1-Neurone aller untersuchten Ratten in der vorliegenden Anordnung des Materials auf dem Signifikanzniveau von 5% Unterschiede bestehen. In weiteren Untersuchungen soll deshalb geprüft werden, ob diese Unterschiede auch bei Hauptdendriten mit gleicher Länge bestehen.

Diskussion

Nach Stephan (1964) ist das olfaktorische (palaeocorticale) System klar von dem limbischen (archicorticalen (= hippocampalen) und periarchicorticalen) System zu trennen. Stephan hat gezeigt, daß das olfaktorische System in der aufsteigenden Primatenreihe in seiner Größe stark reduziert wird, während das limbische System absolut größer wird.

Die ursprüngliche Konzeption einer olfaktorischen Funktion des Hippocampus mußte durch Vorstellungen ersetzt werden, aufgrund derer die Hippocampusformation eine entscheidende Rolle bei der Integration sensorischer Afferenzen in komplexe corticale Prozesse spielt (Green 1964). Hierbei scheint der Hippocampus weniger für die Integration und Reproduzierbarkeit von bereits Erlerntem von Bedeutung zu sein als für die Koordination jener Vorgänge, die den Lernprozeß ermöglichen (Meissner 1966, 1967). Umgebungsfaktoren werden auf der Basis von bedingten Reflexen mit visuellen Daten verbunden, in den Hippocampus eingespeist und liefern innerhalb der limbischen Bahnen eine innere Repräsentation der äußeren Umwelt (Smythies 1967); dabei ist der Hippocampus für viele emotionelle und vegetative Verhaltensweisen wie auch für das Kurzzeitgedächtnis von zentraler Bedeutung (Retentionszentrum des Kurzzeitgedächtnis) (Drachman and Arbit 1966, Smythies 1967, Elazar

←

Abb. 11. Grafische Darstellung der Spines-Verteilung am apikalen Hauptdendriten von CA 1-Neuronen des Hippocampus: Gesamtkurve der 5 Ratten, 75 verschieden lange Hauptdendriten. Oben schematisiertes CA 1-Neuron mit Schichtenzuordnung. Die grafische Darstellung der Spines-Gesamtmittelwerte und der dazugehörigen Streuung aufeinanderfolgender Segmente (50 µm) des apikalen Hauptdendriten ergibt eine Verteilungskurve mit 4 charakteristischen Abschnitten.

and ADEY 1967, DOUGLAS 1967, FLEXNER 1968). Insgesamt soll auf der Grundlage interneuronaler Komplexschaltungen der Hippocampus eine inhibitorische Funktion besitzen (GREEN 1964, ANDERSEN 1961—1966, DOUGLAS 1967, SCHEIBEL and SCHEIBEL 1970). Für eine derartige zentrale Stellung sprechen auch jüngste in Lernexperimenten gewonnene Ergebnisse (vgl. LIEBMANN and Rauch 1970, LÖSSNER et al. 1970, OTT and MATTHIES 1970, POPOV et al. 1970, QUEVEDO 1970, POHLE and MATTHIES 1971).

HASSLER (1964) hat auf die zentrale Bedeutung der Ammonsformation im Rahmen des limbischen Systems hingewiesen und bei doppelseitiger Zerstörung des Ammonshorns beim Menschen aufgrund von Literaturangaben „eine völlige zeitliche und örtliche Desorientiertheit, Verlust der Reaktionsfähigkeit, Merkverlust und emotionale Verödung" beschrieben. Nach beiderseitiger operativer Exstirpation des Ammonshorns ergibt sich nach HASSLER (1964) eine längere Desorientiertheit mit völliger Merkunfähigkeit. Bei Korsakoff-Zuständen nach Ausfall des Ammonshorns handelt es sich nach HASSLER (1964) jedoch nicht um eine primäre Merkstörung, sondern um eine Störung der „zeitlichen Einordnung und Markierung der Erlebnisse und Bewußtseinsinhalte".

Inwieweit liefern frühere und die vorliegenden feinstrukturellen und besonders quantitativen Untersuchungen an CA 1-Neuronen des Hippocampus das morphologische Korrelat für derartige Funktionen? Aufgrund der vorliegenden Untersuchungen können die Ergebnisse des Schrifttums über die Feinstruktur des Hippocampus (GREEN 1960, BLACKSTAD and KJAERHEIM 1961, BLACKSTAD 1962, 1963, 1966, WESTRUM and BLACKSTAD 1962, HAMLYN 1961, 1962, 1963, NIKLOWITZ 1965, LAATSCH and COWAN 1966, 1967, IBATA 1968, ALSKNE et al. 1966, NAFSTAD et al. 1966 u. a.) ergänzt werden und ermöglichen sowohl feinstrukturell als auch quantitativ eine Synaptologie der CA 1-Region.

Wesentlicher Befund des Str. pyramidale der CA 1-Neurone ist das Fehlen somatischer Spines, wie sie an corticalen Neuronen nachgewiesen wurden (MUGNAINI et al. 1967, LARRAMENDI VICTOR 1967, MELLER et al. 1969, SCHEIBEL and SCHEIBEL 1968) und auch an CA 3- und CA 4-Neuronen des Hippocampus vorkommen. An den Perikarya finden sich axo-somatische Synapsen mit besonders großen Boutons terminaux. Das Vorhandensein flacher bis ovaler Vesikelformen einschließlich "dense core vesicles" in den Axonterminalen wirft die Frage nach der Herkunft und Funktion dieser Anteile auf. Nach CAJAL (1911), LORENTE DE NÓ (1934), BLACKSTAD (1963), ANDERSEN et al. (1963—1966) u. a. stellen die Boutons Endigungen benachbarter Korbzellen dar. Die symmetrischen Synapsenprofile (GRAY II-Typ 1959, COLONNIER 1967, 1968) mit abgeflachten Vesikeln (F-Typus) dürften funktionell den inhibitorischen Synapsen zuzuordnen sein (ECCLES 1964, UCHIZONO 1965, 1967, 1968, 1969, BODIAN 1966, WALBERG 1966, HIRATA 1966, SCHEIBEL and SCHEIBEL 1968, MUGNAINI 1970). Ihr morphologischer und elektrophysiologischer Nachweis setzt die Existenz eines inhibitorischen Neurons innerhalb dieser Schaltkette voraus. Diese Forderung wird morphologisch und physiologisch durch eine Korbzelle mit ausgedehntem Axonkollateralen über viele Pyramidenzellen und Synapsen am Pyramidenzellsoma erfüllt (ANDERSEN et al. 1963). Demnach führt ein afferenter Reiz im Hippocampus zu einer synaptischen Erregung des Pyramidenneurons, zu seiner Entladung und Erregung der Korbzelle über die Axonkollateralen, die dann die inhibitorischen Synapsen an den Pyramidenzellen erregen und zu einer räumlich weit ausgedehnten Pyramidenzellhemmung führen (ANDERSEN et al. 1963, 1964). Dies wäre für Säugetiere ein Beispiel für rekurrierende Hemmung, in dem ein hemmendes Neuron mit Synapse bekannt ist (ANDERSEN et al. 1963, SCHEIBEL and SCHEIBEL 1970).

Die großen Hauptdendriten des Str. radiatum einschließlich des Str. lacunosum stellen einen bedeutenden intrahippocampalen Input dar. Der im Str. radiatum liegende Hauptdendrit dient der Aufnahme assoziativer Bahnen- septaler Afferenzen und derjenigen vom kontralateralen Hippocampus. Nach LORENTE DE NÓ (1934) und BLACKSTAD (1956) tritt die Vielzahl commissuraler Afferenzen an den im Str. radiatum befindlichen Teil des apikalen Hauptdendriten, während das Str. lacunosum mehr der Aufnahme der Schaffer-Kollateralen und der perforant path-Fasern dient (LORENTE DE NÓ 1934, BLACKSTAD 1956, 1958, 1963, ANDERSEN 1959—1966, WESTRUM and BLACKSTAD 1962 u. a.). Die bisher vorliegenden elektrophysiologischen Untersuchungen setzen die Existenz eines Gebietes aktiver exzitatorischer Synapsen voraus, die in der Gesamtheit eine negative Amplitude der Apikaldendriten gegenüber dem Perikaryon liefern (Dipol). Die Negativität der apikalen Dendriten und im besonderen des apikalen Hauptdendriten in CA 1 werden als Antwort auf die Entladung der commissuralen und der Schaffer-Kollateralen gedeutet (ANDERSEN et al. 1959—1966, KANDEL and SPENCER 1961, HAMLYN 1963, GLOOR et al. 1963, GREEN 1964, SCHEIBEL and SCHEIBEL 1970). Nach KANDEL and SPENCER (1961) und HAMLYN (1963) soll dem Hauptpotential ein Praepotential vorangehen, das in einer „Triggerzone" entsteht und morphologisch dem Sitz der „Manschetten von axo-dendritischen Synapsen" entspricht (HAMLYN 1963).

In Übereinstimmung mit der Literatur (vgl. BLACKSTAD 1963) wird feinstrukturell und erstmals auch quantitativ im Hippocampus die Existenz eines Gebietes exzitatorischer Synapsen nachgewiesen. Während der Anfangsteil des Hauptdendriten auffallend spines-los bis spines-arm (spines-loses Segment) ist, tritt mit zunehmender Entfernung vom Perikaryon näherungsweise ein exponentieller Anstieg der Spines-Dichte auf. Die gesamte Dendritenoberfläche des Anfangssegmentes weist nur wenige axodendritische oder axospinodendritische Synapsen auf, wobei die perikaryonnahen Synapsen noch dem inhibitorischen Typ zuzuordnen sind. Für die anderen Synapsen muß aufgrund der sphärischen Vesikel (S-Typ) eine exzitatorische Funktion angenommen werden (UCHIZONO 1965—1969, BODIAN 1966, SCHEIBEL and SCHEIBEL 1968 u. a.), feinstrukturell entsprechen diese Synapsen dem GRAY-I-Typ oder dem asymmetrischen Typ in der Einteilung nach COLONNIER (1967, 1968). Der spines-freie Abschnitt des Hauptdendriten wird auch an anderen Pyramidenzellen des Cortex gefunden und scheint ein allgemeines Strukturprinzip darzustellen (LORENTE DE NÓ 1949, O'LEARY 1941, GLOBUS and SCHEIBEL 1966, 1967, SCHEIBEL and RUIZ-MARCOS 1968, 1970, MARIN-PADILLA 1967, 1968, VALVERDE 1968, VALVERDE 1969 u. a.). Der Hauptteil des exzitatorischen Einganges wird strukturell durch axospinodendritische Synapsen repräsentiert. Die Verteilungskurve der Spines-Synapsen weist längs des apikalen Hauptdendriten ein Maximum auf, das dem Str. lacunosum entspricht. Diese Schicht hat auch als einzige eine größere Zahl direkter axodendritischer Synapsen, die in der Mehrzahl dem GRAY-I-Typ oder dem asymmetrischen Typ nach COLONNIER (1967, 1968) entsprechen. Einzelne Synapsen bilden jedoch symmetrische oder GRAY-II-Typ-Verbindungen.

Wie bereits ausgeführt, finden sich „Boutons en passage" und nicht die „Boutons terminaux" als vorherrschender Verbindungstyp. Lediglich im Str. radiatum und Str. lacunosum werden jeweils auch einzelne axonale Endapparate (Boutons terminaux) nachgewiesen. Ob es sich um Endigungen kurzaxonaler Neurone, die in allen Schichten vorkommen, oder um spezifische Afferenzen handelt, bleibt vorerst ungeklärt.

Für das Str. moleculare weist die Verteilungskurve eine kontinuierliche Spines-Abnahme auf; die Zahl der axo-dendritischen Synapsen wird nicht wesentlich vermehrt. Funktionell stellt das Str. moleculare das Eingangsgebiet für die Kollateralen afferenter, extrahippocampaler Systeme dar (LORENTE DE NÓ 1934, BLACKSTAD 1963, GREEN 1964 u. a.).

Wie die apikalen Seitendendriten zeigen auch die basalen Dendriten einen höheren Spines-Besatz als die apikalen Hauptdendriten. Die vorkommenden Spines müssen in der Mehrzahl aufgrund ihrer Strukturmerkmale dem exzitatorischen Synapsentypus zugerechnet werden. Das basale Dendritenfeld nimmt im wesentlichen Kollateralen von anderen Pyramidenzellen und Endigungen kurzaxoniger Neurone auf. Die durchschnittliche Spines-Dichte ist auf den basalen Dendriten geringer als vergleichsweise auf den apikalen Seitendendriten.

Nach GLOBUS and SCHEIBEL (1967), VAN DER LOOS (1968), SCHEIBEL and SCHEIBEL (1970) besitzt jedes Neuron ein spezifisches Leistungsniveau. Große Pyramidenneurone (Schicht V) des Neocortex haben ein spezifisches Leistungsniveau der intracorticalen Kontrolle und ein sehr variables für die extracorticale (GLOBUS and SCHEIBEL 1967). Auf die vorliegenden quantitativen Untersuchungsergebnisse angewendet, ergibt sich für CA 1-Neurone des Hippocampus, daß der intrahippocampale Synapsenapparat eine Funktion des Hauptdendriten ist, während der direkte extrahippocampale Input eine Funktion der Dendriten des Str. moleculare und wahrscheinlich auch des Str. oriens ist. In weiteren Untersuchungen ist diese Hypothese zu prüfen.

Ein Vergleich zwischen den Ergebnissen über die Spines-Verteilung an großen neocorticalen Pyramidenneuronen und den vorliegenden ergibt eine auffallende Ähnlichkeit der Verteilungskurven, so daß auf eine bereits angedeutete Gesetzmäßigkeit geschlossen werden könnte und sich wie der Cortex auch der Hippocampus als ein geeignetes Modell für Untersuchungen zur Spines-Verteilung an Pyramidenneuronen unter normalen, experimentellen und pathologischen Bedingungen anbietet (vgl. GLOBUS and SCHEIBEL 1966, 1967, SCHEIBEL and SCHEIBEL 1968, 1970, PETERS and KAISERMAN-ABRAMOF 1969, VALVERDE 1968, VALVERDE and RUIZ-MARCOS 1969, RUIZ-MARCOS and VALVERDE 1969, MARIN-PADILLA 1967, 1968, 1969, SCHAPIRO and FUKOVICH 1970, BENHAMIDA et al. 1970).

Hinsichtlich der Feinstruktur weisen die Dendritenspines der CA 1-Neurone keine grundsätzlichen Unterschiede zu den Spines anderer Neuronentypen auf (vgl. PAPPAS and PURPURA 1961, WESTRUM and BLACKSTAD 1962, HAMLYN 1962, 1963, GRAY and GUILLERY 1963, WALBERG 1963, GRAY 1964, COLONNIER 1964, DIACHKOVA 1964, KOSITZYN 1964, LARRAMENDI et al. 1967, MIKELADZE 1970, JONES and POWELL 1970, MUGNAINI 1970 u. a.).

Quantitative Untersuchungen über die Länge und Form der Spines in verschiedenen Hirnregionen ergeben für die Dendritenspines im sensomotorischen Cortex eine durchschnittliche Länge von 2 µm (1,5—3,5 µm) nach JACOBSON (1967), nach SCHEIBEL and SCHEIBEL (1968) 3—5 µm und für hippocampale Dornen eine mittlere Länge von 1,2—1,4 µm (WESTRUM and BLACKSTAD 1962). Diese oft an der Grenze der lichtmikroskopischen Auflösung liegenden Werte erschweren die quantitativen Untersuchungen im Hippocampus erheblich. Die von SARKISSOW (1967) vorgenommene Einteilung der Dendritenspines nach Form und Größe ist auch beim Hippocampus möglich. Danach werden am Hauptdendriten am häufigsten die Spines der Gruppe II (rundliche Spines mit großer synaptischer Kontaktfläche) und an den Seitendendriten des Str. oriens, des Str. radiatum-lacunosum und des Str. moleculare am zahlreichsten Spines der Gruppe I (langstielige mit rundlichem Endprofil) gefunden. Verzweigte oder rundliche Profile (Gruppen II und III) kommen vor, sind in den letztgenannten Schichten aber seltener.

Die Befunde von WESTRUM and BLACKSTAD (1962) und HAMLYN (1963) über das seltene Vorkommen des Spine-Apparates in hippocampalen Dornen sowie sein Fehlen im Str. radiatum sind nur teilweise zu bestätigen. Prinzipiell wird der Spine-Apparat in Spines aller Schichten des Hippocampus gefunden; im Vergleich zum Neocortex jedoch seltener, oft ist er in den basalen bis mittleren Abschnitten der Spines gelegen und besitzt nur teilweise intermediäre Bänder. SCHEIBEL and SCHEIBEL (1968) weisen auf Ähnlichkeiten mit den rudimentären Strukturen der Spines im Cerebellum hin (GRAY and GUILLERY 1963, GRAY 1964, FOX et al. 1967). Auch kann die strenge Zuordnung der axo-spinodendritischen Synapsen nur zum GRAY-Typ I nicht bestätigt werden. SCHEIBEL and SCHEIBEL (1968) und COLONNIER (1967, 1968) weisen bereits darauf hin, daß das Verhältnis zwischen Synapsenklassen und Terminalposition viel komplexer ist, als ursprünglich angenommen wurde. Für die CA 1-Neurone gilt, daß die überwiegende Zahl der Spines postsynaptisches Element einer asymmetrischen (GRAY I) Synapse sind, 5—10% aber symmetrische Synapsen (GRAY II) bilden. Für diese Auffassung sprechen Ergebnisse von MUGNAINI (1970), der aufgrund ontogenetischer Untersuchungen am Cerebellum bestimmte Differenzierungsstadien der Synapse beschreibt. Danach kommt „auf einer bestimmten Entwicklungsstufe ein synaptischer Kontakt zwischen einem verbindungssuchenden Axon und einer aufnahmebereiten Oberfläche nach dem Typ I zustande und wird, wenn die Oberfläche weiterhin aufnahmebereit ist, den Typ II ausbilden".

Lokale Faktoren der postsynaptischen Oberfläche der Kontaktstelle sind hier von entscheidender Bedeutung (MUGNAINI 1970). In diesem Zusammenhang stehen auch die bisherigen hypothetischen Vorstellungen über die Funktion der Spines als Orte komplexer Integration (s. SCHEIBEL and SCHEIBEL 1968).

Zusammenfassung

An 6 Monate alten, männlichen Ratten wurde mit lichtmikroskopischen, feinstrukturellen und quantitativen Methoden die Spines-Synaptologie der CA-1-Region des Hippocampus untersucht.

Für die einzelnen Schichten der CA-1-Region wurde feinstrukturell jeweils eine charakteristische Synaptologie erarbeitet, wobei die axo-spinodendritischen Synapsen den häufigsten Typ darstellen; an den Seitendendriten überwiegend als Bouton en passage und am Hauptdendriten häufig als Bouton terminaux ausgebildet.

Die axo-somatischen Synapsen des Str. pyramidale besitzen Strukturmerkmale inhibitorischer, die axo-spinodendritischen und axo-dendritischen Synapsen der übrigen Schichten überwiegend (ca. 90%) die von exzitatorischen Synapsen.

Die quantitativen Untersuchungen über die Spines-Verteilung an CA-1-Neuronen unterschiedlicher Hauptdendritenlänge ergeben für die basalen Dendriten durchschnittlich 37 Spines pro 50 µm, für die apikalen Seitendendriten 50 Spines pro 50 µm und für den Hauptdendriten 28 Spines pro 50 µm (Konfidenzintervall: $19{,}9 < u < 35{,}1$) Dendritenlänge.

Die Spines-Verteilung längs des apikalen Hauptdendriten von CA 1-Neuronen folgt einem charakteristischen Verteilungsmodus und ergibt für Neurone unterschiedlicher Länge und von verschiedenen Ratten ähnliche Spines-Verteilungskurven mit sich entsprechenden charakteristischen Abschnitten (spines-freies Anfangssegment im Str. radiatum, Segment mit exponentiellem Anstieg im Str. radiatum, Spines-Maximum im Str. lacunosum und Segment mit linearem Abfall der Spines-Dichte im Str. moleculare).

Am Hauptdendriten ist die jeweilige Spines-Dichte abhängig von der Distanz Perikaryon — Dendrit und steht in morpho-funktioneller Beziehung zu der jeweiligen Schichtentiefe des Hippocampus.

Summary

At six month old, male rats the spines synaptology of the CA 1-field of hippocampus was investigated by means of light microscopic, fine structural and quantitative methods.

We found for the several layers of CA 1-field fine structurally in each case a characteristic synaptology. The axo-spinodendritic synapses represent the most frequent type of synapses; these are developed on the side dendrites mainly as boutons en passage and on the main dendrite for the most part as boutons terminaux.

The axo-somatic synapses of the str. pyramidale are endowed with the structural features of inhibitory synapses; the axo-spinodendritic and axo-dendritic synapses of the remaining layers mainly exhibit the features of excitatory synapses (approximately 90%).

The quantitative investigations about the distribution of spines on CA 1-neurons, wich differ in the length of the main dendrites show for the basal dendrites on an average 37 spines per 50 µm, for the apical side dendrites 50 spines per 50 µm and for the main dendrite 28 spines per 50 µm dendritic length (confidence interval: $19,9 < u < 35,1$).

The distribution of spines along the apical main dendrite of CA 1-neurons follows a characteristic mode of distribution and results for neurons with different length and of several rats in similar spines distribution curves with characteristic segments (spines-free initial segment within the str. radiatum, segment with exponential increase within the str. radiatum, spines maximum within the str. lacunosum and segment with a linear decrease of the spines density within the str. moleculare).

On the main dendrite is the at the time distribution of spines dependent on the distance pericaryon — dendrite and is morpho — functional related to the conformable depth of layers of the hippocampus.

Literatur

Adey, W. R.: Brain mechanisms and the learning process. Fed. Proc. **20**, 617—627 (1961).

Adey, W. R.: EEG studies of hippocampal system in the learning process. In: Passouant, P. (Ed.) Physiologie de l'hippocampe, Paris: Edition du CNRS, 203—224 (1962).

Adey, W. R.: Hippocampal states and functional relations with cortico subcortical systems in attention and learning. Brain Res. **27**, 228—245 (1967).

Alksne, J. F., T. W. Blackstad, F. Walberg and L. E. White jr.: Electron microscopy of axon degeneration: a valuable tool in experimental neuroanatomy. Anat. Entw.-Gesch. **39**, 3—32 (1966).

Andersen, P.: Interhippocampal impulses. I. Origin, course and distribution in cat, rabbit and rat. Acta Physiol. Scand. **47**, 63—90 (1959).

Andersen, P., and Y. Løyning: Interaction of various afferents on CA 1 Neurons and Dentate granule cells. In: Physiologie de l'Hippocampe, Montpellier 1961. CNRS 24—42 (1962).

Andersen, P., H. Bruland and B. R. Kaada: Activation of the field CA_1 of the hippocampus by septal stimulation. Acta Physiol. Scand. **51**, 29—40 (1961).

Andersen, P., J. C. Eccles and Y. Løyning: Recurrent inhibition in the hippocampus with identification of the inhibitory cell and its synapses. Nature (Lond.) **198**, 540—542 (1963).

Andersen, P., J. C. Eccles and Y. Løyning: Nature (Lond.) **199**, 699—700 (1963).

Andersen, P., J. C. Eccles and Y. Løyning: Location of postsynaptic inhibitory synapses on hippocampal pyramids. J. Neurophysiol. (Springfield, Ill.) **27**, 592—607 (1964).

Andersen, P., J. C. Eccles and Y. Løyning: Pathway of postsynaptic inhibition in the hippocampus. J. Neurophysiol. (Springfield, Ill.) **27**, 608—619 (1964).

Andersen, P., T. W. Blackstad and T. Lömo: Location and identification of excitatory synapses on hippocampal pyramidal cells. Exp. Brain Res. **1**, 236—248 (1966).

Andersen, P., and T. Lömo: Mode of activation of hippocampal pyramidal cells by excitatory synapses on dendrites. Exp. Brain Res. **2**, 247—260 (1966).

Benhamida, C., G. R. de Pereda et J. C. Hirsch: Les épines dendritiques du cortex de gyrus isolé de chat. Brain Res. **21**, 313—325 (1970).

Blackstad, T. W.: Commissural connections of the hippocampal region in the rat, with special reference to their mode of termination. J. Comp. Neurol. **105**, 417—539 (1956).

Blackstad, T. W.: On the termination of some afferents to the hippocampus and fascia dentata. Acta Anat. **35**, 202—214 (1958).

Blackstad, T. W., and A. Kjaerheim: Special axo-Dendritic Synapses in the Hippocampal Cortex: Electron and Light microscopic Studies on the Layer of Moosy Fibers. J. Comp. Neurol. **117**, 133—160 (1961).

Blackstad, T. W.: Ultrastructural Studies on the hippocampal Region. Progr. Brain Res. **3**, 122—148 (1963).

Blackstad, T. W., and P. R. Flood: Ultrastructure of hippocampal axo-somatic synapses. Nature (Lond.) **198**, 542—543 (1963).

Bodian, D.: Synaptic types on spinal motoneurons. An electron microscopic study. Bull. Johns Hopkins Hosp. **119**, 16—45 (1966).

Bodian, D.: Electron microscopy: two major synaptic types on spinal motoneurons. Science **151**, 1093—1094 (1966).

Cajal, S., Ramòn Y.: Über die feinere Struktur des Ammonshornes. Z. wiss. Zool. **56**, 615—663 (1893).

CAJAL, S., RAMÒN Y.: Histologie du système nerveux de l'homme et des vertébrés. Bd. 2, S. 993, Maloine, Paris (1911).

COLONNIER, M.: The tangential organization of the visual cortex J. Anat. (Lond.) **98**, 327—344 (1964).

COLONNIER, M.: Experimental degeneration in the cerebral cortex J. Anat. (Lond.) **98**, 47—53 (1964).

COLONNIER, M.: The fine structural arrangement of the cortex. Arch. Neurol. (Chicago) **16**, 651—657 (1967).

COLONNIER, M.: Synaptic Patterns on Different Cell Types in the Different Laminare of the Cat Visual Cortex. An Electron Microscopic Study. Brain Res. **9**, 268—287 (1968).

DIACHKOVA, L. N.: Changes in the ultra-structure of synapses in the brain cortex of monkeys following an excitation. Dokl. Akad. Nauk SSSR **155**, 227—229 (1964).

DOUGLAS, R. J.: The hippocampus and behavior. Psychol. Bull. **67**, 416—442 (1967).

DRACHMAN, D. A., and J. ARBIT: Memory and the hippocampal complex. II. Is memory a multiple process? Arch. Neurol. (Chicago) **15**, 52—61 (1966).

ECCLES, J. C.: The physiology of synapses. Springer, Berlin-Göttingen-Heidelberg (1964).

ELAZAR, Z., and W. R. ADEY: Spectral analysis of low frequency components in the electrical activity of the hippocampus during learning. Electroenceph. clin. Neurophysiol. **23**, 225—240 (1967).

FLEXNER, L. B.: Dissection of memory in mice with antibiotics. Amer. Scientist **56**, 52—57 (1968).

FOX, C. A., D. E. HILLMAN, K. A. SIEGESMUND and C. R. DUTTA: The primate cerebellar cortex. A Golgi and electron microscopic study. In: The Cerebellum (Ed. Fox. C. A., and R. S. SNIDER). Prog. Brain Res. **25**, 174—225 (1967).

GLOBUS, A., and A. B. SCHEIBEL: Loss of dendrite spines as an index of presynaptic terminal patterns. Nature (Lond.) **212**, 463—465 (1966).

GLOBUS, A., and A. B. SCHEIBEL: Synaptic loci on parietal cortical neurons: terminations of corpus callosum fibers. Science **156**, 1127—1129 (1967).

GLOBUS, A., and A. B. SCHEIBEL: Pattern and Field in Cortical Structure: The rabbit. J. Comp. Neurol. **131**, 155—172 (1967).

GLOOR, P., C. L. VERA and L. SPERI: Electrophysiological studies of hippocampal neurons. I. Configuration and laminar analysis of the "resting" potential gradient, of the main-transient response to perforant path, fimbrial and mossy fiber volleys and of "spontaneous" activity. Electroenceph. clin. Neurophysiol. **15**, 353—378 (1963).

GRAY, E. G.: Axo-somatic and axo-dendritic synapses of the cerebral cortex. J. Anat. (Lond.) **93**, 420—433 (1959).

GRAY, E. G., and R. W. GUILLERY: A note on the dendritic spine apparatus. J. Anat. (Lond.) **97**, 389 bis 392 (1963).

GRAY, E. G.: The fine structure or normal and defenerating synapses of the central nervous system. Arch. Biol. (Liège) **75**, 285—299 (1964).

GRAY, E. G.: Tissue of the central nervous system. In: Electron microscopic anatomy. S. M. Kurtz (Ed.) Academic Press, New York, 369—417 (1964).

GREEN, J. D.: The hippocampus. In: Handbook of Physiology. I. Neurophysiology, edited by J. Field, H. Magoun and V. E. Hall, Baltimore: Williams and Wilkins, Vol. II, 1373—1389 (1960).

GREEN, J. D.: The hippocampus. Physiol. Rev. (Wash.) **44**, 561—608 (1964).

HAMLYN, L. H.: Electron microscopy of mossy fiber endings in Ammon's horn. Nature **190**, 645—646 (1961).

HAMLYN, L. H.: The fine structure of the mossy fibre endings in the hippocampus of the rabbit. J. Anat. (Lond.) **96**, 112—120 (1962).

HAMLYN, L. H.: An electron microscope study of pyramidal neurons in the Ammon's horn of the rabbit. J. Anat. (Lond.) **97**, 189—201 (1963).

HASSLER, R.: Zur funktionellen Anatomie des limbischen Systems. Der Nervenarzt **35**, 386—396 (1964).

HIRATA, Y.: Occurence of cylindrical synaptic vesicles in the central nervous system perfused with buffered formalin solution prior to OSO_4-fixation. Arch. histol. jap. **26**, 269—279 (1966).

HIRATA, Y.: Synaptic organization of the lateral pulvinar nucleus in the cat. Arch. histol. jap. **27**, 373—386 (1966).

IBATA, Y.: Electron microscopy of the Hippocampal Formation of the Rabbit. J. Hirnforsch. **10**, 451—469 (1968).

IBATA, Y., and N. OTSUKA: Die Feinstruktur der Synapsen im Hippocampus des Kaninchens unter besonderer Berücksichtigung dunkler präsynapt. Endigungen. Zellforsch. **91**, 547—553 (1968).

JACOBSON, ST.: Dimensions of the dendritic spine in the sensorimotor cortex of the rat, cat, squirrel monkey and man. J. comp. Neurol. **129**, 49—58 (1967).

JONES, E. G., and T. P. S. POWELL: Electron microscopy of the somatic sensory cortex of the cat. I. Cell types and synaptic organization. Phil. Trans. soy. Soc. Lond. B **257**, 1—11 (1970).

JONES, E. G., and T. P. S. POWELL: Electron microscopy of the somatic sensory cortex of the cat. II. The fine structure of layers I and II. Phil. Trans. roy. Soc. Lond. B **257**, 13—21 (1970).

JONES, E. G., and T. P. S. POWELL: Electron microscopy of the somatic sensory cortex of the cat. III. The fine structure of layers III to VI. Phil. Trans. roy. Soc. Lond. B **257**, 23—28 (1970).

KANDEL, E. R., and W. A. SPENCER: Excitation and inhibition of pyramidal cells during hippocampal seizure. Exp. Neurol. **4**, 162—179 (1961).

KIMBLE, D. P., and R. J. KIMBLE: Hippocampectomy and response perseveration in the rat. J. comp. Physiol. Psychol. **60**, 474—476 (1965).

KOSITZYN, N. S.: Axo-dendritic relations in the brain stem reticular formation. J. comp. Neurol. **122**, 9—17 (1964).

KRAUS, C., und G. PILLERI: Zur Feinstruktur der großen Pyramidenzellen in der V. Cortexschicht der Cetaceen (Delphinies delphis und Balaenoptera borealis). Z. mikrosk.-anat. Forsch. **80**, 89—99 (1969).

LAATSCH, R. H., and W. M. COWAN: Electron microscopic studies of the dentate gyrus of the rat. I. Normal structure with special reference to synaptic organization. J. comp. Neurol. **128**, 359—395 (1966).

LAATSCH, R. H., and W. M. COWAN: Electron microscopic studies of the dentate gyrus of the rat. II. Degeneration of commissural afferents. J. comp. Neurol. **130**, 241–261 (1967).

LARRAMENDI, L. M. H., and T. VICTOR: Synapses on the Purkinje cell spines in the mouse. An electronmicroscopic study. Brain Res. **5**, 15–30 (1967).

LARRAMENDI, L. M. H., L. FICKENSCHER and N. LEMKEY-JOHNSTON: Synaptic vesicles of inhibitory and exitatory terminals in the cerebellum. Science **156**, 967–969 (1967).

LARRAMENDI, L. M. H., and N. LEMKEY-JOHNSTON: The distribution of recurrent Purkinje collateral synapses in the mouse cerebellar cortex: an electron microscopic study. J. comp. Neurol. **138**, 451–482 (1970).

LIEBMANN, H., und C. RAUCH: Die Beteiligung cholinerger Mechanismen bei der Aequisition. II. Gem. Tagg. Ges. Dtsch. Ges. exp. Med. Leipzig (1970).

LORENTE DE NÓ, R.: Studies on the structure of the cerebral cortex. II. Continuation of the study of the ammonic system J. Psychol. Neurol. **46**, 113–177 (1934).

LORENTE DE NÓ, R.: Cerebral Cortex-Architecture, intracortical connections, motor projections. In: Physiology of the nervous system. J. F. Fulton (Ed.), Oxford Univ. Press, London, 288–330 (1949).

LÖSSNER, B., S. SCHMIDT, N. POPOV und H. MATTHIES: Die Inkorporation von ^{3}H-Tyrosin und ^{14}C-Leucin bei intraventrikulärer Applikation in die Gesamtproteine verschiedener Rattenhirnregionen. II. Gemeinsch. Tagg. Ges. Dtsch. Ges. exp. Med. Leipzig (1970).

MARIN-PADILLA, M.: Number and distribution of the apical dendritic spines of the layer V pyramidal cells in man. J. comp. Neurol. **131**, 475–489 (1967).

MARIN-PADILLA, M.: Cortical axo-spinodendritic synapses in man: a Golgi study. Brain Res. **8**, 196–200 (1968).

MARIN-PADILLA, M., and G. R. STIBITZ: Distribution of the apical dendritic spines of the layer V pyramidal cells of the hamster neocortex Brain Res. **11**, 580–592 (1968).

MARIN-PADILLA, M., G. R. STIBITZ, C. P. ALMY and H. N. BROWN: Spine distribution of the layer V-pyramidal cell in man. A cortical model. Brain Res. **12**, 493–496 (1969).

MEISSNER, W. W.: Hippocampal functions in learning. J. psychiat. Res. **4**, 235–304 (1966).

MEISSNER, W. W.: Hippocampus and learning. Int. J. Neuropsychiat. **3**, 298–310 (1967).

MELLER, K., W. BREIPOHL and P. GLEES: Ontogeny of the mouse motor cortex. The polymorph layer or layer VI. A Golgi and electronmicroscopical study. Z. Zellforsch. **99**, 443–458 (1969).

MIKELADZE, A. L.: Characterization of the Postsynaptic Structures of the Brain. Folia Morph. **17**, 420–431 (1969).

MUGNAINI, E., F. WALBERG and E. HAUGLIC-HANSSEN: Observations on the fine structure of the lateral vestibular nucleus (Deiter's nucleus) in the cat. Exp. Brain Res. **4**, 146–186 (1967).

MUGNAINI, E., F. WALBERG and A. BRODAL: Mode of termination of primary vestibular fibres in the lateral vestibular nucleus. An experimental electron microscopical study in the cat. Exp. Brain Res. **4**, 187–211 (1967).

MUGNAINI, E.: The relation between cytogenesis and the formation of different types of synaptic contact. Brain Res. **17**, 169–179 (1970).

NAFSTAD, H. J., and T. W. BLACKSTAD: Distribution of mitochondria in pyramidal cells and boutons in hippocampal cortex. Z. Zellforsch. **73**, 234–245 (1966).

NIKLOWITZ, W., und I. J. BAK: Elektronenmikroskopische Untersuchungen am Ammonshorn. I. Die normale Substruktur der Pyramidenzellen. Z. Zellforsch. **66**, 529–547 (1965).

O'LEARY, J. L.: Structure of the area striata of the cat. J. Comp. Neurol. **75**, 131–164 (1941).

O'LEARY, J. L., J. M. SMITH, M. TIDWELL and A. B. HARRIS: Synapses in the lateral geniculate nucleus of the primate. Neurology (Minneap.) **15**, 548–555 (1965).

OTT, T., und H. MATTHIES: Zur Wirkung von Purin- und Pyridindinucleotiden auf Aequisition und Retention. II. Gemeinsch. Tagg. Ges. Dtsch. Ges. exp. Med. Leipzig 1970.

PAPPAS, G. D., and D. P. PURPURA: Fine structure of dendrites in the superficial neocortical neuropil. Exp. Neurol. (N. Y.) **4**, 507–530 (1961).

PETERS, A., and I. R. KAISERMAN-ABRAMOF: The Small Pyramidal Neuron of the Rat Cerebral Cortex. The Synapses upon dendritic spines. Z. Zellforsch. **100**, 487–506 (1969).

PETERS, A., and J. R. KAISERMAN-ABRAMOF: The Small Pyramidal Neuron of the Rat Cerebral Cortex. The Perikaryon, Dendrites and Spines. Am. J. Anat. **127**, 321–356 (1970).

POHLE, W., und H. MATTHIES: Die Topohistochemie von Transmittersystemen im Cortex und Hippocampus des Kaninchens. Acta biol. med. german. **25**, 447–454 (1970).

POHLE, W., and H. MATTHIES: The incorporation of ^{3}H-Uridine monophosphate into the rat brain during the training period. A microautoratiographic study. Brain Res. **29**, 123–127 (1971).

POPOFF, I., und N. I. POPOFF: Allocortex bei der Ratte (Mus decumanus). J. Psychol. Neurol. **39**, 257–322 (1929).

POPOV, N., S. SCHMIDT, S. SCHULECK und H. MATTHIES: Einbau von intraventrikulär applizierter ^{14}C-Orotsäure, ^{3}H-Cytidinmonophosphat und ^{3}H-Uridinmonophosphat in die Hirn- und Leber RNS der Ratte. II. Gemeinsch. Tagg. Ges. Dtsch. Ges. exp. Med. Leipzig 1970.

QUEVEDO, J. C.: RNA, hippocampus and learning: an autoradiographic study. Acta Anat. **75**, 27–36 (1970).

ROSE, M.: Der Allocortex bei Tier und Mensch. J. Psychol. Neurol. (Lpz.) **34**, 1–111 (1926).

ROSE, M.: Die sog. Riechrinde beim Menschen und beim Affen. J. Psychol. Neurol. (Leipzig) **34**, 261–401 (1927).

RUIZ-MARCOS, A., and F. VALVERDE: The temporal evolution of the distribution of dendritic spines in the visual cortex of normal and clark raised mice. Exp. Brain Res. **8**, 284–294 (1969).

SARKISSOW, S. A.: Grundriß der Struktur und Funktion des Gehirns. Verlag Volk und Gesundheit, Berlin 1967.

SCHAPIRO, S., and K. R. VUKOVICH: Early Experience upon Cortical Dendrites: A Proposed for Development. Science **167**, 292–294 (1970).

SCHEIBEL, M. E., and A. B. SCHEIBEL: On the nature of Dendritic spines — Report of a workshop. Comm. Behav. Biol. Part A, **1**, 231–265 (1968).

SCHEIBEL, M. E., and A. B. SCHEIBEL: Of pattern and place in Dendrites. Intern. Rev. Neurobiology **13**, 1–26 (1970).

SMYTHIES, J. R.: Brain mechanism and behaviour. Brain **90**, 697–706 (1967).

STEPHAN, H.: Größenänderungen im olfaktorischen und limbischen System während der phylogenetischen Entwicklung der Primaten. Evolution of the forebrain, Georg Thieme Verlag Stuttgart (1966).

UCHIZONO, K.: Characteristics of excitatory and inhibitory synapses in the central nervous system of the cat. Nature (Lond.) **207**, 642–643 (1965).

UCHIZONO, K.: Synaptic organization of the Purkinje cells in the cerebellum of the cat. Exp. Brain Res. **4**, 97–113 (1967).

UCHIZONO, K.: Axon identification in the cerebellar cortex of the cat. Arch. histol. jap. **29**, 339–424 (1968).

UCHIZONO, K.: Analysis of interneurons based on their synaptic organization in the cerebellar cortex of the cat. Arch. histol. jap. **30**, 329–351 (1969).

VALVERDE, F.: Apical dendritic spines of the visual cortex and light deprivation in the mouse. Exp. Brain Res. **3**, 337–352 (1967).

VALVERDE, F., and A. RUIZ-MARCOS: Light deprivation and the spines of apical dendrites in the visual cortex of the mouse. Amer. J. Anat. **157**, 392 (1967).

VALVERDE, F.: Structural Changes in the Area Striata of the Mouse after Nucleation. Exp. Brain Res. **5**, 274 bis 292 (1968).

VALVERDE, F., and A. RUIZ-MARCOS: Dendritic spines in the visual cortex of the mouse: Introduction to a mathematical model. Exp. Brain Res. **8**, 269–283 (1969).

VAN DER LOOS, H.: The Regulating Systems: Neural Anatomic and Physiologic considerations. The Biologic basis of pediatric practice (Eds.: R. E. COOKE et al.) McGraw-Hill, New York, 1177–1200 (1968).

WALBERG, F.: Role of normal dendrites in remival of degenerating terminal boutons. Exp. Neurol. **8**, 112–124 (1963).

WALBERG, F.: Elongated vesicles in terminal boutons of the central nervous system. A result of aldehyde fixation. Acta anat. **65**, 224–235 (1966).

WESTRUM, L. E., and T. W. BLACKSTAD: An electron microscopy Study of the Stratum Radiatum of the Rat Hippocampus (regio-superior, CA 1) with Particular Emphasis on Synaptology. J. Comp. Neurol. **119**, 281–316 (1962).

Anschrift der Autoren:

Oberarzt Dr. med. J. WENZEL
DDR-104 Berlin,
Philippstr. 12
Anatomisches Institut der
Humboldt-Universität Berlin

The Interrelations of the Striatum with Subcortical Areas through the Lateral Forebrain Bundle[1])

By

H. N. SCHNITZLEIN[2]), E. G. HAMEL, Jr.[2]), J. H. CAREY[3]), J. W. BROWN[2]), H. H. HOFFMAN[2]), J. R. FAUCETTE[2]) and M. J. C. SHOWERS[4])

Introduction

According to the latest edition of the Dorland Medical Dictionary, the word phylogeny means "the complete developmental history of a race or group of animals". The definition is sufficiently clear but attempts to interpret it in terms of descriptions of actual phylogenetic patterns have led, for some forms, to wide differences of opinion. These differences of opinion, particularly where forebrain centers are considered, are due to basic disagreement as to what constitutes "developmental history". Is one dealing here with topographical anatomy or topology only, regardless of function? If so, its repeat in the embryological development of primate brains is likely to be insignificant or not to occur. Topographical patterns have been based largely on the location and shifts in position of gray masses in the brains of various representative vertebrates. Implicitly this suggests that the phylogenetic repeat is inherent in the position of the nuclear masses irrespective of their later-developed fiber connections.

Other groups of observers particularly concerned about the functional significance of the various areas have tended to base their conclusions on likeness of fiber connections of homologous regions. This suggests that the primary importance of a nuclear group for phylogenetic history depends chiefly on its functional relations as expressed in its connections with other areas rather than on its location. Yet there is not so sharp a distinction between the two means of approach to solving the phylogenetic history as the preceding statements might suggest. New connections change the balance in impulses relayed to a given area; the increase or subdivision of such an area indicates an active role. Perhaps nuclear gray is given significance by its fiber connections but histological character and the variety and the types of termination of the synapses within this nuclear gray determine the specificity and the ultimate character of the response. Although certain fiber tracts are very constant throughout the vertebrate phylum in their general origin, their components may vary in number, size and details of distribution in various forms. Nuclear gray tends in general to increase in amount, in cellular specificity and in secondary subdivisions in the ascending phylogenetic scale. Just as nuclear patterns and fiber connections are intricately interrelated, so also the morphological and the functional concepts of the phylogenetic history are interdependent and undoubtedly will be brought into harmony with each other as knowledge increases.

Among the basic fiber paths playing a role in the phylogenetic development are certain bundles which are represented in the whole scale of vertebrate brains. Among these is the lateral forebrain bundle which is present, as far as is known, throughout vertebrates including man. In most vertebrates it has a dorsal and a ventral part. The dorsal part serves as a major connection between striatal and dorsal thalamic areas. The ventral part, largely efferent, relates the striatal areas of the telencephalon with the

[1]) This work was supported by the following grants: NS-04295; NS-05250; NS-07649; HD-00230; NS-01804; and NB-05436. A portion of this material was presented in Caracas, Venezula at the II Panamerican Congress of Anatomists, 1969.

[2]) Anatomy Department, University of Alabama in Birmingham.

[3]) Departments of Anatomy and Pediatrics, University of Alabama in Birmingham.

[4]) Anatomy Department, Hahnemann Medical College.

[5]) Specimens provided by the Smithsonian Institute.

ventral thalamus, the hypothalamus and the midbrain tegmentum. The following account of this system in vertebrates begins for each group with a fairly brief statement of the related striatal areas.

Some Vertebrate Striatal Areas and the Submammalian Lateral Forebrain Bundle and its Mammalian Representatives

Fishes and Allied Forms

Agnatha
Cyclostomata
Petromyzon fluviatilis (lamprey)

Nuclear Patterns

The striatal area in such petromyzonts as *Petromyzon fluviatilis* and *Entosphenus* is ventral to the so-called subhippocampal lobule (which probably belongs to the hippocampal formation) and to the posterior hippocampal sulcus of SCHOBER (1964). It appears caudal to the septal area, close to the median telencephalic ventricle and in the caudal wall of the wide foramen which connects the lateral ventricle with this median ventricle. The striatum continues behind this plane deep to the median telencephalic ventricle but separated from it by a relatively cell-free band, although occasional cells are present in this band and sometimes intermingled with the ventricular ependyma. Its position is reminiscent of that of the striatum at fairly early stages in the development of the human telencephalon when a considerable part of this brain area has not yet evaginated. Ventrocaudally it is continuous with the preoptic area from which it cannot be sharply delimited in some planes.

The striatal neurons have medium-sized cell bodies and are clearly multipolar cells, often with deeply stained Nissl granules. At many levels they tend to show lamination, with rows of cells paralleling the ventricle but with scattered cells forming the rostral tip bordering the more distinct cell rows.

Fiber Connections

A very few small fascicles can be followed from the striatal area into the ventral thalamic region in cyclostomes. In this ventral region they appear to lose fibers to, and acquire fibers from, the ventral thalamic gray, the composite bundle proceeding toward the midbrain tegmentum. These fascicles constitute a very primitive ventral peduncle of the lateral forebrain bundle. Thus far a dorsal peduncle has not been identified in the material available.

Chondrichthyes
Holocephali
Chimaera monstrosa (rat fish)

by JOHN R. FAUCETTE

Nuclear Patterns

The three subdivisions of the striatal area (FAUCETTE (1969)) which have been recognized in the brain of the holocephalan, *Chimaera*, are the hyperstriatum, the neostriatum and the paleostriatum (fig. 1A). They are discussed briefly in the following account.

Paleostriatum. The paleostriatum (fig. 1) consists of two histologically distinct areas, a paleostriatum augmentatum and a paleostriatum primitivum. These areas replace the neostriatum caudally.

The paleostriatum augmentatum lies in the ventromedial aspect of the wall of the midline ventricle caudal to the interventricular foramen. This division of the striatum is intimately associated with the lateral zone of the olfactory tubercle ventrally, the neostriatum rostrally, the nucleus accumbens septi ventromedially and the primordial amygdaloid areas dorsally. Numerous association fibers interconnect these various areas.

The paleostriatum primitivum (fig. 1A) is best developed at the level of the amygdaloid ridge in *Chimaera*. It is composed of closely packed, large, multipolar neurons (10—25 μ). The paleostriatum primitivum lies ventral to the primordial amygdala and the paleostriatum augmentatum is lateral to the medial septal nuclei and the nucleus of the diagonal band and dorsal to the lateral zone of the olfactory tubercle (fig. 1A).

Neostriatum. The primordial neostriatum of elasmobranchs is poorly developed and has a limited rostrocaudal extent. It is situated in the ventrolateral portion of the lateral ventricular wall, ventral to the hyperstriatum and dorsal to the lateral zone of the olfactory tubercle. This striatal area is composed of closely arranged, medium-sized cells (10—15 μ). Caudally, the neostriatum is replaced by the paleostriatum augmentatum.

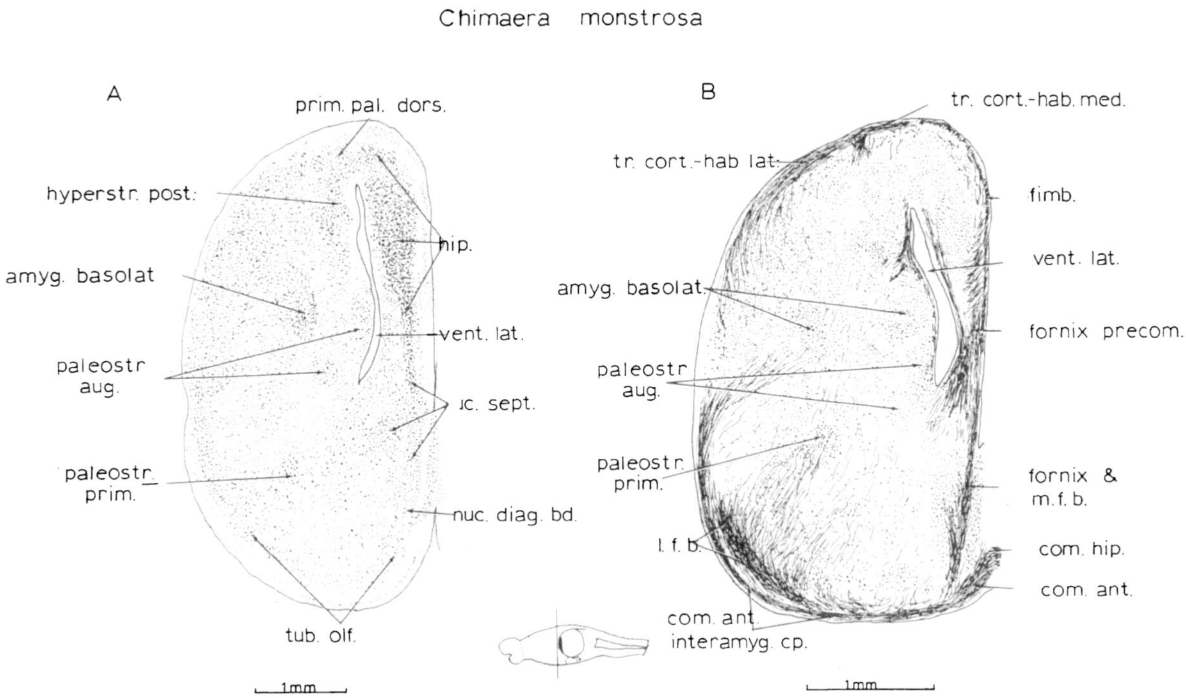

Fig. 1. A. Drawing of a thionin stained transverse section through the anterior commissure area. The nuclei of the striatum are all represented with the exception of the neostriatum which does not extend this far caudally.
B. Drawing of a cross section impregnated with Protargol through a level comparable to that of figure 1B. Fibers which comprise the lateral forebrain bundle are located in the ventrolateral aspect of the hemisphere. The lateral forebrain bundle fibers intermingle with fibers of the interamygdaloid component of the anterior commissure. It is not possible to distinguish the dorsal and ventral peduncles of the lateral forebrain bundle at this level.

Hyperstriatum. The hyperstriatum of *Chimaera* is divided into a rostral or accessory portion, the hyperstriatum accessorium, and a more caudal part, the hyperstriatum posterius (fig. 1A). The accessory hyperstriatum, which replaces frontally the dorsal part of the anterior olfactory nucleus and forms a ridge on the dorsal aspect of the lateral wall of the lateral ventricle, is probably comparable to the accessory hyperstriatum of such reptiles as the box turtle (CAREY, 1967). Caudally the cells of the accessory hyperstriatum are multipolar and vary in size from 10—20 μ with a predominance of the smaller neurons.

Caudal to the accessory hyperstriatum is a second portion of the area, a hyperstriatum posterius (fig. 1A). This latter area is differentiable from the accessory part because of its appearance and connections.

Lateral Forebrain Bundle. The dorsal peduncle of the lateral forebrain bundle (figs. 1B and 2) is small in *Chimaera*, reflecting the development of the dorsal thalamic and neostriatal areas. However, the few fascicles which constitute the dorsal peduncle interconnect the neostriatum (and possibly the paleostriatum augumentatum) with the nucleus dorsolateralis and the nucleus rotundus of the dorsal thalamus and perhaps with pretectal areas. The dorsal peduncle is not related to the nucleus dorsomedialis of the primordial dorsal thalamus. The dorsal peduncle is both an afferent and an efferent pathway.

The ventral peduncle of the lateral forebrain bundle (figs. 1B and 2) is the larger of the two peduncles in elasmobranchs. It is essentially an efferent pathway, composed of axons arising from the large neurons of the paleostriatum primitivum. The fibers of the ventral peduncle accumulate in the ventrolateral aspect of the hemisphere wall intermingled with the cells of the lateral olfactory tubercle. Distribution of the ventral peduncle caudally is to the ventral thalamus, the hypothalamus and the midbrain tegmentum.

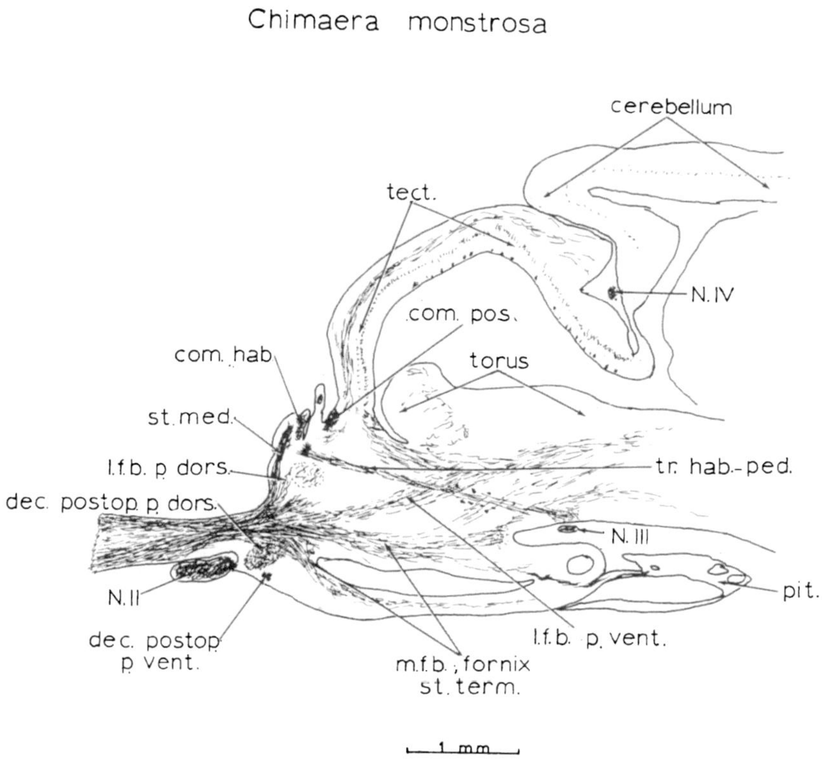

Fig. 2. Drawing of a parasagittal section through the caudal end of the fibrous stalk, diencephalon, mesencephalon and cerebellum of *Chimaera*. Fibers of the small dorsal peduncle of the lateral forebrain bundle arise primarily from the nuclei of the dorsal thalamus. Fibers of the ventral peduncle connect the paleostriatum primitivum with the ventral thalamus, hypothalamus and the midbrain tegmentum.

Osteichthyes

Actinopterygii
Polypterus (bichir)
Plecostomus (catfish)
Holocentrus (soldierfish)

by H. N. Schnitzlein

The actinopterygian fishes are represented by thousands of living species. An infinite variety of forms, of methods of locomotion and of habits (limited only by an aquatic environment) are represented. Since these ray-finned fishes lack lateral ventricles (although paired olfactory ventricles may be present) in the telencephalic hemispheres, the usual landmarks are not available for readily identifying the nuclear areas. A striatal area occupying the interior of each hemisphere and a lateral forebrain bundle (or "basal forebrain bundle" which may include the medial forebrain bundle) have, however, been identified by several investigators (Johnston (1911); Sheldon (1912); Droogleever Fortuyn (1961)). The size of the striatum (and consequently the degree of development of the lateral forebrain bundle) and the amount of differentiation discernible in the available material are extremely variable.

Nuclear Patterns

Paleostriatum. In *Polypterus*, an African fish from the upper Congo and the Nile, the striatal area is so reduced as to be almost unidentifiable (Wright (1967)). This thin but solid hemisphere is illustrated in figure 3. In other fishes, such as the catfishes (e.g., *Hypostomus plecostomus*) and the soldierfish, *Holocentrus*, the striatal areas are large and can be definitely subdivided (figs. 4 and 5). In most teleosts, it is possible to identify the large cells comparable to the paleostriatum primitivum (figs. 4 and 6) because of their projections into the ventral part of the lateral forebrain bundle and because of their very large multipolar appearance. These neurons are more numerous in the ventral and caudal parts of the hemisphere in or near planes

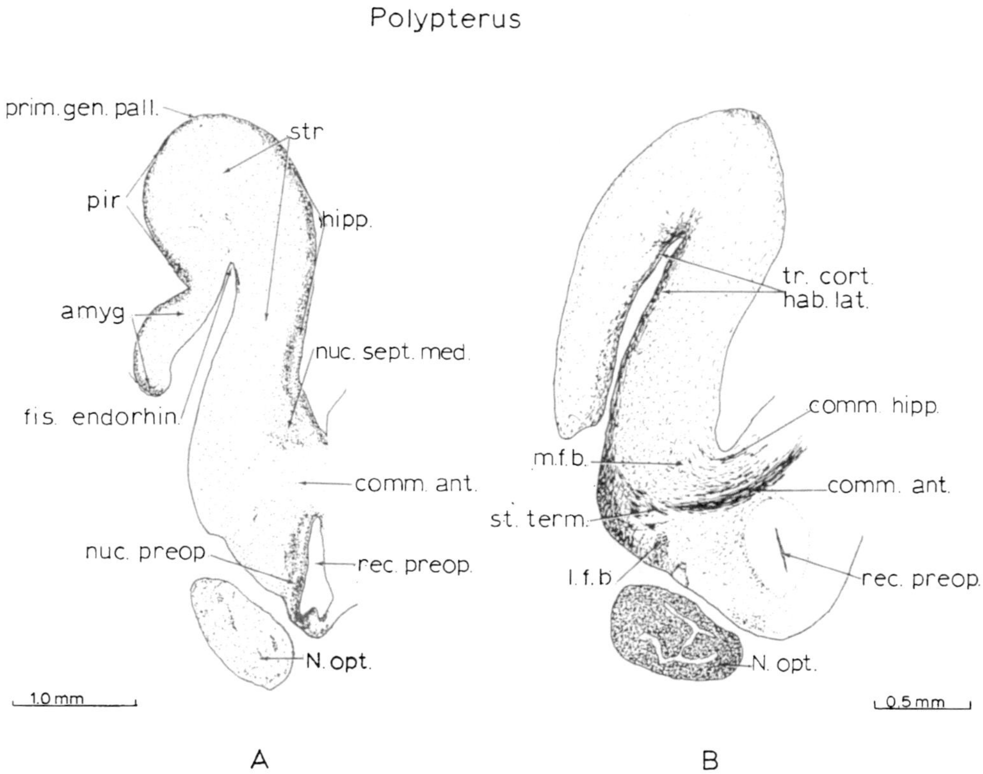

Fig. 3A. Drawing made from a transverse section stained with thionin through the hemisphere of *Polypterus* at the level of the anterior commissure. The relatively thin telencephalic wall and deep endorhinal fissure are evident.
B. Drawing made from a pyridine silver preparation of the brain of *Polypterus*. The plane of the section is approximately the same as that in figure 3A; however, the brain was grossly distorted during fixation.

through the anterior commissure and are continuous with the entopeduncular cells (fig. 5) adjacent to, or interspersed with, the lateral forebrain bundle.

In the tropical suckermouth catfish, *Hypostomus plecostomus*, the ventral part of the rostral striatal area adjacent to the diminutive tuberculum and to the lateral septal region contains some smaller neurons and may be comparable to the paleostriatum auqmentatum (fig. 4).

Neostriatum. A larger celled, more extensive striatal region is situated dorsal to the paleostriatum. Golgi preparations have indicated that the neurons of this neostriatal area are comparable to the lenticular neurons of higher vertebrates.

Hyperstriatum. A small cluster of large neurons is located adjacent to the primordial general pallial area. Ventrally and laterally these neurons are contiguous with the piriform area and basolateral amygdala. Such neurons may be comparable to the hyperstriatum of the other submammals.

Fiber Connections

Definitive connections of the striatal complex of *Polypterus* were not described by Wright (1967) although a small dorsal peduncle related to the dorsal thalamus and an only slightly larger ventral peduncle projecting to the ventral thalamus, the hypothalamus and the midbrain tegmentum were found. The dorsal peduncle of the lateral forebrain bundle (fig. 5B) has been followed in pyridine silver series available from the neostriatal region to the nucleus rotundus and adjacent gray of the dorsal thalamus in other fish. These fibers arch ventrally and caudally from the striatum to accumulate near the ventrolateral surface of the hemisphere.

The ventral peduncle of the lateral forebrain bundle (fig. 5B) projects from paleostriatal areas to the ventral thalamus and particularly to the

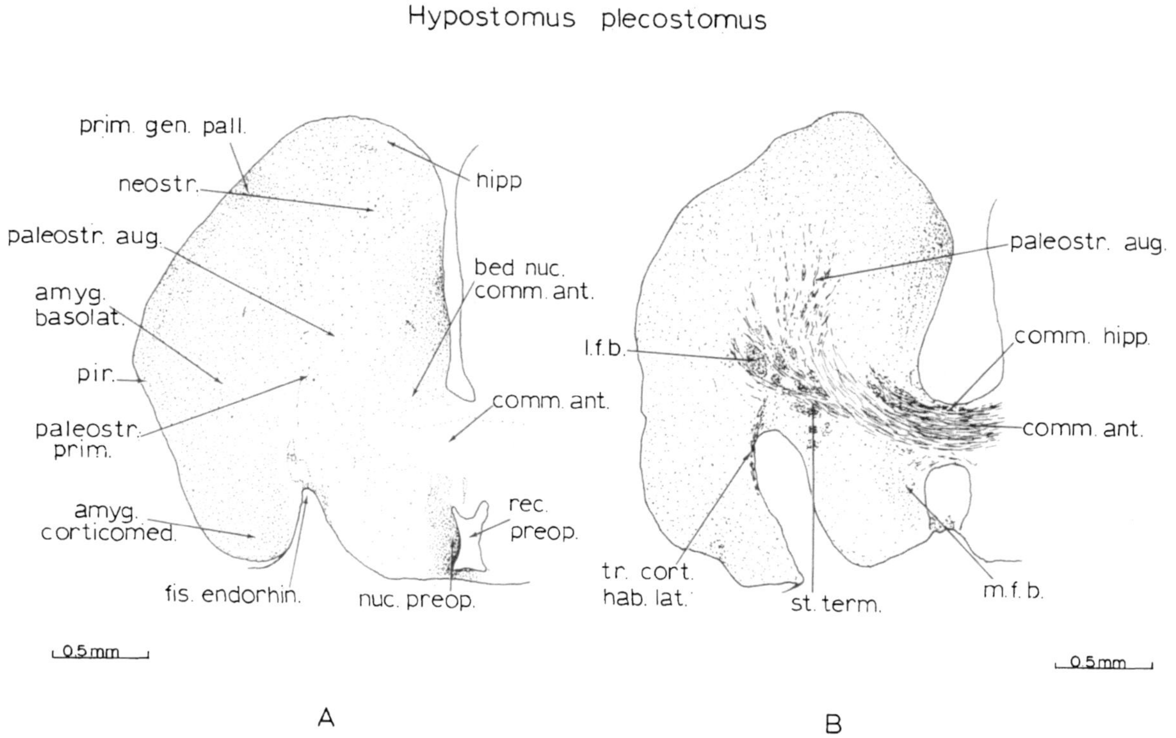

Fig. 4A. Drawing of a transverse section stained with thionin through the telencephalic hemisphere of the tropical suckermouth catfish. The hippocampal formation extends ventrally to the bed nuclei of the commissures. The plane of the section is through the anterior commissure and may be compared with figures 3A and 5A.
B. Drawing made from a pyridine silver preparation of the hemisphere of *Plecostomus*. The plane of the section is comparable to that illustrated in figure 4A.

hypothalamus. Some fibers undoubtedly end in the rostral midbrain tegmentum. Adequate experimental evidence is not available at present.

Other Connections

Undoubtedly the paleostriatum is interconnected with the adjacent septal and tubercular neurons in all the representative actinopterygians studied. The possibility that some axons of the lateral olfactory tract end in relationship to rostral and ventral paleostriatal neurons needs experimental verification. The hyperstriatum is intimately related (and probably interconnected) with both the primordial general pallial and the piriform-amygdaloid areas.

The stria terminalis (figs. 3B, 4B and 5B) of actinopterygian fish passes dorsal to, through, or ventral to the lateral forebrain bundle to achieve its termination in the preoptic area and anterior hypothalamus of the same and opposite side. Some of these fibers which cross in the anterior commissure (figs. 3B, 4B and 5B) course through the lateral forebrain bundle and may be accompanied by decussating fibers of this bundle. A decussation of the lateral forebrain bundle has been identified in the goldfish by Sheldon (1912).

Sarcopterygii
Dipnoi (lungfish)

The following account of the relations of the striatal areas and their connections is based primarily on the study of the brain of the mudfish, *Protopterus*. This material was obtained from Northern Africa and a detailed study of the nuclear patterns and fiber connections of the telencephalon (Schnitzlein and Crosby (1967)) and diencephalon (Schnitzlein and Crosby (1968)) has been published. Both Australian and South American lungfish were available for comparison. The following account of the striatal areas, although rechecked for the present paper, is in many respects a summary of the facts presented in the earlier papers. This account is included because of the importance of the relations in

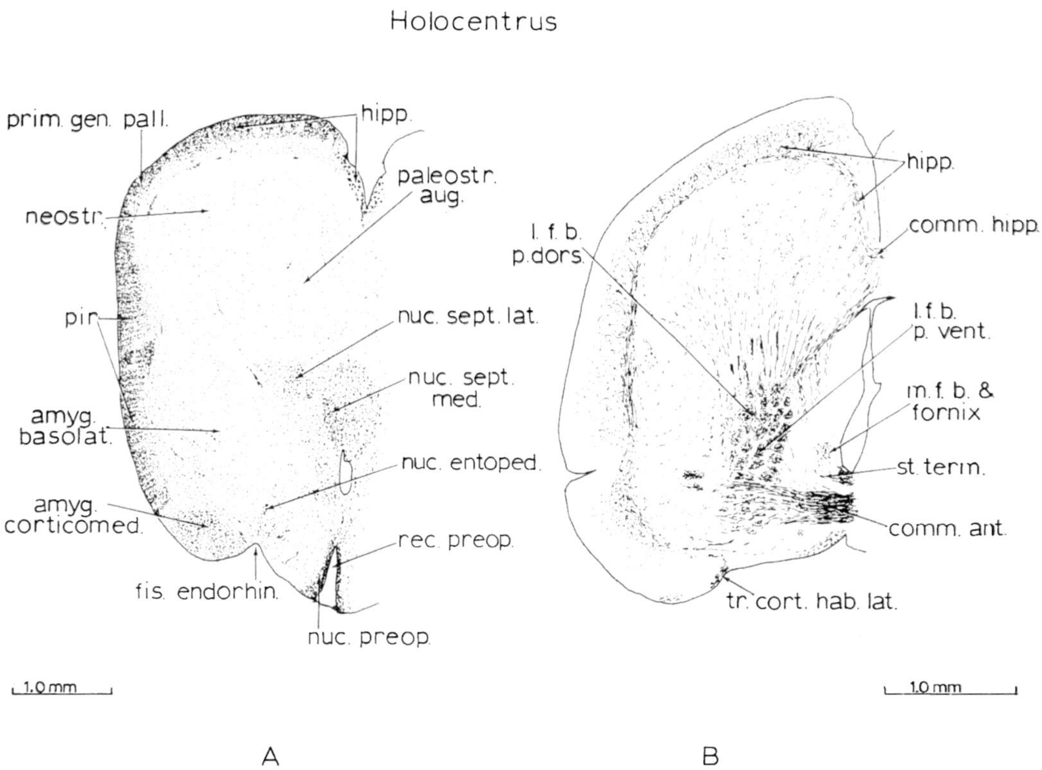

Fig. 5A. Drawing of a transverse section stained with thionin through the brain of the soldierfish, *Holocentrus*. The hemispheres are fused dorsomedially and interconnected ventrally by the anterior commissure.
B. Drawing made from a pyridine silver preparation of the brain of *Holocentrus* in a plane comparable to that illustrated in figure 5A. The relatively large striatum and lateral forebrain bundle may be compared with those indicated in *Polypterus* (fig. 3) and the catfish (fig. 4).

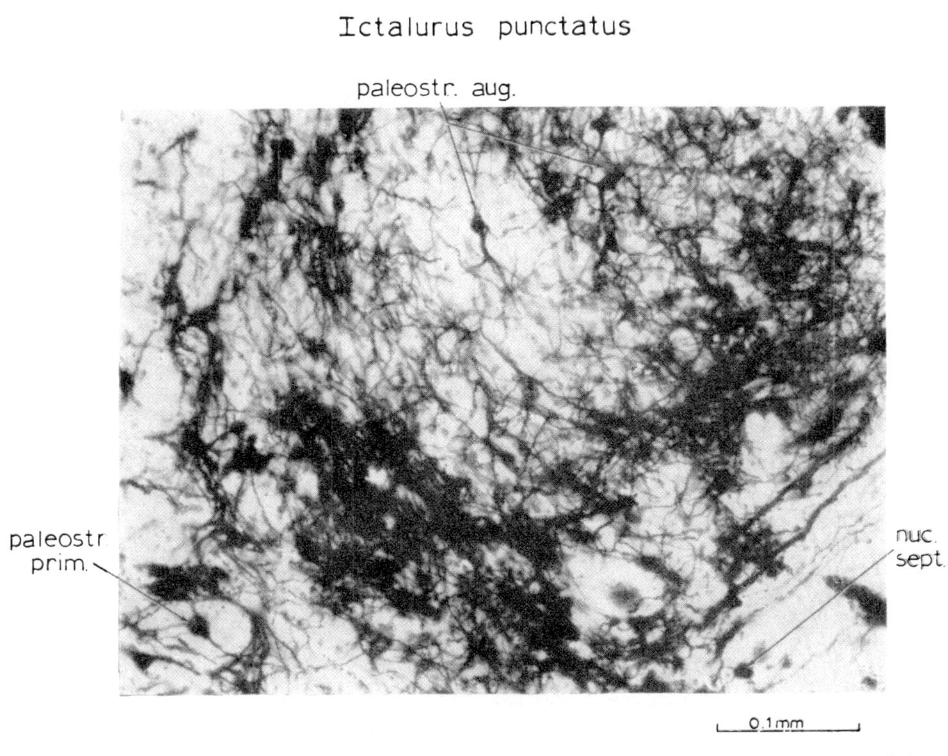

Fig. 6. Photomicrograph of a Golgi preparation of the catfish brain. In this transverse section, neurons of the paleostriatum primitivum may be compared with the smaller cells of the paleostriatum auqmentatum.

lungfish for any discussion of the phylogeny of the forebrain of vertebrates.

The telencephalic hemispheres possessing lateral ventricles are relatively undifferentiated and thin-walled. The tuberculum olfactorium on the ventral aspect of the hemisphere is exaggerated and invades the septal area medially and the striatal area laterally. The bag-like ventral tuberculum and rostro-dorsal olfactory bulbar formation are features related to the somewhat unusual position of the striatal areas.

Nuclear Patterns

Paleostriatum. The paleostriatum (fig. 7) in lungfish occupies the ventrolateral portion of the telencephalic hemisphere. Medially it is continuous with the septal area through the nucleus accumbens septi. The paleostriatum augumentatum of lungfish extends, from rostral to caudal, through most of the hemisphere levels. Throughout most of its extent it is intimately related to the exaggerated olfactory tubercle. At caudal hemisphere levels, through the region of the anterior commissure, a large-celled paleostriatum primitivum can be identified (fig. 7A). These large cells project into the ventral peduncle of the lateral forebrain bundle and some of the neurons continue in scattered groups along the lateral forebrain bundle as the entopeduncular nuclei.

Neostriatum. The neostriatum (fig. 7) is made up of neurons which are continuous rostrally with the lateral part of the anterior olfactory nucleus. The neostriatum is less evident at caudal hemisphere levels and, in its mid-portion, is invaded by the lateral part of the olfactory tubercle. An indistinct interstriatal sulcus separates neostriatum from the ventrally situated paleostriatum.

Hyperstriatum. The hyperstriatum consists of small clusters of cells forming a broken band extending along the ventral side of the olfactory ventricle from the junction area of the primordial

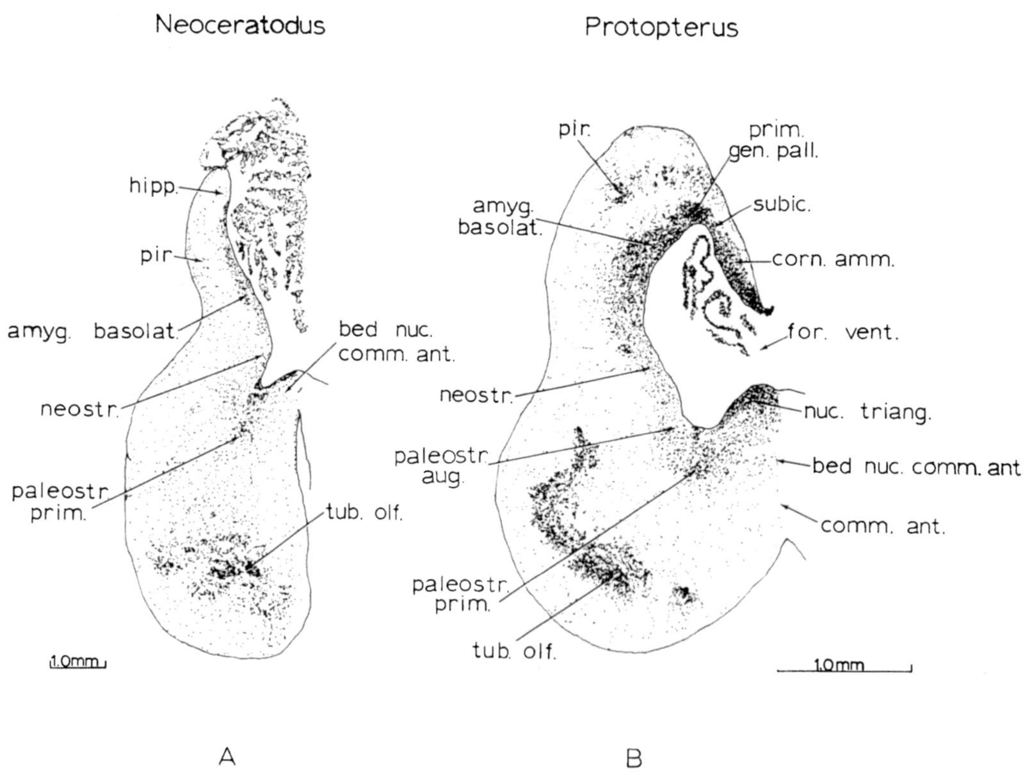

Fig. 7A. Drawing made from a transverse section stained with thionin through the telencephalon of the Australian lungfish. The exaggerated olfactory tubercule and relatively thin wall of the remaining hemisphere are evident. The plane of the section is in the plane of the anterior commissure.
B. Drawing made from a transverse section stained with thionin through the hemisphere of the African lungfish. The plane of the section is through the anterior commissure and paleostriatum primitivum. The neostriatum and hyperstriatum are more evident at rostral levels.

general pallium and the anterior olfactory nucleus. These large cells lie adjacent to the lateral ventricle near its union with the olfactory ventricle. The more lateral of these deeply staining clusters of cells extends caudally to become continuous with the primordial piriform area.

Fiber Connections

In general, the lateral forebrain bundle of these fish is not well differentiated into a dorsal and a ventral peduncle. The dorsal peduncle is relatively small since the neostriatal areas and the dorsal thalamus are reduced in size in most fish. The ventral peduncle is more evident and can be differentiated by its projections from the paleostriatum primitivum (particularly in lungfish) and its relations to the ventral thalamus, the midbrain tegmentum, and the hypothalamus. In most fishes, the lateral forebrain bundle is also not obviously separated from the medial forebrain bundle although its fibers are more heavily myelinated than the components of the medial forebrain bundle. Although the lateral bundle can be identified in transverse sections of appropriately impregnated brains, its components are more easily recognizable in sagittal sections.

The dorsal peduncle of the lateral forebrain bundle is essentially an interconnection between the neostriatum and the paleostriatum augmentatum on the one hand and the dorsal thalamus (i.e., the nucleus rotundus, the post-rotundal gray and the nucleus dorsolateralis anterior) on the other hand. The ventral peduncle, although varying in size in different fish, is primarily an efferent pathway with its origin in the paleostriatal complex, particularly the paleostriatum primitivum. The fibers of this peduncle in all groups of fish project to the nuclei (or areas) of the ventral thalamus, the hypothalamus and the midbrain tegmentum.

Discussion

Although the actinopterygian telencephalon has been described in detail by numerous investigators, there is at present no general agreement with regard to homologous areas (NIEUWENHUYS (1964)). A striatal area was, however, recognized by C. L. and C. J. HERRICK in 1891. These authors called it the central lobe of the cerebrum. It has also been variously designated as the area olfacto-somatica or pars striatalis (HOLMGREN (1920)) or paleostriatum (SHELDON (1912)). From the various descriptions it is also evident that the central area (*striatum* of van der HORST (1917)) of the solid hemisphere in actinopterygian fish contains several nuclear subdivisions (SINGH (1969)). One of these, made up of large multipolar neurons, is particularly evident in the more caudal hemisphere levels through the anterior commissure. The similarity of these neurons to those of the paleostriatum primitivum of birds and reptiles was pointed out by ARIËNS KAPPERS, HUBER and CROSBY (1936). The continuation of these neurons along the lateral forebrain bundle into the telencephalon was labeled by SHELDON (1912) the nucleus entopeduncularis, a term which still appears appropriate. ARIËNS KAPPERS, HUBER and CROSBY also pointed out that the paleostriatum primitivum is less well-developed in the trout than in such other fish as the sunfish; however, the relations are essentially the same as in other vertebrates.

The lateral forebrain bundle has been recognized by many early researchers investigating the histology of the cerebral hemispheres. These myelinated fibers could be identified even with some of the earlier staining procedures. The pathway was labeled the cerebral peduncle by HERRICK and HERRICK (1891). SHELDON (1912) designated the tract as the lateral forebrain bundle. It is the strio-thalamic tract of HOLMGREN (1920). It includes the tractus olfacto-hypothalamicus and hypothalamo-olfactorius emphasizing the prominent projections into the exaggerated hypothalamus of teleosts.

The lateral forebrain bundle of teleosts has been described as having some decussating fibers in the anterior commissure (SHELDON 1912); ARIËNS KAPPERS, HUBER and CROSBY (1936)). ARIËNS KAPPERS, HUBER and CROSBY also suggested that some of these decussating fascicles may be representative of the stria terminalis. Both ascending and descending components of the lateral forebrain bundle were described by Sheldon.

It is of interest to note that all investigators of the teleostean telencephalon have agreed that the size of the fish is not necessarily indicative of the size of the brain. In those teleosts which attain great size, such as the catfish and carp, the telencephalon does not grow any larger after the fish attains a weight of something less than five pounds. The increase in amount of muscle mass is not, therefore, reflected beyond a certain point in the size and differentiation of the striatum, nor is the striatum equally well differentiated in all actinopterygian fishes.

The functions of the basal ganglia or striatum of the fish are difficult to assess from the stimulation and ablation studies which have been performed. Evidently, the impulses carried over the fascicles of this bundle modify the activity of the nuclei of the brainstem and spinal cord by altering the normal rhythm. In view of the fact that the three major interconnections between the telencephalon and lower levels are the medial forebrain bundle, the components of the stria medullaris and the lateral forebrain bundle it seems likely that the lateral forebrain bundle is the primary suspect in these behavioral alterations (HEALEY (1957)).

Amphibians

by HENRY H. HOFFMAN

Amphibia
Urodela

Ambystoma (salamander)
Necturus (mud puppy)

Possibly the most detailed accounts of the normal anatomy of any vertebrate forebrain are those presented in the accumulated observations of C. JUDSON HERRICK (1917, 1924, 1927, 1933a, 1933b, 1948 and elsewhere) on the brains of tailed amphibians. There is little that can be added in the present paper with regard to the very fine interrelations of nuclear masses and fiber paths as revealed by Dr. HERRICK's studies of Golgi preparations. Among others who have contributed to our knowledge of these forms are KINGSBURY (1895), SÖDERBERG (1922), KREHT (1930, 1931), BOCHENEK (1899), RÖTHIG (1911, 1926), BINDEWALD (1914) and KUHLENBECK (1921, 1926).

In tailed amphibians, in general, essentially all of the telencephalon is formed of periventricular gray bordered by a zone in which only a few scattered cells are found (fig. 8B). In the acellular border the dendritic branches of the periventricularly located cell bodies often form a rich plexus near the periphery of the brain (HERRICK, 1927, 1948). The axons of the periventricular cells in part turn into the acellular zone to ascend or descend and, perhaps in part, to contribute to the surface plexus. Long paths pass through the region external to the periventricular layer to contribute to the periventricular plexus in certain regions. There is thus built up at various levels, including the striatal region, a rich peripheral neuropile.

Nuclear Patterns

The striatal area was separated into dorsal and ventral parts or nuclei in *Ambystoma* by HERRICK (1948; and with minor differences in 1924). The 1948 paper is regarded as representing the better picture of the area in this form and the material available in our own laboratory documents these subdivisions. Similar but less distinct subdivisions of this type were found in *Necturus* (HERRICK, 1933a). Scattered larger cells present among the smaller cells of both dorsal and ventral striatal nuclei were recognized by HERRICK, who believed that they gave rise to descending components in the lateral forebrain bundle. These included components in both the dorsal and the ventral peduncle of that bundle.

In his 1948 paper, HERRICK suggested that the ventral striatal nucleus and the dorsal striatal nucleus were the forerunners of the caudate nucleus and the putamen, respectively. He regarded the scattered large cells as suggestive of a later developed globus pallidus. Probably as they extend back into the diencephalon as small clusters they represent also an entopeduncular nucleus (ARIËNS KAPPERS *et al.*, 1936).

Fiber Connections

Lateral Forebrain Bundle. The dorsal peduncle of the lateral forebrain bundle in the tailed amphibians interconnects the dorsal thalamus and the striatal areas. Such fibers can be traced from the thalamic nucleus sensitivus (ARIËNS KAPPERS *et al.*, 1936; HERRICK, 1948) arching rostroventralward and then forward in the dorsal part of the lateral forebrain bundle to the striatal areas where they appear to come into relation with both dorsal and ventral striatal nuclei. These fascicles have been termed pars corticalis of the lateral forebrain bundle by RÖTHIG (1911) and frontostriatal (HERRICK, 1948) or thalamostriatal (HERRICK, 1927) fibers. Some of these probably conduct impulses to striatal areas and others carry impulses from the striatum to the thalamus and perhaps to the midbrain. It is interesting that, as early as 1903, RUBASCHKIN described a component of the lateral forebrain bundle related to the pallium in amphibians. According to HERRICK (1927, 1948) fibers of the dorsal peduncle of the lateral forebrain bundle also may arise in small part from the scattered large cells in the striatal complex. He traced them to the optic tectum, the peduncular (in this paper termed the tegmental) part of the midbrain, the isthmus region and even the medulla oblongata. In the available material it has been possible to document the relations to the dorsal thalamus and, less certainly, to the midbrain tegmentum. The inability to locate the widespread distribution described by HERRICK for the dorsal peduncle in tailed amphibians may be due to the more limited amount to material available for study or to a difference in opinion as to the components to be included in this peduncle.

Certainly both dorsal and ventral striatal nuclei contribute to the ventral peduncle of the lateral forebrain bundle, as do also the scattered large cells which HERRICK suggested as a forerunner of globus pallidus. HERRICK (1928, 1948) also traced fibers from the anterior olfactory nucleus (an addition which the present material documents) and from the primordial piriform cortex into the ventral peduncle. These latter fibers are regarded as belonging to stria terminalis.

The ventral peduncle accumulates at the lateral border of the ventral striatal nucleus and proceeds caudalward in this position until anterior commissure levels. There, in the more dorsal and more caudal part of the commissure (probably the *fasciculo arquendo inferior* of P. RAMÓN, 1896), the more medial fibers cross to join uncrossed lateral fibers of the contralateral ventral peduncle of the lateral forebrain bundle (HERRICK, 1927; ARIËNS KAPPERS *et al.*, 1936) and descend in it to ventral thalamic gray and to tegmental levels (which include HERRICK's peduncular levels) of midbrain. Early in course through the diencephalon the ventral peduncle gives off fibers to the hypothalamus (comparable to the striatohypothalamic tract of VIDAL, 1940, for primates). Earlier (1933) HERRICK regarded the components of the lateral forebrain bundle as "precursors of the great internal capsule system of mammals". In 1948 he appears to have considered them to be forerunners of the ansa lenticularis, a conclusion to which the present writer subscribes.

Short interconnections of the dorsal striatal nucleus with the nucleus olfactorius anterior and with the primordial piriform cortex as described for these tailed amphibians are present even in man. HERRICK found that the dorsal striatal area continued behind the foramen as the amygdala and that there was no sharp boundary between them. Nevertheless, as various observers (ARIËNS KAPPERS, *et. al.*, 1936) have pointed out, this caudal part has typical amygdaloid (or archistriatal) connections with habenula, preoptic area and hypothalamus. These need not be considered here.

The ventral striatal nucleus receives fibers from the olfactory tract by way of the nucleus olfactorius anterior and from the primordial piriform cortex, relations fairly common throughout vertebrates. It also has some connections with the septal area in the region where the two areas merge. Like the dorsal nucleus it may receive some fibers (the frontostriatal path of HERRICK, 1948) from the dorsal peduncle of the lateral forebrain bundle. For this connection our own material does not give adequate documentation.

Anura

Xenopus laevis

Xenopus laevis is a tailless amphibian in which the brain shows some relations in the diencephalon (SALTER, 1970) and in the telencephalon (SALTER, 1969) similar to those seen in the comparable areas of tailed forms (figs. 8B and 9B). In other respects, it resembles more closely the forebrain and diencephalic patterns of the Ranidae (frogs) and Bufonidae (toads). Since *Xenopus* is a totally aquatic tailless amphibian, and thus a very skillful swimmer, it moves very awkwardly and jerkily on land. It is therefore, in some respects, considered an intermediate amphibian form.

Nuclear Patterns

Paleostriatum. In *Xenopus*, SALTER (1969) described a paleostriatum having continuity, medial to the ventricle, with the so-called nucleus accumbens septi ventrally (fig. 8A). The paleostriatal area thus corresponds to the ventral striatal nucleus of *Ambystoma* as described by HERRICK (1948).

Two general cell groups characterize this paleostriatal area. A thin band of cells, scattered along the ventricle wall in the dorsal part of this area (paleostriatum primitivum, not illustrated) can be distinguished from a more densely packed strand of smaller cells lying in relation to the ventricle wall ventrally (paleostriatum augmentatum, not illustrated). As the ventricle enlarges, the paleostriatal area expands and its cells gradually intermingle with those of the neostriatum dorsally (fig. 8A). Ventrally and caudally,

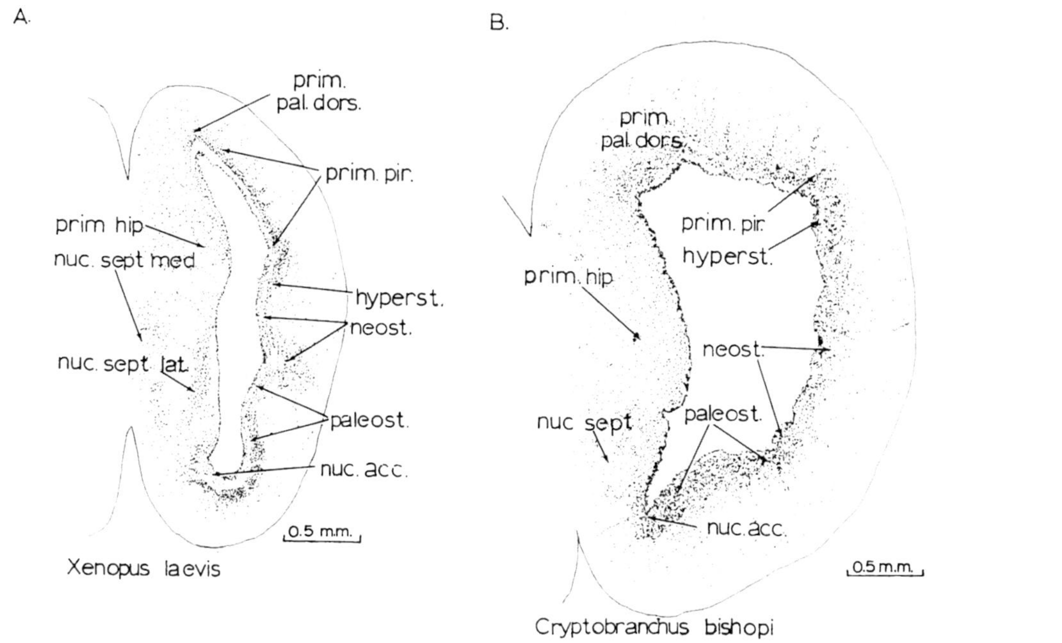

Fig. 8 A. Drawing made from a thionin stained transverse section through a midhemisphere level of the brain of a tailless amphibian, *Xenopus*. Differentiation of the striatal area into a fairly clear neostriatum and paleostriatum but a less distinct hyperstriatum is illustrated.

B. Drawing made from a thionin stained transverse section of the brain of a tailed amphibian, *Cryptobranchus*. The plane of the section is approximately the same as that in figure 8 A. The relatively poor differentiation of the cells associated with the periventricular gray of the hemisphere of the form illustrated is quite characteristic of all the tailed amphibians examined.

toward the level of the interventricular foramen, the paleostriatal cells (paleostriatum augmentatum) extend for a considerable distance ventrally around the ventral extent of the ventricle. At this level, the paleostriatal areas of the two sides are connected by the bed nuclei of the anterior commissure.

Neostriatum. The neostriatum of *Xenopus* (SALTER, 1969) can be compared with the dorsal striatal nucleus of *Ambystoma* (HERRICK, 1948). In *Xenopus* this area is separated from the paleostriatum by a slight fissure in the lateral wall of the ventricle (the sulcus striaticus of HERRICK). The area is distinguished by a narrow band of small cells scattered along the ventricle wall. At midhemisphere levels, a cluster of these cells extends ventrolaterally to mark the neostriatal-paleostriatal junction (fig. 8 A). Caudal to the level of the anterior commissure and the paleostriatum, the neostriatum rapidly diminishes in size. Its cells intermingle dorsally with those of the primordial piriform cortex and ventrally with those of the developing corticomedial amygdaloid nucleus.

Hyperstriatum. At midhemisphere levels in *Xenopus*, a small cluster of striatal cells appears interposed between the primordial piriform cortex dorsally and the neostriatal area ventrally (fig. 8A). This periventricular dorsal prolongation of gray, actually internal or medial to the primordial piriform area, has been identified by SALTER (1969) as a hyperstriatal area. A similar area has been described in Anura by HOFFMAN (1963) and in *Protopterus* by SCHNITZLEIN and CROSBY (1967). This is a small and seemingly transitory cell group in *Xenopus* and its caudal limit is difficult to define as its cells intermingle with those of the neostriatum ventrally.

Fiber Connections

Lateral Forebrain Bundle. The lateral forebrain bundle of *Xenopus laevis* has the typical division into dorsal and ventral peduncles. The dorsal part interrelates the primordial nucleus rotundus, the postrotundal gray and the area ventrolateralis of the dorsal thalamus with the striatal complex, but more particularly with the neostriatal areas. The ventral peduncle carries

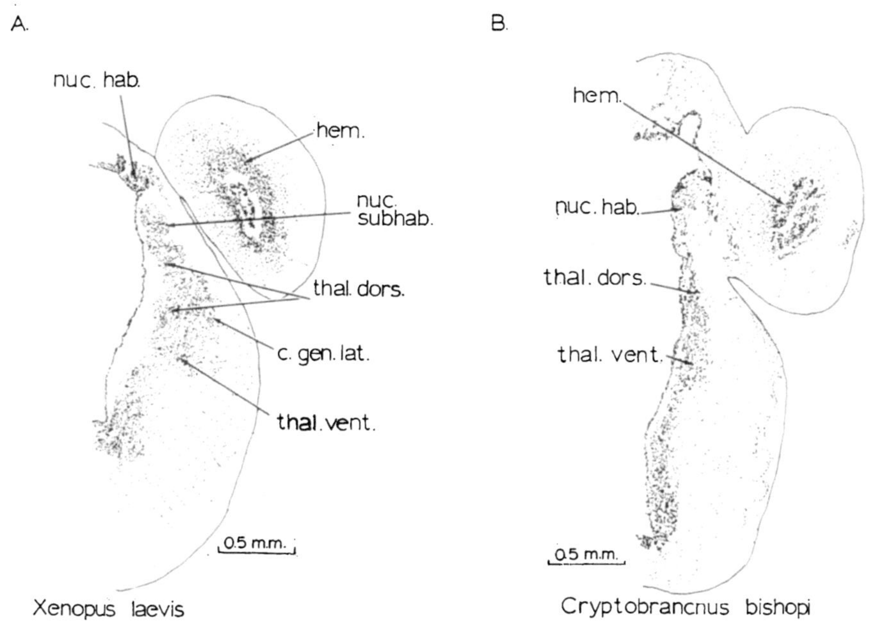

Fig. 9A. Drawing made from a transverse section stained with thionin through the rostral diencephalon of a tailless amphibian, *Xenopus*. The caudal tip of the hemisphere is seen dorsolaterally. Some indication of differentiation, particularly in the dorsal thalamus is illustrated.
B. Drawing made from a thionin stained section through the rostral diencephalon of a tailed amphibian, *Cryptobranchus*. The low level of differentiation so characteristic of the tailed amphibians is illustrated.

fibers from both striatal areas caudalward to the ventral thalamus and some to the anterior hypothalamus and the midbrain tegmentum. The lateral forebrain bundle accumulates in the paleostriatal area and, as it is followed into the level of the anterior commissure, many of the more medial fibers decussate in the anterior commissure before descending as they do in tailed amphibians (HERRICK 1927, 1933a, 1948).

Other Connections. Some fibers of the medial forebrain bundle and perhaps of the lateral forebrain bundle can be traced to the nucleus accumbens septi and possibly to the immediately adjacent part of the paleostriatum. Such connections, in addition to the relation to the bed nuclei of the anterior commissure, suggest that this portion of the paleostriatum is to be regarded as comparable to the base of the caudate nucleus; that is, the part of the caudate which in the vertebrate phylum is related to the anterior commissure. In mammals at least, it has specific functional relations apart from those of the rest of the caudate.

The tractus striaticus of HERRICK appears to be a periventricular correlative bundle associating various striatal areas with each other. It is present in *Xenopus* (SALTER, 1969, 1970).

Rana (frog)

Nuclear Patterns

The striatal complex in higher anurans, such as the frog, lies lateral to the wall of the ventricle, ventral and medial to the ventrolateral olfactory tract and, more caudally, medial to the lateral forebrain bundle. Dorsally it is bounded by the primordial piriform cortex and by a lateral cell free zone. Its ventral border is formed by the tuberculum olfactorium and, more caudally, by the basal forebrain bundle, formed by the fibers of the medial and the lateral forebrain bundles. A paleostriatum, a neostriatum and, often at least, a hyperstriatum can be recognized in higher amphibians.

Paleostriatum. Rostrally the paleostriatum is formed by a band of cells paralleling the ventricle. As the neostriatum appears, the paleostriatum continues ventral to it. It consists of a layer of differentiated cells along the medial boundary of the accessory olfactory bulb. With the decrease in size of the accessory olfactory bulb and the increase in the neostriatum, the paleostriatum also rapidly expands and thickens (particularly ventrally) to approximately twice the width of the neostriatum.

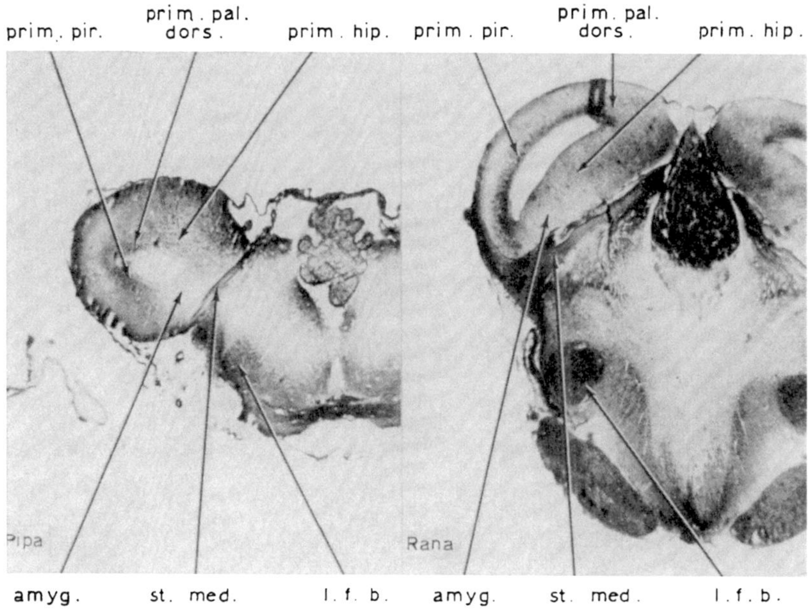

Fig. 10 A. Photomicrograph of a pyridine silver impregnated transverse section of the brain of the tailless amphibian, *Pipa pipa* at the level of the stria medullaris. Though the lateral forebrain bundle is quite compact, the more scattered fascicles of the dorsal peduncle are indicated at its dorsomedial pole.
B. Photomicrograph of a transverse section, impregnated with pyridine silver, of the brain of the common bullfrog, *Rana catesbiana*. Again the section is at the level of the stria medullaris and, in this form, no division of the lateral forebrain bundle into dorsal and ventral peduncles is evident at this level in our preparations.

In Golgi preparations, the neurons of the paleostriatum vary from small cells with short dendrites, which are most numerous close to the ventricle wall (a primitive paleostriatum augmentatum), to more superficial, multipolar neurons of larger size with dendrites that form a dense mossy network. These latter neurons constitute the anuran representative of the reptilian paleostriatum primitivum.

Neostriatum. The neostriatum is smaller in size in cross section and has less rostrocaudal extent than does the paleostriatum to which it is dorsal. It is comparable in general to the dorsal striatal nucleus of the tailed amphibians. Its medial border approaches the ventricle; dorsally lies the primordial piriform cortex. The Golgi preparations available at present are not suitable for a study of the cells of the neostriatum.

Hyperstriatum. In many of the higher amphibians, at least, a small group of cells (the hyperstriatum) in the form of a thin band appears dorsomedial to the neostriatum and is thus located between the neostriatum and the primordial piriform cortex. It is present only for a short rostrocaudal extent and then disappears. This cell band lies medial to and extends dorsal to a cell free zone along the ventricular wall deep to the superpositioned piriform cells. A similar configuration was described by SCHNITZLEIN and CROSBY (1967) in *Protopterus*. In Golgi preparations the cells of the hyperstriatum resemble markedly the large, more superficial cells of the paleostriatum. Small intrinsic neurons abound in all portions of the striatal complex and are particularly numerous in the hyperstriatum.

Fiber Connections

Lateral Forebrain Bundle. Axons of cells in the striatal complex of anurans vary in size but those of medium to small caliber are present in great numbers. The great majority of all the striatal axons are directed ventrolaterally. Those fibers of largest size (specifically those arising from the large cells of the paleostriatum) can readily be traced into the ventral peduncle of the lateral forebrain bundle. Those fibers of medium to small diameter become intermingled with other fibers and are more difficult to follow with certainty than are the larger axons but also enter this bundle. They become components of both the dorsal and the ventral peduncle. The lateral forebrain bundle, in its caudal course, contains so many fiber bundles that, in most instances, individual nerve fiber identity is lost under the high power of the light microscope (fig. 10).

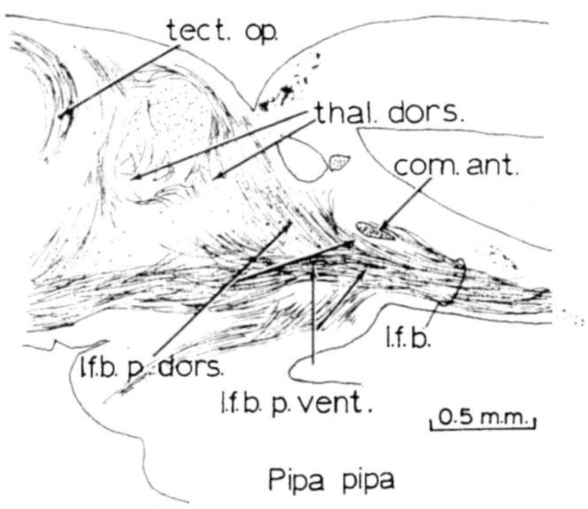

Fig. 11. Drawing of a sagittal section, impregnated with pyridine silver, of the brain of the tailless amphibian, *Pipa pipa*. The division of the lateral forebrain bundle into dorsal and ventral peduncles is illustrated at a rostral level of the diencephalon.

In sagittal sections, the dorsal peduncle of the lateral forebrain bundle in tailless amphibians can be traced primarily from the nuclei of the dorsal thalamus (fig. 9) rostrally into relation to the anterior commissure (fig. 11). Its course is medial and dorsal to that of the ventral peduncle. Its medium-sized fibers are more scattered than are those of the ventral peduncle (fig. 11) and thus they are more difficult to follow with certainty (*Rana pipiens* and *Rana catesbiana*). At striatal levels, they enter the neostriatum (pars dorsalis of anurans, Hoffman, 1963). Some reach the paleostriatum primitivum and a few pass to the relatively minimally developed hyperstriatum. It would appear that the dorsal peduncle of the lateral forebrain bundle rises or falls in line with the development of the nuclei of the dorsal thalamus in amphibians. It probably carries both afferent and efferent fibers with respect to the striatum.

In anurans, the ventral peduncle of the lateral forebrain bundle arises chiefly from the striatal complex. It courses caudalward and the fascicles of this peduncle can be followed to the ventral thalamus, the hypothalamus and the tegmentum of the midbrain. At midhemisphere levels, its fibers stream from the striatal area to the ventrolateral hemisphere wall. A densely packed bundle is formed which can be distinguished from the more loosely scattered fibers of the dorsal peduncle.

At the level of the anterior commissure, the fibers of the ventral peduncle form a dense round bundle. In all the tailless amphibians examined, this bundle lies in close relation to the anterior commissure; for example, it lies just ventral to it in *Pipa pipa* (Hoffman, 1968) and immediately lateral to it in *Rana catesbiana*. From our preparations it is not possible to determine how many of these fibers cross in the anterior commissure.

Reptiles

Reptilia
Chelonia

Terrapene c. carolina (box turtle)

by Joshua H. Carey

The cell groups in the lateral wall of the hemisphere which contribute to the lateral forebrain bundle may be subdivided into the hyperstriatum, the neostriatum, and the paleostriatum (fig. 12). The general pallium overlying the hyperstriatum is interconnected to the latter by association bundles but no direct fibers were contributed from this pallium to the dorsal peduncle of the lateral forebrain bundle in the material studied. An archistriatum (amygdala), a prominent feature of the reptilian lateral hemisphere wall, is not considered in this discussion because no evidence has been found that, in the box turtles studied, it contributed any fascicles to the lateral forebrain bundle.

Nuclear Patterns

Paleostriatum. The paleostriatum has been observed in various reptiles (Johnston (1915) for the box turtle; Hines (1923), Cairney (1926) and Durward (1930) for *Sphenodon*; and Crosby *et al.* (1966) and Carey (1966) for the snake). The box turtle has two divisions, a paleostriatum augmentatum and a paleostriatum primitivum (fig. 12). The paleostriatum augmentatum occupies the ventromedial portion of the lateral hemisphere wall. Its medial boundary forms the ventrolateral wall of the lateral ventricle. The ventromedial portion of paleostriatum augmentatum merges with the nucleus accumbens septi beneath the lateral ventricle. The neostriatum and, posteriorly, the archistriatum form the superior boundary of the paleostriatum augmentatum. The lateral part of the paleostriatum approaches the lateral olfactory tract and the corticohabenular paths along the lateral border of the hemisphere.

Ventrally, the tuberculum olfactorium forms the boundary of this area, but, at some levels, the paleostriatum is not definitely separated from the tuberculum. The paleostriatum augmentatum (ARIËNS KAPPERS *et al.* (1936); CAREY (1966, 1967); CROSBY *et al.* (1966)) is present in the box turtle through the middle one-third of the rostrocaudal extent of the hemisphere.

The paleostriatum primitivum (fig. 12; ARIËNS KAPPERS *et al.* (1936); CAREY (1966, 1967);

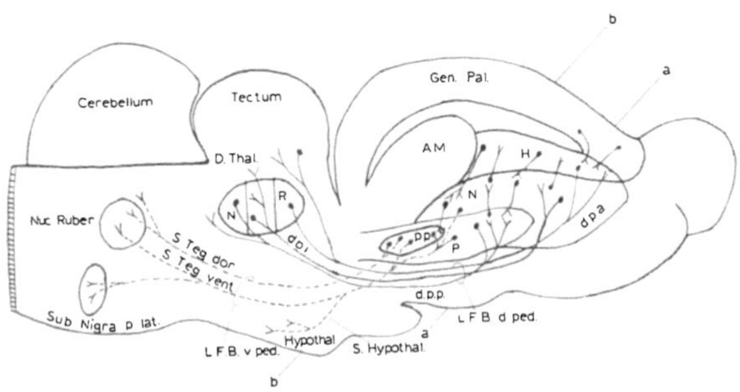

Fig. 12. A schematic sagittal section of the brain of the Eastern Box Turtle, *Terrapene c. carolina*. The interconnections between the general pallium (Gen. Pal.), the hyperstriatum (H.), the neostriatum (N), and the anterior part of the paleostriatum augmentatum (P. A.) on the one hand and the dorsal thalamus (D. Thal.), including the nucleus rotundus (N. R.), on the other hand are pictured. This fiber bundle is the dorsal peduncle of the lateral forebrain bundle (L. F. B. d. ped.) and has three main components. The anterior component of the dorsal peduncle (d. p. a.) interconnects the rostral ends of the striatum and the dorsal thalamus (D. Thal.). The intermediate fasciculus (d. p. i.) interconnects the middle segments of the striatum with the intermediate segment of the nucleus rotundus. The posterior part of the striatum is interconnected with the posterior area of the nucleus rotundus and the postrotundal grey by the posterior component of the dorsal peduncle (d. p. p.).

The ventral peduncle of the lateral forebrain bundle (L. F. B. v. ped.) is chiefly efferent and connects the paleostriatum primitivum (P. P.), the posteromedial part of the neostriatum (N.) and the paleostriatum augmentatum (P. A.) with the tegmental grey and the red nucleus of the midbrain (Nuc. Ruber.), the lateral portion of the substantia nigra (Sub. Nigra. p. lat.) and the hypothalamus (Hypothal.). The dorsal striatotegmental bundle (S. teg. dor.) connects the paleostriatum primitivum (P. P.) with the tegmentum of the midbrain and the red nucleus (Nuc. Ruber.). The ventral striatotegmental bundle (S. teg. vent.) contains fibers passing to the red nucleus (Nuc. Ruber.) and the midbrain tegmentum and to the lateral part of the substantia nigra (Sub. Nigra. p. lat.). A striatohypothalamic bundle (S. Hypothal.) from the medial portions of the paleostriatum primitivum (P. P.) and the paleostriatum augmentatum (P. A.) ends in the hypothalamus. a—a′ and b—b′ represent the planes of section of Figs. 13 and 14 respectively (adapted from Fig. 1, CAREY (1970), J. Comp. Neur., 138 : 251—269).

CROSBY *et al.* (1966)) constitutes an island of cells in the ventral and lateral portion of the paleostriatum augmentatum. The large cells, characteristic of this part of the paleostriatum, are interspersed among the fascicles of the ventral peduncle of the lateral forebrain bundle and extend caudally along the fibers of this ventral peduncle to merge with similar cells in the anterior portion of the entopeduncular nucleus. The paleostriatum primitivum extends from the level of the anterior amygdaloid area to preoptic levels.

N e o s t r i a t u m. A large mass of cells situated ventral and medial to the lateral ventricle in the lateral hemisphere wall constitutes the neostriatum (fig. 12; turtle, JOHNSTON (1915) and CAREY (1967); *Sphenodon*, ELLIOT SMITH (1919), and DURWARD (1930); snake, CROSBY (1966), and CAREY (1966); alligator, intermediate area, CROSBY (1917)). This gray matter is separated from the hyperstriatum dorsally by a band of fibers some of which contribute to the dorsal peduncle of the lateral forebrain bundle. Consequently they interconnect the hyperstriatum and the neostriatum with the thalamus. Other fibers are association bundles between certain areas of the hyperstriatum and the neostriatum on the one hand and the general pallium and other regions of the hyperstriatum and the neostriatum on the other hand. The neostriatum is bounded medially by the lateral ventricle. The lateral limit is represented by the ventral part of the large-celled portion of the piriform lobe, anteriorly, and the small-celled part of the amygdaloid area posteriorly. Ventrally, the neostriatum is limited by the paleostriatum. Posteriorly, it lies beneath the amygdaloid complex for about the anterior two-thirds of the amygdaloid area.

H y p e r s t r i a t u m. In the box turtle, the hyperstriatum has two divisions. They continue from the anterior tip of the hemisphere caudalward just beneath the dorsolateral surface of the brain to the amygdala (fig. 12). The anterior portion is contiguous with the posterior part of the granular cell layer of the accessory olfactory bulb. It is replaced posteriorly by the anterior amygdaloid complex. Its larger nucleus is a "U" shaped loop or trough, the hyperstriatal ridge, which forms the more conspicuous part of the hyperstriatum (fig. 13). This ridge is the dorsal ventricular ridge of JOHNSON (1915) for the turtle or the anterior hypopallium of ELLIOT SMITH (1919) and DURWARD (1930) for *Sphenodon*. It was regarded as the middle layer of the neostriatum by HINES (1923) for *Sphenodon*. Anteriorly, the superior lips of the ridge are continuous on either side with the lateral and the medial edges of the general pallium. The hyperstriatal ridge is sometimes referred to as an accessory hyperstriatum (ARIËNS KAPPERS *et al.* (1936)) and reaches its greatest development in birds (HUBER and CROSBY (1929)).

Beneath the accessory hyperstriatum, and also medial and lateral to it, is a small column of scattered cells which forms the diffuse part of the hyperstriatum. This area is comparable, in part, to the well-developed dorsolateral area of the alligator (CROSBY (1917)) and the dorsal and the ventral hyperstriate areas of birds. Posteriorly a portion of the hyperstriatum overlies the anterior amygdaloid area.

Relations in Other Reptiles

The striatal areas are recognizable in all the reptilian material at our disposal which includes serial sections of the brains of *Sphenodon*, various turtles, several lizards, several snakes, alligators and caimans. There are differences in relative size of the striatal areas. The paleostriatum primitivum is smallest and least clearly delimitable in *Sphenodon*, is not very large in several of the turtles, is clearly represented in the snakes and is especially well-developed in the hydrosaurians. The paleostriatum augmentatum is relatively larger in the snakes and in the alligator line than in the turtles or *Sphenodon*.

The neostriatal area in various reptiles (*Sphenodon*, alligator, snake) other than the box turtle has been studied with a view to comparing this area in several forms. The general relations are the same in all the brains studied but there are some slight differences in relationships. Thus, the neostriatum is relatively slightly smaller in *Sphenodon* and slightly larger, particularly laterally, in the snake (black snake) than in the box turtle. This area is especially clearly demonstrated in the alligator (CROSBY (1917)). The hyperstriatum in the snake, (CROSBY *et al.* (1966); CAREY (1966)) resembles in many respects that of the box turtle. The anterior ventricular ridge is well developed in both forms, being proportionally a little larger transversely in the black snake. The ventral part of the hyperstriatum is somewhat larger in the snake than in the box turtle (CAREY (1967)). The anterior dorsal ventricular ridge is much reduced in the alligator (CROSBY (1917)) and present only at rostral and other parts of the striatal complex. It is much larger than that in the box turtle. The accessory hyperstriatum is smaller in the alligator, therefore, the interstriate and corticostriate paths in this reptile have fewer fibers.

Fiber Connections

Lateral Forebrain Bundle. The principal or largest components of the dorsal peduncle (fig. 13) of the lateral forebrain bundle in the box turtle and most other reptiles are the interconnections between the striatal complex (hyperstriatum, neostriatum and paleostriatum) on the one hand with the dorsal thalamus (nucleus dorsolateralis, nucleus rotundus and adjacent gray of the dorsal thalamus) on the other (HUBER and CROSBY (1926); CAIRNEY (1926); ARIËNS KAPPERS *et al.* (1936); CAREY (1966, 1967); CROSBY *et al.* (1966)). A bundle of fascicles that appears near the anterior tip of the neostriatum courses ventrolaterally in the lateral hemisphere wall to turn caudally into the dorsomedial part of the dorsal peduncle. It ends in the anterior part of the nucleus

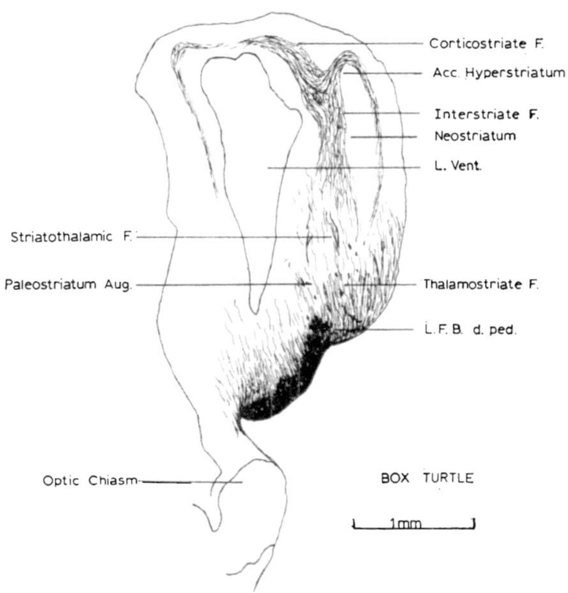

Fig. 13. A drawing of a transverse section impregnated with pyridine silver of the Eastern Box Turtle, *Terrapene c. carolina* in the plane a—a′ as illustrated in Fig. 12. In the dorsolateral hemisphere wall the corticostriate fibers (Corticostriate F.) connect the cortex with the accessory hyperstriatum (Acc. Hyperstriatum). Interstriate fibers interconnect the accessory hyperstriatum, the neostriatum (Neostriatum) and the paleostriatum augmentatum (Paleostriatum Aug.). Thalamostriate fibers (Thalamostriate F.) and striatothalamic fascicles (Striatothalamic F.) collect to form the dorsal peduncle of the lateral forebrain bundle (L. F. B. d. ped.). The lateral ventricle (L. Vent.) and the optic chiasm (Optic Chiasm) are illustrated.

rotundus and the surrounding gray of the dorsal thalamus. In this bundle are fibers that originate in the same areas in the dorsal thalamus but terminate in the anterior striatal complex (fig. 12).

From the middle portion of the neostriatum (in reference to its rostro-caudal extent) and from the anterior portion of the paleostriatum augmentatum, a group of fibers turns downward to cross the anterior bundle of the dorsal peduncle and then proceeds ventrally, beneath this latter bundle, to end in the region of the middle section of the nucleus rotundus. There are fibers that conduct in both directions in this bundle (Carey (1967)).

Fibers arising from the posterior area of the neostriatum and the anterior part of the paleostriatum augmentatum enter both anterior and intermediate divisions of the dorsal peduncle to continue caudalward in the ventral component of the peduncle and to synapse in the posterior segment of the nucleus rotundus and in the gray of the dorsal thalamus immediately posterior to this nucleus. There are fibers conducting rostrally in this group also. This arrangement results in interconnections of the anterior striatal complex with the anterior part of the dorsal thalamus. The middle section of the striatum is interrelated with the middle part of the nucleus rotundus. The dorsal and the posterior parts of the neostriatum and the paleostriatum are interconnected with the posterior nuclei of the dorsal thalamus. These separate components of the dorsal peduncle are designated respectively the anterior, intermediate and posterior parts of the striatothalamic and thalamostriate fascicles (fig. 12).

The ventral peduncle (fig. 14) of the lateral forebrain bundle originates primarily in the large cells of the paleostriatum and terminates in the ventral thalamus and the tegmentum of the midbrain. The fibers in the ventral peduncle are ventral and lateral to those of the dorsal peduncle of the lateral forebrain bundle (fig. 12). They cross those of the dorsal peduncle to reach a position ventral and lateral to the striatothalamic and thalamostriate bundle. They continue caudalward, ventrolateral and parallel to the dorsal peduncle, to end in the tegmentum of the midbrain, in the red nucleus and in the surrounding gray dorsolateral, ventrolateral and posterior to the red nucleus. Other fascicles terminate in the lateral part of the substantia nigra and in the hypothalamus. The bundle which projects to the dorsal portion of the red nucleus and the contiguous gray is the dorsal striatotegmental tract. The fibers

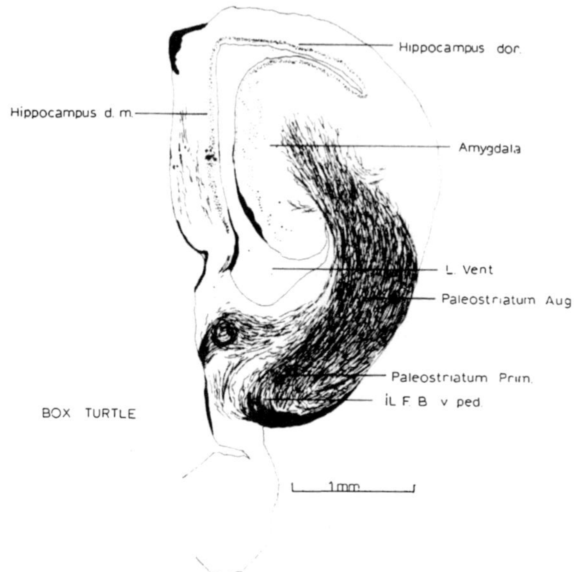

Fig. 14. A drawing of a transverse section impregnated with pyridine silver through the amygdala of the Eastern Box Turtle, *Terrapene c. carolina*. The plane of section is represented in Fig. 12 by the line b—b′. The dorsal part of the hippocampus (Hippocampus dor.) and the dorsomedial portion of the hippocampal cortex (Hippocampus d. m.) are depicted. The amygdala (Amygdala) extends into the lateral ventricle (L. Vent.). The areas of the paleostriatum augmentatum (Paleostriatum Aug.) and the paleostriatum primitivum (Paleostriatum Prim.) are illustrated in the ventrolateral hemisphere wall. The fibers of the ventral peduncle of the lateral forebrain bundle (L. F. B. v. ped.) have formed into a bundle at this level.

synapsing in the ventral part of the red nucleus are designated the ventral striatotegmental fascicles in reptiles; with them course fibers to the substantia nigra (striatonigral tract). Farther rostrally another group of fibers associated with the peduncle ends in the hypothalamus as a striatohypothalamic bundle (pallidohypothalamic bundle of Vidal (1940)). In *Sphenodon* the components of the dorsal and the ventral peduncles of the lateral forebrain bundle are similar to those in the box turtle except that they appear to be somewhat smaller in the available material. The lateral forebrain bundle in the snake is comparable in general to that in the turtle.

Other Connections

For an understanding of the dorsal peduncle in reptiles, the connections between various subdivisions of the striatum and also between the striatum and the cortex must be taken into account. In addition to the thalamostriate and striatothalamic fibers interconnecting the dorsal thalamus and the striatum, which have been discussed, there are (1) corticostriate fibers between the general pallium and the accessory hyperstriatum and (2) interstriate or internuncial fibers between the hyperstriatum and the neostriatum, between the subdivisions of the neostriatum, and between the neostriatum and the paleostriatum augmentatum (fig. 13).

As has been stated, the accessory hyperstriatum forms a "U" shaped loop or trough on the dorsolateral surface of the anterior part of the hemisphere of the box turtle, *Terrapene c. carolina*. This loop is visible in cross section in thionin-stained preparations showing the open part of the "U" dorsalward and the bottom of the trough indented into the hemisphere. It has a few cells immediately ventral to it which are a diffuse hyperstriatum. Forming the lips of this "U" on either side are groups of cells which form the general pallium. In cross sections of this area, impregnated according to the pyridine silver technique, numerous fascicles can be seen interconnecting the cortex with the cells in the "U" shaped column. Most of the fibers are visible inside the "U". These fascicles constitute corticostriate pathways. At the bottom of the "U" are fibers interconnecting the cells forming sides of the trough with the neostriatum. This group of fibers constitutes one part of the interstriate connections. Many short fibers are visible coursing in the neostriatum which connect the anterior part of this area with the more posterior parts. In addition some fibers interconnect the posterior and dorsal neostriatum with the paleostriatum augmentatum. All the above group of fascicles are interstriate fibers.

Birds

Aves
Various orders

Gallus domesticus (chicken)
Phasianus torquatus Gmel. (pheasant)
Numida melagris (guinea hen)
Passer domesticus (sparrow)
Anas domesticus (duck)
Mcyteria americana Linn. (ibis)
Cathartes aura Wied (turkey buzzard)

by MARY JANE C. SHOWERS

Avian forms are quite consistent in respect to the large and essentially homogeneous nuclear masses that comprise the telencephalon. The most widely used terminology of reference is that of ARIËNS KAPPERS, HUBER and CROSBY (1936). In spite of the problems and questions which have been raised by KARTEN (1970) and NORTHCUTT (1970) relative to the implications of the terms for mammalian homologies, we have elected to base this description and discussion of the avian telencephalon and lateral forebrain bundle upon the terminology of ARIËNS KAPPERS, HUBER and CROSBY and evaluate differences in terminology in the final discussion. Our study of avian forms encompassed an examination of several reference serially sectioned brains inclusive of four chicken brains (*Gallus domesticus*), one nene, the Hawaiian goose (*Bernicia sandwicensis*), one pheasant (*Phasianus torquatus*, Gmel.), two ducks (*Anas domesticus*)[5], one ibis (*Mcyteria americana*, Linn.), and one turkey buzzard[5] (*Cathartes aura*, Wied). The details of preparation of these comparative neurologic series have been given by SHOWERS and LYONS (1968). Our evaluation of these birds is in agreement with the earlier descriptions cited below and provides additional information for representatives of the gallinaceous, the perching, the aquatic and the predatory birds.

Particular regions of the avian forebrain will be excluded from this presentation. The olfactory bulb and tuberculum olfactorium, the septal region, the hippocampal formation, the amygdaloid area (archistriatum), the accessory hyperstriatum and hyperstriatum will not be accorded detail in the following discussion. The most dorsal and medial portions of the telencephalic hemispheres demonstrate the best cellular differentiation in Aves. In typical Nissl preparations, pyramidal-shaped cells are intermingled with polymorphic multipolar cells. Compared with the reptilian forebrain there is a relative increase in the size of various striatal areas. This is particularly apparent in the neostriatum, hyperstriatum and accessory hyperstriatum (figs. 15, 16, 17A–C, 18C, 18D, 19A, 20A, 20D). To a lesser degree this increase in mass prevails for the paleostriatum (fig. 15) also. In all the striatal areas there is diffuse intermingling of the cells and fibers. An insignificant unlaminated corticoid layer (4 to 6 cells thick) covers the dorsal and lateral surfaces of the hemisphere (fig. 15). This layer is better developed at the caudal pole of the hemisphere. Although species differences were present such variations do not alter the nature of the description.

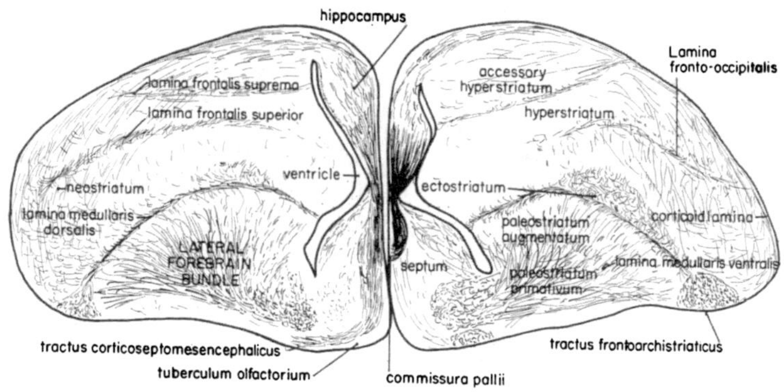

PHEASANT (Phasianus)

Fig. 15. Photomicrographic drawing of pheasant telencephalon (pyridine silver).

Nuclear Patterns

Paleostriatum. The paleostriatal areas of the several avian forms were remarkably similar (figs. 15, 17B, 17E, 17F, 20A, 20D). Paleostriatum and lateral forebrain bundle appear as the olfactory formation disappears from the rostral and basal regions of the telencephalon (figs. 15, 17A). Neostriatum replaces paleostriatum in the caudal one-third of the hemisphere (figs. 16B, 18E, 20A). The largest cells of the telencephalon are in the triangular-shaped ventral wedge of the paleostriatum primitivum. BAKER-COHEN (1968) demonstrated the similarity of enzymatic characteristics of the paleostriatum primitivum (globus pallidus) in submammalian forms. In an electron microscope study, FOX *et al.* (1966) demonstrated their similarity to the cells of globus pallidus in primates. The small cells of the paleostriatum augmentatum cap the dorsal portion of the lateral forebrain bundle and extend dorsally up to the dorsal medullary lamina (figs. 15 and 17F) and ventromedially and ventrolaterally along the margins of the paleostriatum primitivum to the lateral ventricle and the basal wall of the hemisphere respectively (fig. 15). The rostral and caudal portions of paleostriatum augmentatum similarly exceed the extent of the paleostriatum primitivum (figs. 20A, 20D). The ventromedial extension of the paleostriatum augmentatum merges with cells of the tuberculum olfactorium (figs. 15, 17A). The cells were smaller and more compactly arranged than those of the neostriatum. The paleostriatum was penetrated by numerous blood vessels from the ventral surface of the hemisphere. BAKER-COHEN (1968) noted the enzymatic similarity of avian and reptilian paleostriatum augmentatum to putamen-caudate of the mouse. Because of essential agreement with prior studies, a review of the pertinent literature will not be attempted here.

Neostriatum. The neostriatum (figs. 15, 16, 17C, 18C, 18E, 19F, 20A) is the largest of the basal nuclei of the avian telencephalon. It appears at the frontal pole of the hemisphere and extends to the occipital pole where it forms a large mass of cells protruding into the ventricle (fig. 18E). The area of the telencephalon referred to as "ventral hyperstriatum" by EDINGER, WALLENBERG and HOLMES (1903) was "striatum" in the investigations of KALISCHER (1905). KALISCHER identified a "striatum parietale" and a "striatum frontale" on the basis of topographic relation to the skull rather than cytoarchitectonic differences. ROSE's (1914) study of the cytology of nuclear centers of the avian forebrain is considered the most careful analysis of the striatal complex. G, G^1, G^2, G^3, S and L were neostriatal regions designated by ROSE. ARIËNS KAPPERS (1922), after using the term of "hyperstriatum inferius", changed this designation to neostriatum when he began to regard the region as homologous with mammalian caudate and putamen nuclei. After a study of several avian forms, HUBER and CROSBY (1929) subdivided (fig. 20A) the neostriatum into the "neostriatum frontale" (ROSE's field G^1), the "neostriatum intermediale" (ROSE's field G^2) and the "neostriatum caudale" (ROSE's fields G^3 and L). The neostriatum caudale was further separated into a pars anterior and a pars posterior. There appears to be an enzymatic similarity between the neostriatum of parakeet and intermediolateral striatal area of caiman (BAKER-COHEN, 1968). A separate group, composed of large and small cells,

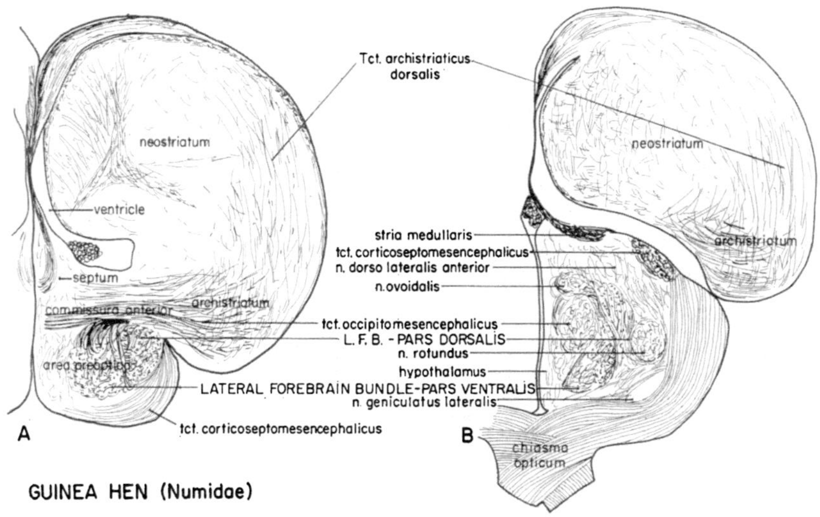

Fig. 16. Photomicrographic drawings of prosencephalon of guinea hen. A is drawn at a rostral region of diencephalon. B has been reproduced from the caudal portion of the diencephalon (pyridine silver).

protruded into the neostriatum as the ectostriatum (figs. 15, 17 A, 17 F) or the S field of ROSE. BAKER-COHEN'S (1968) histochemical study suggests that a portion of the reptilian dorsoventricular ridge and ectostriatum are similar. KARTEN (1969) described the ectostriatum of the pigeon as containing two zones. In the central core were the medium sized neurons and heavily myelinated fibers which received visual projections by way of the nucleus rotundus of the diencephalon. A narrow periectostriatal arc of small fusiform cells with finer calibre fibers surrounded the edge of the ectostriatum not in contact with the dorsal medullary lamina. Our findings on eight types of birds other than the pigeon agree with the tenant of this description as it relates to cytoarchitectonics. In an investigation of chicken embryos, KUHLENBECK (1938) stated that both the neostriatum and the hyperstriatum were homologous to the nucleus epibasalis, as an embryonic structure. It was his opinion that epibasalis centralis accessorius developed into the ectostriatum.

CRAIGIE (1932) working on the hummingbird found the neostriatum intermediale to be quite distinct from the neostriatum frontale with regard to cell size. However, the boundary between the neostriatum intermediale and the neostriatum caudale was indistinct. Because the caudal portion had larger and more scattered cells than intermediate parts, CRAIGIE divided this caudal portion into an anteroventral and an anterodorsal region. Associated with the anteroventral part is a region of small cells crowded together (area "L" of ROSE) which is distinct but not sharply delineated. This area forms a ventricular swelling. It is the only discrepancy CRAIGIE found with the earlier accounts of the neostriatum as containing only large cells. KARTEN (1969) traced efferent projections from the nucleus ovoidalis of the diencephalon to the "field L" of ROSE. This appears to be consistent with evidence of ascending auditory pathways suggested by evoked auditory potentials in this region as described by ERULKAR (1955) and PHILLIPS (1966). It is the feeling of KARTEN and his co-workers (1970) that ectostriatum and "area L" of the caudal neostriatum should be considered comparable to mammalian visual and auditory neocortex, respectively.

DURWARD (1932) working on the New Zealand kiwi found that the cell size of the neostriatum is intermediate between that of paleostriatum and hyperstriatum. Most cells were larger and more densely packed than those of the paleostriatum. The cell size was not uniform and both large and small cells were present. The larger cells tended to aggregate in the lamina adjacent to the ectostriatum. He distinguished neostriatum frontale from neostriatum intermediale, but could not differentiate intermediale from caudale. In agreement with CRAIGIE (1932), DURWARD thought that the neostriatum caudale should be divided into: (1) an area of small cells medial to the caudal

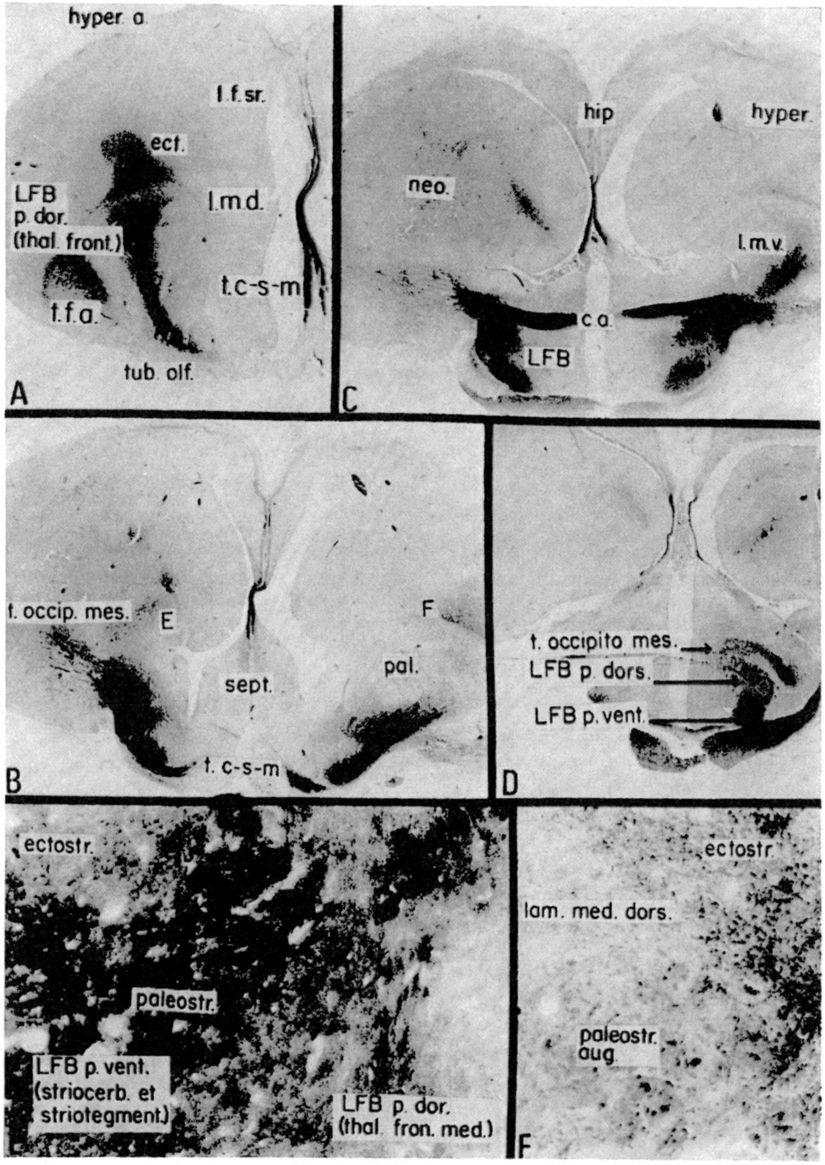

Fig. 17A, B, C, and D are representative sections through the prosencephalon of the nene (× 20; Weil). B is keyed to show the location of Nauta-Gygax sections: E chicken brain LL-11 (× 100) and F chicken brain LL-19 (× 400) subsequent to lesions of accessory hyperstriatum and hyperstriatum.

paleostriatum and extending into the ventricle; and (2) an area of large cells ventral to these small cells and interposed between the paleostriatum and the archistriatum.

Hyperstriatum. It is possible to make subdivisions of the hyperstriatum. A delicate lamina frontalis superior (fig. 15) separates the hyperstriatum into dorsal and ventral portions (Rose, 1914; Huber and Crosby, 1929). A small celled intercalated nucleus is found within the fibers of both lamina frontalis superior and lamina frontalis suprema. It is distinct from the dorsal and ventral portions of the hyperstriatum. A large portion of the lamina frontalis suprema contains the tractus thalamofrontalis medialis and tractus striohypothalamicus ventralis (figs. 15, 20D). In the chicken, the cells of hyperstriatum dorsale and hyperstriatum ventrale pars ventroventrale are large and oriented dorsoventrally. The cells of the hyperstriatum ventrale pars ventrodorsale tend to be smaller and oriented transversely in the hemisphere. Similarities between the parakeet hyperstriatum

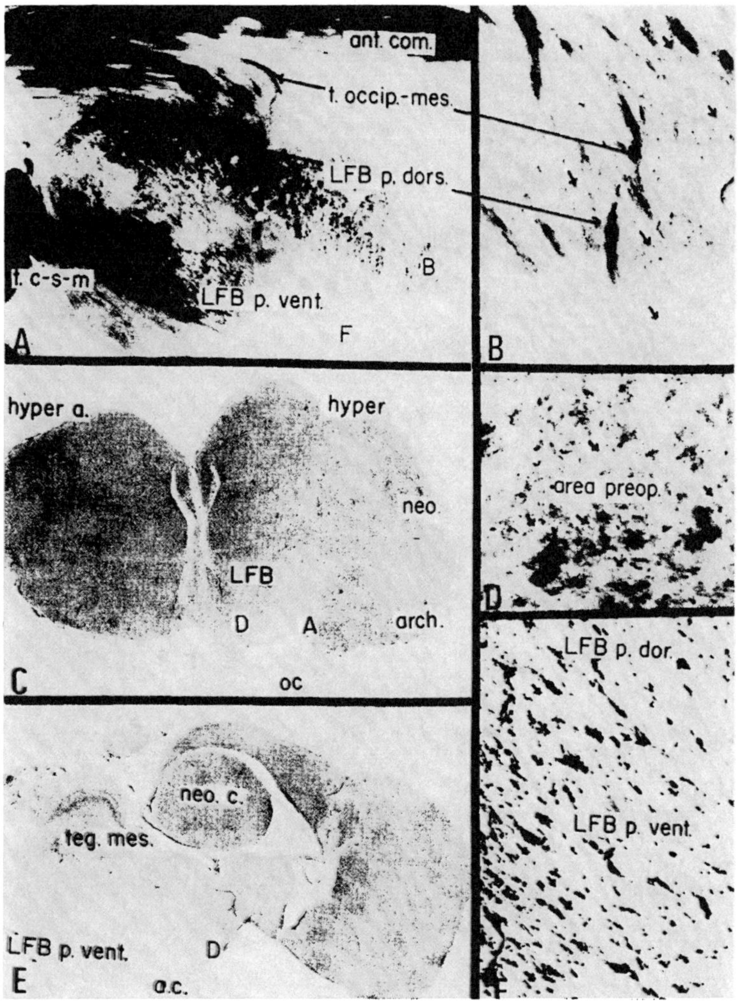

Fig. 18. A shows lateral forebrain bundle as it enters the diencephalon in LL-13 (×100; Nauta-Gygax). Insert letters B and F indicate the areas enlarged. B shows degenerated fascicles in dorsal peduncle of the lateral forebrain bundle from an injury in hyperstriatum and accessory hyperstriatum (×400; Nauta-Gygax). C is a coronal section through normal chicken (cresyl violet). Inserts A and D indicate areas elarged. D demonstrates degenerated fascicles in preoptic area of chicken LL-13 (Nauta-Gygax ×400). E is a parasagittal section of the guinea hen (thionin). Insert letter D indicates location of enlargement of preoptic area. F shows degenerated fascicles in dorsal part and ventral part of the lateral forebrain bundle following injury to hyperstriatum and accessory hyperstriatum in chicken LL-13 (×400; Nauta-Gygax).

and the dorsomedial sector of the striatum in caiman and lizards are discussed by BAKER-COHEN (1968).

Fiber Connections

Lateral Forebrain Bundle. Interdigitating with the cells of the paleostriatum and converging as the blades of a fan into its handle, the fibers of the lateral forebrain bundle (figs. 15, 17A—C, 18C, 20D) concentrate at the medial and basal margin of the hemisphere. The extent of these fibers corresponds to that of the paleostriatum and they intermingle with other fiber systems (figs. 16A, 17B—D, 18A). The lateral forebrain bundle continues in a direction dorsal and caudal to the tractus corticoseptomesencephalicus toward telencephalic centers and brain stem (figs. 15, 16, 17B—D, 18A, 18D). At the preoptic level and in a location ventral to the anterior commissure, the lateral forebrain bundle separates into dorsal and ventral peduncles (figs. 16A, 17C, 17D, 18A).

The normal reference material indicates the groups of fascicles which have been described (ARIËNS KAPPERS, HUBER and CROSBY, 1936) as

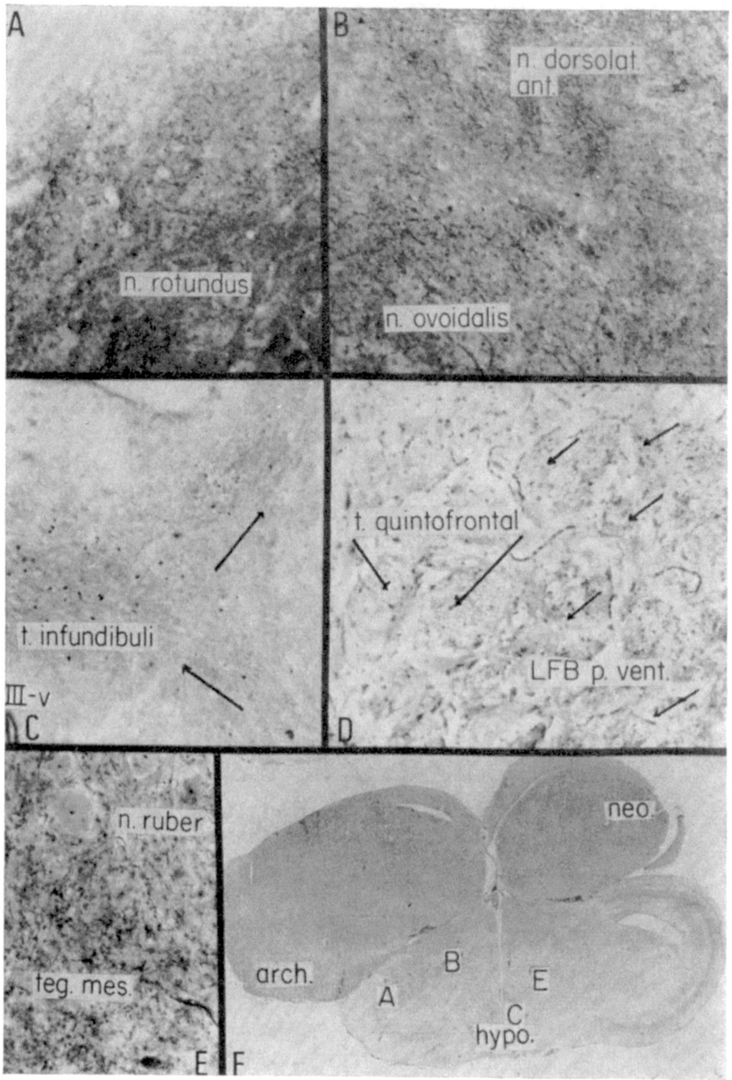

Fig. 19. A (×400; Nauta-Gygax) and B (× 400; Nauta-Gygax) are taken from diencephalon of MH-12 following lesion of paleostriatum. C is a Marchi section (×400) from hypothalamus of chicken LL-4 after injury to hyperstriatum. D and E are Fink-Heimer preparations from midbrain in experimental chicken (MH-12 ×400). F is a normal chicken brain from a cresyl violet coronal series showing the locations of sections A, B, E.

tractus thalamofrontalis lateralis (fig. 20D), tractus thalamofrontalis intermedius (fig. 20D), and tractus thalamofrontalis medialis (figs. 17E, 20D). The tractus thalamofrontalis medialis probably includes the auditory projections from the nucleus ovoidalis (figs. 16B, 19B, 20C) to the ROSE's "field L" of the caudal neostriatum (KARTEN (1969)). This part of the lateral forebrain bundle has been described as relating the thalamus to the telencephalon. In the sparrow (HUBER and CROSBY (1929)) the fibers have accumulated from the nucleus ovoidalis, the nuclei dorsolateralis anterior and posterior (fig. 16B) and terminate in the neostriatum, the ventral portion of the hyperstriatum and the periventricular gray.

The investigations of COWAN, *et al.* (1961) and KARTEN and NAUTA (1968) indicate that there is a sizeable contingent of direct retinal projections reaching the dorsolateral anterior nuclear complex in the pigeon. This is the connection described by many earlier writers for reptiles, notably by CAIRNEY (1926) and HUBER and CROSBY (1926). KARTEN and REVZIN (1966) found substantial indirect retinal projections to the nucleus rotundus (figs. 19A, 20C) by way of the tectum. From lesions in the nucleus rotundus, KARTEN and

HODES (1970) followed injured fibers in the lateral portions of the lateral forebrain bundle to the ectostriatum. Such fibers would appear to be part of the normal contingent described by ARIËNS KAPPERS, HUBER and CROSBY (1936) as the tractus thalamofrontalis lateralis. It is altogether probable that both thalamostriate and striato-thalamic fibers are present in the dorsal peduncle (figs. 16, 17D, 17E, 20D) of the lateral forebrain bundle in birds. Thus, certain diencephalic and striatal areas, particularly neostriatum and ectostriatum, appear to be intimately related to each other. This is associated with a substantial increase in the size of hyperstriatal regions as well. Support for these connections is presented in the experimental results which are described following this section on fiber connections.

At rostral diencephalic levels there is a further separation of the ventral peduncle (figs. 16, 17D, 18A—B, 18D). Its more ventral fibers distribute minimally to the preoptic and directly or indirectly to the anterior hypothalamic areas (figs. 18E, 19C). These shorter fibers terminating in the preoptic area (figs. 18B, 18D, 18F) may, however, arise in part as the stria terminalis fibers from the archistriatum which pass through, but are not actually a part of, the lateral forebrain bundle. Along the fibers of the ventral peduncle in their course through the diencephalon are clusters of cells to which, collectively, the name of entopeduncular nuclei has been applied. Sometimes the name of nucleus of the dorsal supraoptic decussation (fig. 22) is given to the cluster in the course of the fibers of this decussation where it crosses the lateral forebrain bundle. Such cell clusters, which resemble the large neurons of the paleostriatum, are found along the fibers of the lateral forebrain bundle in submammals (BAKER-COHEN (1968)) and along fibers of various subdivisions of the ansa lenticularis in mammals (GROFOVA (1970)). In mammals the term entopeduncular nucleus is usually restricted to the cluster adjacent to or in the neighborhood of the globus pallidus and other aggregates have various designations such as the

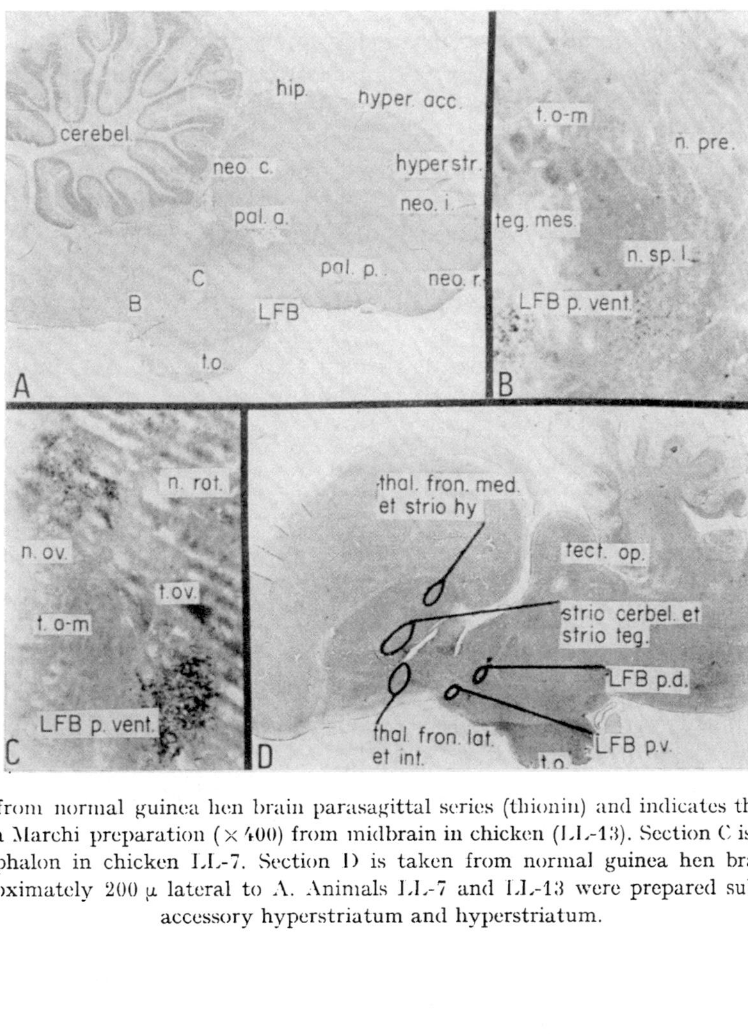

Fig. 20. A is taken from normal guinea hen brain parasagittal series (thionin) and indicates the source of sections B and C. Section B is a Marchi preparation (× 400) from midbrain in chicken (LL-13). Section C is a Marchi preparation (× 400) from diencephalon in chicken LL-7. Section D is taken from normal guinea hen brain parasagittal series (Holmes silver) approximately 200 μ lateral to A. Animals LL-7 and LL-13 were prepared subsequent to lesions in accessory hyperstriatum and hyperstriatum.

nucleus of the dorsal supraoptic decussation and the nucleus of the field of Forel. Probably the lateral part of the substantia nigra is a representative of a caudal entopeduncular group.

Other Connections. The striatal regions are delineated by delicate laminae containing both long and short association fibers which interconnect the striatal nuclei rostrocaudally, dorsoventrally and mediolaterally. The lamina frontalis supreme (fig. 15, 17A) separates the accessory hyperstriatum from the principal hyperstriatal region. The neostriatum is demarcated from the hyperstriatum by the lamina fronto-occipitalis (fig. 15). The dorsal medullary lamina (figs. 15, 17A) demarcates the dorsal surface of the paleostriatum. This lamina appears to collect fascicles of the lateral forebrain bundle and associated subdivisions of the neostriatum and the ectostriatum. The ventral medullary lamina (fig. 15) separates the paleostriatum into an arciformed paleostriatum augmentatum and a fan-shaped paleostriatum primitivum. It provides an additional collecting mechanism for the lateral forebrain bundle.

A well-developed tractus fronto-archistriaticus et neostriaticus (figs. 15, 17A) can be found on the ventral surface of the hemisphere where its principal contributions arise from the olfactory formation, the archistriatum and the neostriatum. The tractus archistriaticus dorsalis (fig. 16A) provides for additional associations between the archistriatum and subdivisions of the neostriatum. This tract includes finer fibers from the hyperstriatum. For the most part, it consists of a series of large and well myelinated fibers, oriented in a dorsoventral plane. The tractus archistriaticus dorsalis is a prominent feature of the neostriatum. It extends along the lateral margin of the ectostriatum and, for a considerable distance, through the caudal neostriatum. The ectostriatum appears to be situated within the fiber systems subserving the neostriatum intermediale, the hyperstriatum, the corticoid area and the periventricular gray (fig. 15).

Experimental Material

In a series of experiments upon 36 birds, various lesions were placed at several sites in the forebrain and the material processed by Nauta and Marchi techniques to show degenerated fibers. Short fascicles were demonstrated between the accessory hyperstriatum and the hyperstriatum, between the hyperstriatum and the neostriatum and between the neostriatum and the paleostriatum (figs. 17E, 17F; Showers (1966); Showers and Hultin (1968); Showers and Lombardi (1969); Medoff (1970)). Some fibers could be traced from striatal regions dorsal to the dorsal medullary lamina, through the dorsal peduncle of the lateral forebrain bundle, to the nucleus rotundus (fig. 19A) and to the gray medial and caudal (fig. 19D) to it and to the nucleus dorsolateralis anterior (fig. 19B), the nucleus dorsolateralis posterior and the nucleus ovoidalis (figs. 19B, 20C). No particular effort was made in these studies to investigate the effect of lesions in the "field L" (Rose (1914)), the caudal neostriatum or the ectostriatum in contradistinction to the effect of lesions in other neostriatal nuclei. Such striatothalamic fibers bring the large striatal nuclei into relationship with diencephalic centers, with and without the interposition of short association fibers.

The majority of the striatothalamic connections arise in the neostriatum (fig. 22) and the paleostriatum. Injured fibers from the neostriatum frontale, intermediale and caudale followed the dorsal medullary lamina into the paleostriatum, for termination in part upon cells of both the paleostriatum augmentatum (fig. 17F) and the paleostriatum primitivum (fig. 17E). Any lesion within the neostriatum was manifested by a large contingent of degenerated interneostriatal fibers and by degenerated fibers to the archistriatum. Lesions in neostriatum intermediale demonstrated conspicuous short association fascicles to the ectostriatum (fig. 17F). All regions of the neostriatum contributed some fibers which crossed to the contralateral diencephalon through the pars dorsalis of the supraoptic decussation (fig. 22). However, most of the striatothalamic contingent of the lateral forebrain bundle had an ipsilateral course.

In addition to its distribution (fig. 22) to preoptic and hypothalamic areas (figs. 18B, 18D, 18F, 19C) and to the entopeduncular nuclei along its course, the ventral peduncle enters the midbrain to relay to various areas of the midbrain tegmentum (fig. 20B). These include the red nucleus (fig. 19E), the subrubral gray, the interstitial nucleus of Cajal and the nucleus spiriformis lateralis (fig. 20B). The distribution to this last nucleus is evident in Marchi and Nauta preparations after injury to the paleostriatum (Showers and Hultin (1968)). From the nucleus spiriformis lateralis, fibers of the posterior commissure arise. At the time of stimulation of the lateral forebrain

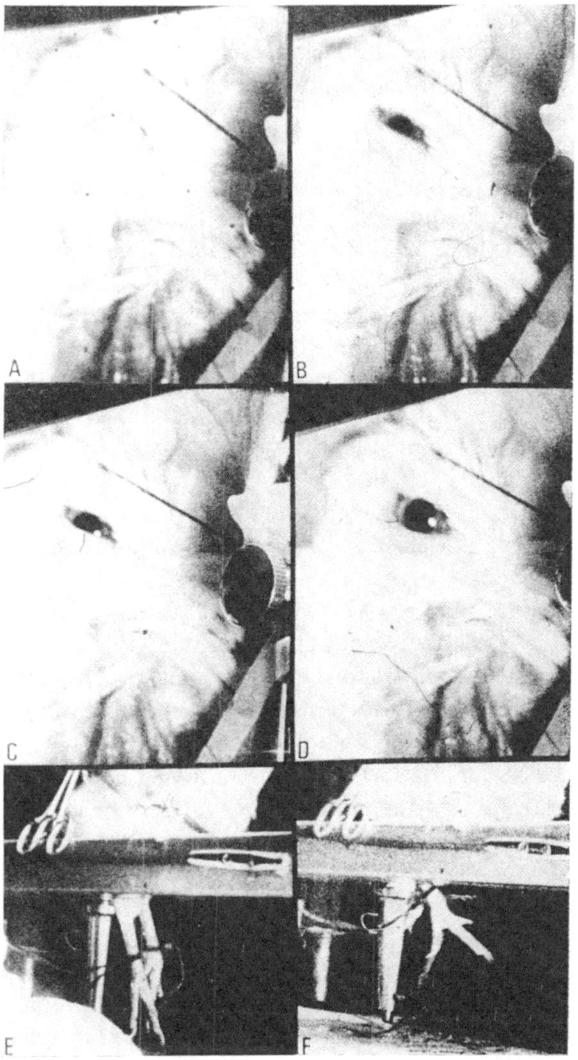

Fig. 21. A, B, C, D are intervals taken from 16 mm film during stimulation of lateral forebrain bundle in MH-8 and show extraocular movements. E and F were pictures from 16 mm film during stimulation of lateral forebrain bundle in MH-6 and demonstrate movement of the lower extremities.

bundle in chickens, eye movements and pupillary constriction were prominent responses (figs. 21 A through 21 D). Following unilateral destruction of the lateral forebrain bundle, a pronounced anisocoria resulted, with the pupillary dilation homolateral to the injury (SHOWERS and HULTIN (1968)). A connection of the nucleus spiriformis lateralis with the oculomotor complex is suggested by these results.

Coincident with the stimulation of both the neostriatum (MEDOFF (1970)) and the paleostriatum (SHOWERS and HULTIN (1968)) there was bilateral movements of the wings, the trunk, and the lower extremities (figs. 21 E, 21 F). An analysis of the frequency of the responses to stimulation indicated that movements of the head and the beak and swallowing movements were elicited most frequently from the neostriatum frontale. Stimulation of the neostriatum intermediale most ofen brings about movements of neck, wing, wattles and tongue and a vertical deviation of the eyes accompanied by movement of the nicitating membrane. The neostriatum caudale showed the most varied and pronounced results with electrical excitation. Movements of the beak, body and feet along with elevation of the tail, ruffling of the feathers and vocalization were frequently observed. Perioral movements included flapping of the wattles, opening and closing of the beak, deglutition and protusion of the tongue. Alternating contraction and relaxation of the longitudinal muscles of the neck (cutaneous colli, cutaneous nuchalis, biventer cervicis, semispinalis cervicis, semispinalis capitis complexus; CHAMBERLAIN (1943)) elevated, depressed and turned the head in company with the perioral motions. At times these movements

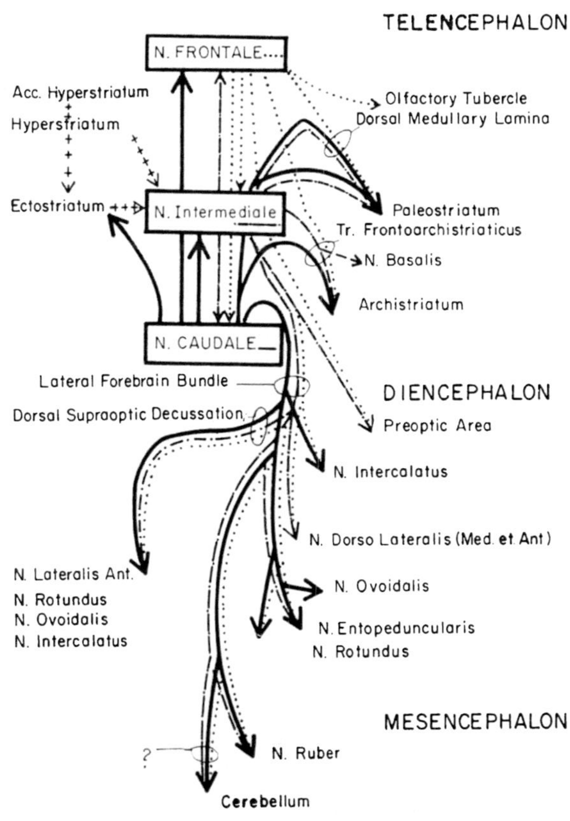

Fig. 22. Diagramatic summary of the associational fibers found in the experimental study of neostriatum of *Gallus domesticus* (MEDOFF (1970)).

were accompanied by vocalization. All types of eye movements were predominantly seen after the neostriatum caudale had been stimulated, such as eye opening, blinking, marked extrinsic sphincter activity, dilation and constriction of the pupil, horizontal and vertical deviations of the bulb and activity of the nictitating membrane.

The final portion of the ventral peduncle of the lateral forebrain bundle turns medialward for termination in the red nucleus and the tegmentum of the midbrain (figs. 19D, 19E, 20B). Presumably there is a relay from the midbrain tegmentum to motor centers of the spinal cord, perhaps in part over multisynaptic crossed and uncrossed paths. A summary of the association fibers as they appeared in the experimental series related to the neostriatum (MEDOFF (1970)) can be seen in figure 22.

Mammals

Mammalia

The *Marsupialia*
Didelphis virginiana (*North American opossum*)

by EARL G. HAMEL, Jr.

In the marsupials, as in mammals in general, the striatal complex includes the caudate nucleus, the putamen, the globus pallidus and perhaps the claustrum. In the opossum, (TSAI (1925); BODIAN (1940); MARTIN and HAMEL (1967)) these structures have typical mammalian characteristics and positions with some species variation.

Nuclear Patterns

(For details the reader is referred to the works of MARTIN and HAMEL (1967), and HAMEL (1967a)).

Caudate Nucleus. The caudate nucleus protrudes into the rostral end of the lateral ventricle in marsupials as in other mammals; however, because of both the limited development of the temporal area and the lack of extension of the lateral ventricle into this area, the tail of the caudate nucleus is short and thick. At its rostral end and its caudal extreme, the caudate nucleus is continuous with the putamen and, at intermediate levels, strands of cells joining these nuclei extend across the internal capsule. The caudal portions of these two nuclei where they again are fused are adjacent to the lateral amygdaloid nucleus.

Large rounded or polymorphic neurons, lightly to moderately stained in Nissl preparations, characterize the caudate nucleus. In Golgi preparations two or three branching dendrites covered with irregular spines are seen extending from the rounded cell bodies. A few small, darker stained neurons are randomly scattered in the rostral portion of the nucleus although only a few such cells are found in the middle and caudal portions. Across the ventral aspect of the head of the caudate nucleus, closely adjacent to the anterior commissure, is a band of small, darkly stained neurons which extends dorsomedially along the ventricular surface of the nucleus. Golgi preparations of this region reveal rather spindle-shaped cells with branched spiny dendrites extending from both ends of the spindle.

Putamen. The putamen also has a typically mammalian position and pattern and, except for its caudal portion which adjoins the tail of the caudate nucleus, has few distinguishing features. This caudal fusion of the putamen and the caudate nucleus is related to the very small postlenticular component of the posterior limb of the internal capsule.

The ventral surface of the putamen is bounded rostrally by the anterior commissure. There is no distinct boundary between the putamen and the globus pallidus. The neurons of the latter nucleus are often intermingled with the cells of the putamen along their mutual surface and only in a few places is there a division by a medullary lamina. The remaining surfaces of the putamen are sharply delimited by the fibers of the internal and the external capsules.

The neurons of the putamen, like those of the caudate, are also large and rounded polymorphic cells. Golgi preparations reveal that the dendrites are less branched and have more dendritic spines than do those of the cells of the caudate.

Globus pallidus and entopeduncular nucleus. The globus pallidus is smaller than the putamen. It is present in only a few sections in the rostrocaudal series, and is broken by bundles of fibers crossing the region. Though fibers pass diagonally across this nucleus, they do not form laminae and there is no apparent segmentation. The entopeduncular nucleus is poorly circumscribed, and consists of a few cells along the course of the ansa lenticularis, (BODIAN (1939 and 1940)). They are similar to the cells of the globus pallidus.

The large (15—20u), sharply angular cells of the globus pallidus have abundant Nissl substance which is variable in distribution. The nuclei are large and have prominent nucleoli and their

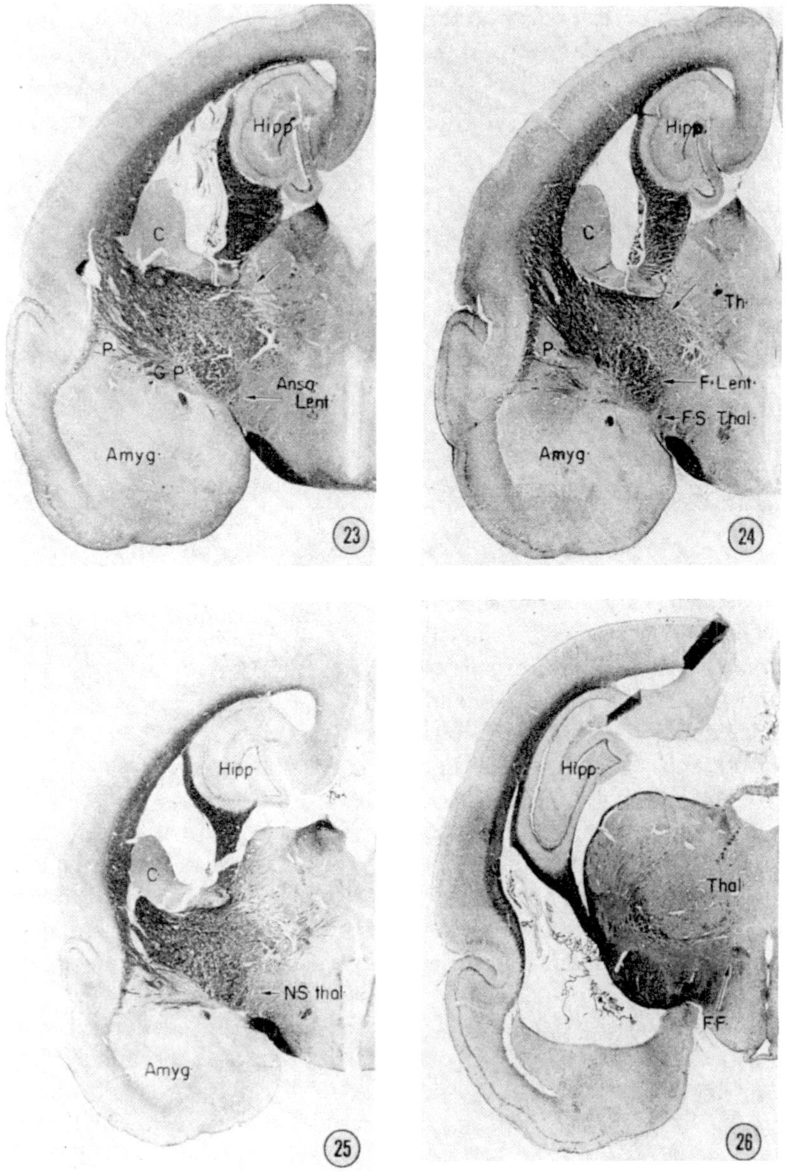

Fig. 23—26. A series of transverse sections of the opossum brain illustrating the fibers of the ansa systems and the thalamo-striate interconnections. The ansa lenticularis fibers (fig. 23) pass ventral to the internal capsule while the fasciculus lenticularis and fasciculus subthalamic fibers (fig. 24) extend medially to the Field of Forel and the subthalamic nucleus respectively (fig. 25). The fibers of the ansa lenticularis and the fasciculus lenticularis extend medially across the subthalamus and turn caudally through the Field of Forel (fig. 26). The small arrows labelled "D" indicate thalamo-striate interconnections. C. = caudate nucleus, P. = putamen, G. P. = globus pallidus, F. F. = Fields of Forel, Th. = thalamus. Weigert stain.

axons can be traced relatively long distances in thionin preparations.

Claustrum. Lateral to the putamen, between the external capsule and extreme capsule, is a thin plate of cells, the claustrum. This mass of gray is considered with the striatum in this discussion but this is not a view which is universally accepted. Its thin dorsal portion forms two laminae: a lateral lamina which merges with the cerebral cortex and a medial lamina which remains as a separate cell mass (this is probably the part which was traced rostrally to the anterior olfactory nucleus in the kangaroo (HAMEL (1967 b)). The wider ventral portion also divides into two parts: a medial portion which extends close to the lateral amygdaloid nucleus and a lateral portion which extends toward the piriform cortex.

Fiber Connections

Lateral Forebrain Bundle. Dorsal peduncle. The dorsal peduncle of the lateral forebrain bundle is recognized in the brain of the opossum as represented in thalamo-striatal interconnections. The interconnections are made by bundles of fibers crossing and interdigitating with the fibers of the posterior limb of the internal capsule (figs. 23 and 24). These fascicles probably carry impulses in both directions.

The specific connections of such thalamostriate and striatothalamic interrelations have not been established in the opossum. In man the large celled part of the dorsomedial nucleus projects to the putamen (SHEPS (1945)). The large celled medial portion of the centromedial nucleus projects to the caudate nucleus and the small celled, lateral portion to the putamen and perhaps to the globus pallidus (LE GROS CLARK and RUSSELL (1939) and McLARDY (1948)). Possibly the experimental work being carried out will document the directions of conduction of such connections in the opossum. Other thalamic nuclei interconnected with the striatum include the posterior ventral nucleus, the parafascicular and other intralaminar nuclei (HASSLER (1959)).

Lateral Forebrain Bundle. Ventral peduncle. In the opossum it is possible to identify the several bundles of the ventral peduncle of the lateral forebrain bundle in the ansa lenticularis system described for man by VON MONAKOW (1895). These are the fasciclus lenticularis and the fasciculus subthalamicus (figs. 24 and 25), which interdigitate with the fibers of the internal capsule, and the fibers of the ansa lenticularis proper which swing ventral and rostral to the lowermost fibers of the internal capsule.

The fibers of the lenticular fasciculus, after passing from the globus pallidus through the internal capsule, extend to and through the region of the ventral thalamus (fig. 24). They are the H_2 Bundle of Forel (FOREL (1877)). Some of them synapse in the nucleus of the Field of Forel (fig. 26). Others (joined by fibers from this last mentioned nucleus) descend to the nucleus of Darkschewitsch, the interstitial nucleus of Cajal and the midbrain tegmentum in and around the red nucleus. The more rostrally placed ansa lenticularis (fig. 23) loops dorsomedially, medial to the subthalamic nucleus. Many of its fibers synapse in the Field of Forel (fig. 26). They are accompanied by corticotegmental fibers (WALBERG (1955)) which do not synapse in the nucleus of the Field of Forel. The ansa lenticularis ends in the tegmentum of the midbrain, largely ventral and posterior to the red nucleus.

These fibers of the ventral peduncle constitute the discharge pathway (or ansa lenticularis system) from the globus pallidus into the ventral thalamus and the midbrain tegmentum. Similarly, it is also possible, in the opossum, to define the fasciculus thalamicus crossing the internal capsule in conjunction with the fibers of the ventral peduncle and projecting to the dorsal thalamus. Corticotegmental fibers which accompany the ventral peduncle of the lateral forebrain bundle into the midbrain tegmentum have been demonstrated experimentally but are not distinguishable as components of the lateral forebrain bundle in normal material.

Other Connections

Cortical connections. Evidence was presented by MARTIN and HAMEL (1967) for a topographic organization of the corticocaudate and corticoputamen connections in the opossum. Dorsal cortical areas were found to project chiefly to the caudate nucleus, the more rostral areas to the more rostral portion of the caudate; the more caudal areas of cortex project to caudal portions of the nucleus. Ventrally placed (i.e., toward the rhinal fissure) cortical areas project chiefly to the putamen. The rostroventral (small celled) portion of the caudate does not receive cortical projections.

Tuberculum Olfactorium. In our fiber material, the connections of the rostroventral part of the head of the caudate nucleus include fibers from the middle and lateral portions of the tuberculum olfactorium. This corresponds with the observations of LOO (1931), who described connections to the head of the caudate from the archipallium, lateral septal nucleus, tail of the caudate, olfactory bulb, anterior olfactory nucleus and the olfactory tubercle.

Claustrum. The claustrum is a mass of gray matter which lies between the putamen and the cortex, separated from these areas by the external and extreme capsules. It is interconnected with both the putamen and cortex by short internuncial fibers.

Chiroptera

Tadarida mexicana, Pipistrellus subflavus Myotis lucifigus (insectivorous bats)

by JERRY WILLIAM BROWN

The brains of insectivorous bats present an interesting variation among mammals. These brains (in *Tadarida mexicana, Pipistrellus subflavus* and *Myotis lucifigus*) are small and compressed in all dimensions. The neocortical areas are relatively small and the temporal lobes have not migrated forward. Thus, the relationships of the various forebrain structures are somewhat different than in many mammals.

Nuclear Patterns

Caudate-putamen Complex. In the insectivorous bat the caudate nucleus and the putamen are at no level completely separated from one another because the internal capsule is relatively small and the anterior limb is composed of fiber bundles rather than the solid mass of fibers seen in many higher forms (figs. 28A—C). Hence, these two nuclei may be considered as a caudate-putamen complex as did HUMPHREY (1936). The morphological unity of these nuclei is also expressed in the similarity of their cellular components, a feature seen in most mammals. The typical neurons of this complex (figs. 27A and C) have round cell bodies, with large pale-staining nuclei surrounded by a narrow band of cytoplasm containing closely packed, fine Nissl substance. In both nuclei occasional large cells of multipolar type may by seen. Two exceptions to the cytological uniformity occur, (a) in the dorsolateral portion of the tail of the caudate nucleus where the typically round neuron cell bodies are of smaller size, more darkly staining and more closely packed and (b) in the ventral portion of the head of the caudate (fig. 27B) to be considered later. In general, the caudate-putamen complex is relatively large, particularly its rostral portion which includes the head of the caudate (fig. 28A). This rostral part forms nearly 1/3 to 1/4 of the total cross-sectional areas of the hemispheres from the level

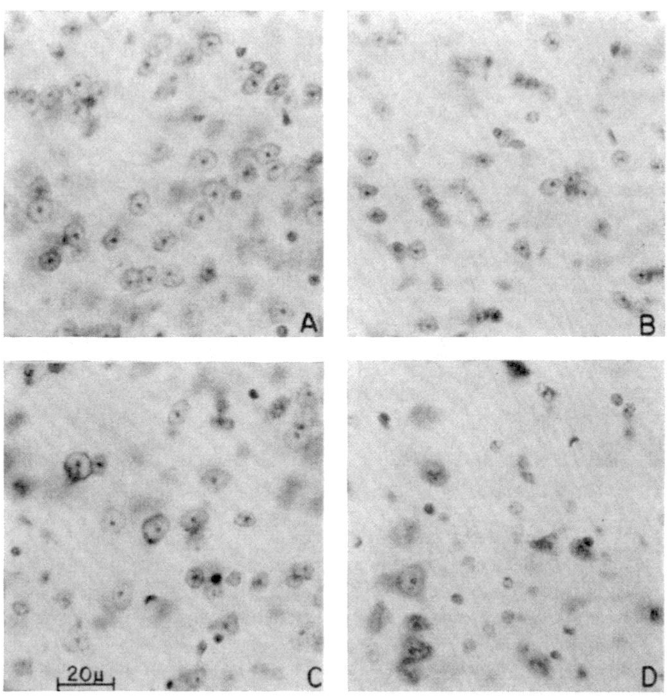

Fig. 27. High power photomicrographs to show the cellular structure of the striatal nuclei of the brain of the insectivorous bat, *Pipistrellus subflavus*, stained with thionin.

A. Typical neurons of the caudate nucleus. Such cells are present in the major part of the head and tail of the caudate.
B. Neurons present in the ventral zone of the head of the caudate nucleus where it blends with the tuberculum olfactorium.
C. Typical neurons of the putamen. They are very similar to those of the caudate (fig. A).
D. Typical large multipolar neurons of globus pallidus.

of the anterior olfactory nucleus to the level of the anterior commissure. Through these levels the caudate-putamen complex is elongated in the dorsoventral plane. The rather bulbus ventral portion of the head of the caudate extends around the floor of the lateral ventricle where its dorsomedial portion is continuous with the nucleus accumbens septi. The ventral zone of the head of the caudate is closely related to basal olfactory centers to be described subsequently. The ventrolateral

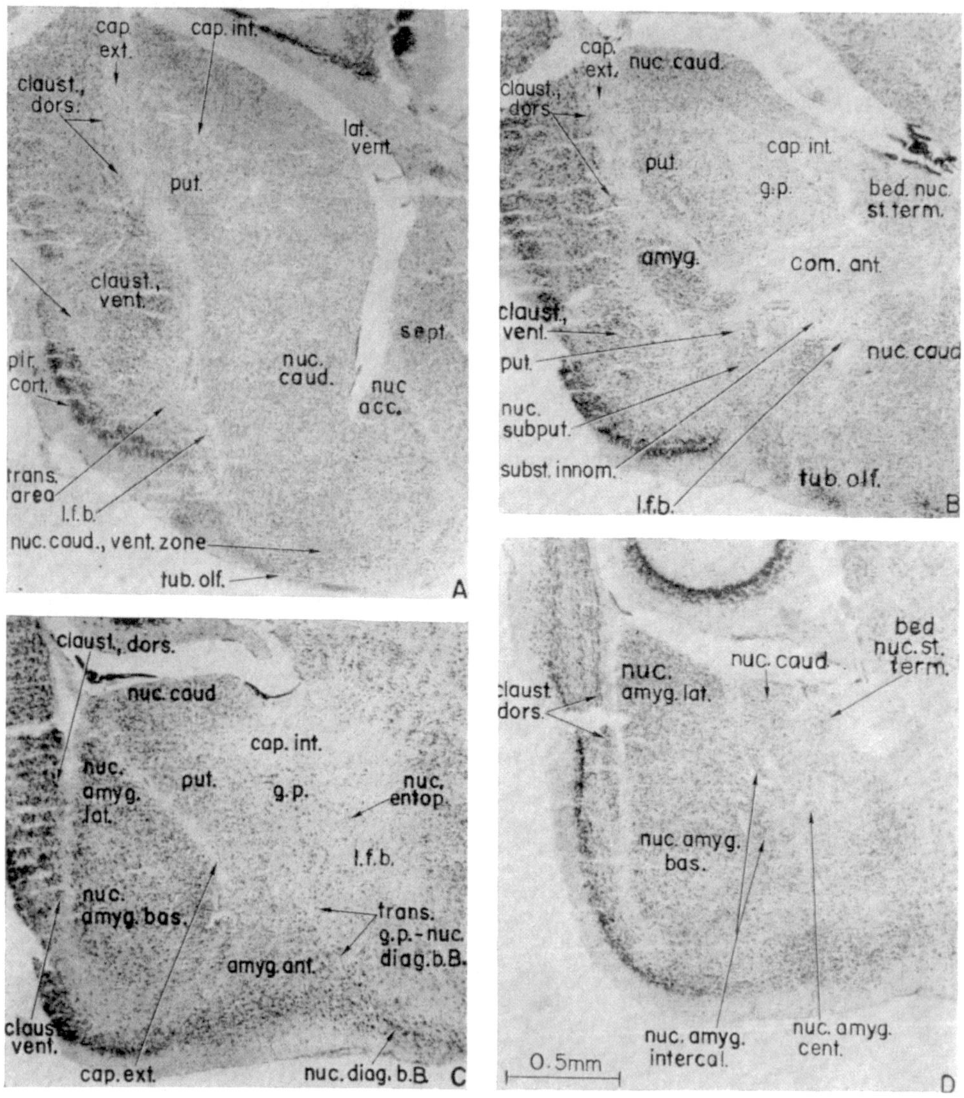

Fig. 28. Photomicrographs showing the ventral portion of the hemisphere of the brain of an insectivorous bat, *Pipistrellus subflavus*, sectioned in the transverse plane and stained with thionin.

A. Section showing the relatively large caudate-putamen complex at rostral hemispheric levels through the plane of the rostral part of the middle subdivision of the tuberculum olfactorium. The ventral claustrum is separated from the overlying piriform cortex by diffuse fiber bundles indicated by the unlabeled arrow.

B. Section through the plane of the anterior commissure. The caudal part of the bulbus head of the caudate lies ventral to the anterior commissure which has separated the small subcommissural part of putamen from main putaminal nucleus and the substantia innominata from globus pallidus.

C. Section through a level caudal to the anterior commissure where the internal capsule and lateral forebrain bundle are beginning to swing into the diencephalon. The globus pallidus attains its greatest size at this level. Bands of cells extend ventralward from globus pallidus to intermingle with cells which extend dorsalward from the nucleus of the diagonal band of Broca along the diagonal band fibers (trans. g. p.-nuc. diag. b. B.).

D. Section through more caudal levels of the hemisphere to show the relations of the caudal part of the tail of the caudate nucleus with the large amygdaloid complex. Only the dorsal claustrum is present.

surface adjoins the rostralmost portion of the lateral forebrain bundle and associated portions of the entopeduncular nuclear system. Dorsolaterally the complex borders the external capsule and dorsally and dorsomedially it bulges into the lateral ventricle. At these levels (fig. 28A) small fiber bundles comparable to the anterior limb of the internal capsule course through the lateral and dorsolateral portion of the nuclear complex, suggesting a separation between the larger caudate nucleus and the smaller putamen. As the anterior commissure is approached, greater numbers of these fiber bundles separate the diminishing caudate and the enlarging putamen more completely. However, the two portions of the complex are still in continuity dorsally and ventrally and through the internal capsule by narrow bands of cells.

As the anterior commissure crosses the field through the ventral part of the lenticular nucleus (fig. 28B), it separates the small subcommissural portion from the main mass of the putamen lying dorsal to the commissure and, more medially, the substantia innominata from the enlarged globus pallidus. Still more medially, the anterior commissure, the stria terminalis lying in its bed nucleus and the caudomedially coursing internal capsule replace the middle portion of the caudate. Thus, the more dorsolateral portion of the caudate remains beneath the floor of the lateral ventricle as the tail of the caudate and the ventrocaudal portion of its bulbus head remains ventral to the anterior commissure. There it is gradually replaced laterally by the enlarging lateral forebrain bundle with its intercalated entopeduncular nuclear components and medially by the anterior preoptic area. At this level and through levels just caudal to the anterior commissure (fig. 28B—C) the tail of the caudate is in direct continuity with the dorsal pole of the putamen, only a few fibers of the internal capsule indicating their separation. The two nuclear masses form a somewhat C-shaped or comma-shaped structure. The hilus of the C contains fibers of the internal capsule dorsally and the globus pallidus ventrally. The putamen portion of the complex is gradually replaced by the enlarging central nucleus of the amygdala (fig. 28D). Thus, as the caudal pole of the amygdala (fig. 28D) is approached, the portion of the complex representing the tail of the caudate is all that remains. Dorsally it lies in relation to the ventricle, laterally to the fibers of the stria terminalis and ventrally to the intercalated nuclei of the amygdala and to central amygdaloid nucleus which then replaces it.

Ventral zone of the Caudate (Paleostriatum augmentatum). The ventralmost portion (or zone) of the head of the caudate nucleus (fig. 28A) is composed of cells which differ from those of the main mass of the caudate nucleus. These cells (fig. 27B), many of which are triangular-shaped, are considerably smaller and have more darkly staining nuclei. This region of the caudate is closely related to pars ventralis of the anterior olfactory nucleus rostrally. Behind this it merges with the polymorphic layer of the tuberculum olfactorium (fig. 28A) and ventromedially and medially with the large medial island. Most caudally, through anterior commissure levels, it is related to the nucleus of the diagonal band of Broca. Medially and dorsally this region of the caudate is also related to the nucleus accumbens septi.

Globus pallidus. The small rostral pole of the globus pallidus lies at the medial margin of the putamen, adjacent to the internal capsule at a level just rostral to the anterior commissure. It enlarges rather rapidly and, at anterior commissure levels (fig. 28B) it is separated by the commissure from the substantia innominata, which consists of similar type cells.

The globus pallidus reaches its maximum size just caudal to the anterior commissure (fig. 28C). It lies in relation to the putamen laterally, to the internal capsule dorsally and to the common fiber bundle of the lateral forebrain bundle medially. Even at this level the globus pallidus is a single cell mass and is not divided into segments (also see HUMPHREY (1936) and SPIEGEL (1919)). The typical large, multipolar cells of the globus pallidus (fig. 27D) merge medially and caudally with clusters of multipolar cells similar to the large and medium-sized cells of globus pallidus, which lie between the fascicles of the lateral forebrain bundle. These cell clusters constitute the entopeduncular nucleus proper. From the ventral aspect of globus pallidus, cells stream somewhat obliquely ventromedially along the course of the dorsal limb of the diagonal band of Broca to intermingle with the cells which are similar to those of the nucleus of the diagonal band (trans. g. p. — nuc. diag. b. B.).

Somewhat farther caudally, at a level where the internal capsule has turned into the telencephalic-diencephalic junction, the globus pallidus is replaced by a medial extension of the ventral portion of the putamen.

Claustrum. The claustrum (fig. 28A—D) in insectivorous bats lies in the ventrolateral wall of the hemispheres. It extends from the level of the anterior olfactory nucleus caudalward to reach nearly the caudal pole of the amygdala (which occupies a ventrocaudal position in the hemispheres). Medially it is separated from the caudate-putamen complex rostrally (fig. 28A) and the amygdala caudally (fig. 28C—D) by the external capsule and it is imperfectly separated from the overlying piriform cortex and neocortex by poorly defined fiber bundles (fig. 28A, unlabeled arrow) which are probably comparable to the extreme capsule of higher forms. Two parts of the claustrum can be recognized; a larger ventral part and a very thin plate of cells representing a dorsal part.

The ventral claustrum is a rather large, oval-shaped mass of cells (fig. 28A—B) which is related principally to the piriform lobe. Most of its neurons have nearly round cell bodies with a narrow band of cytoplasm filled with darkly staining Nissl substance nearly equally distributed around the rather clear nucleus. Its dorsomedial angle is continuous with the dorsal claustrum. Its ventromedial pole lies in relation to a "transition area" (fig. 28A) which contains the rostralmost portion of the lateral forebrain bundle and elements of the entopeduncular nuclear system. This transition area also has relations with the lateral zone of the tuberculum olfactorium, caudate nucleus, prepiriform cortex and caudally it is continuous with the anterior amygdaloid area. Near its rostral pole, cells of the ventral claustrum blend with the anterior olfactory nucleus, pars ventralis. Beginning at anterior commissure levels (fig. 28B) the ventral claustrum progressively diminishes as the basolateral amygdaloid complex increases in size (fig. 28C), so that at about mid-amygdaloid levels it can no longer be recognized (fig. 28D).

The dorsal claustrum is a narrow, ill-defined plate of cells which is imperfectly separated from the deep layers of neocortex (fig. 28A—D). The cells of the dorsal claustrum are smaller than those of the ventral claustrum. Most of them are angular or oval in shape and have a small amount of cytoplasm and a rather darkly staining nucleus. These cells tend to lie in small clusters along a narrow zone between the external capsule medially and the ill-defined extreme capsule laterally.

The dorsal claustrum has a greater rostrocaudal extent than does the ventral claustrum. It extends from caudal levels of the olfactory bulb to the caudal pole of the basolateral amygdaloid complex with which it is continuous. Near its rostral pole its cells blend with those of the anterior olfactory nucleus. Throughout its extent it is related to the deep layers of the neocortex and the transition area between the neocortex and piriform cortex at the level of the rhinal fissure (fig. 28A—D).

Fiber Connections

Lateral Forebrain Bundle; dorsal peduncle. Thalamostriate fibers, components of the dorsal peduncle, emerge from the dorsomedial nucleus of the dorsal thalamus in large numbers (fig. 29A). This nucleus, in thionin preparations, is composed primarily of large-sized neurons, shown to be the origin of thalamostriate fibers in the monkey (SHOWERS (1958)) and man (SHEPS (1945)). The thalamostriate fibers and the accompanying striatothalamic fibers course ventralward and somewhat rostralward through the region of the intralaminar nuclear group. In thionin preparations a centromedian nucleus was not sufficiently well differentiated to be identified with certainty. However, this nuclear group may also contribute a few thalamostriate fibers as demonstrated for other forms by DROOGLEEVER FORTUYN and STEFENS (1951), SHOWERS (1958) and others and receive some striatothalamic fibers (as demonstrated in the monkey by NAUTA and MEHLER, (1966)) since there is an apparent increase in fibers as thay pass through this region (fig. 29A). From this area the thalamostriate and striatothalamic fiber bundles continue their course ventrolateralward to swing, for the most part, around the ventromedial extremity of the internal capsule (fig. 29A). A few fascicles interdigitate with the ventromedial fibers of the internal capsule. In the location ventromedial to the internal capsule the bundles of the thalamostriate and striatothalamic fibers turn rostralward in a position immediately dorsal to, and in a common bundle with, the descending ansa lenticularis system (fig. 29A—B). Within this common bundle the thalamostriate fibers compare in both position and connections with the dorsal peduncle of the lateral forebrain bundle (CAREY (1967); CROSBY (1917); HUBER and CROSBY (1926) and others in this paper).

As the thalamostriate and striatothalamic fibers (or dorsal peduncle) course rostralward with the ansa system (or ventral peduncle) at first they lie directly ventral to the internal capsule (fig. 29B) and then ventral to the anterior commissure (fig. 30B) Throughout their rostralward course, fibers turn lateralward and dorsolateralward to reach the putamen especially.

Rostral to the anterior commissure (fig. 30A) the remaining fascicles of the dorsal peduncle intermingle with ansa system fibers (l. f. b.). These lie in an area bounded by the caudate nucleus medially and laterally by a transition area (also see fig. 28A) which is related to the tuberculum olfactorium ventromedially, the ventral claustrum dorsolaterally, the prepiriform cortex

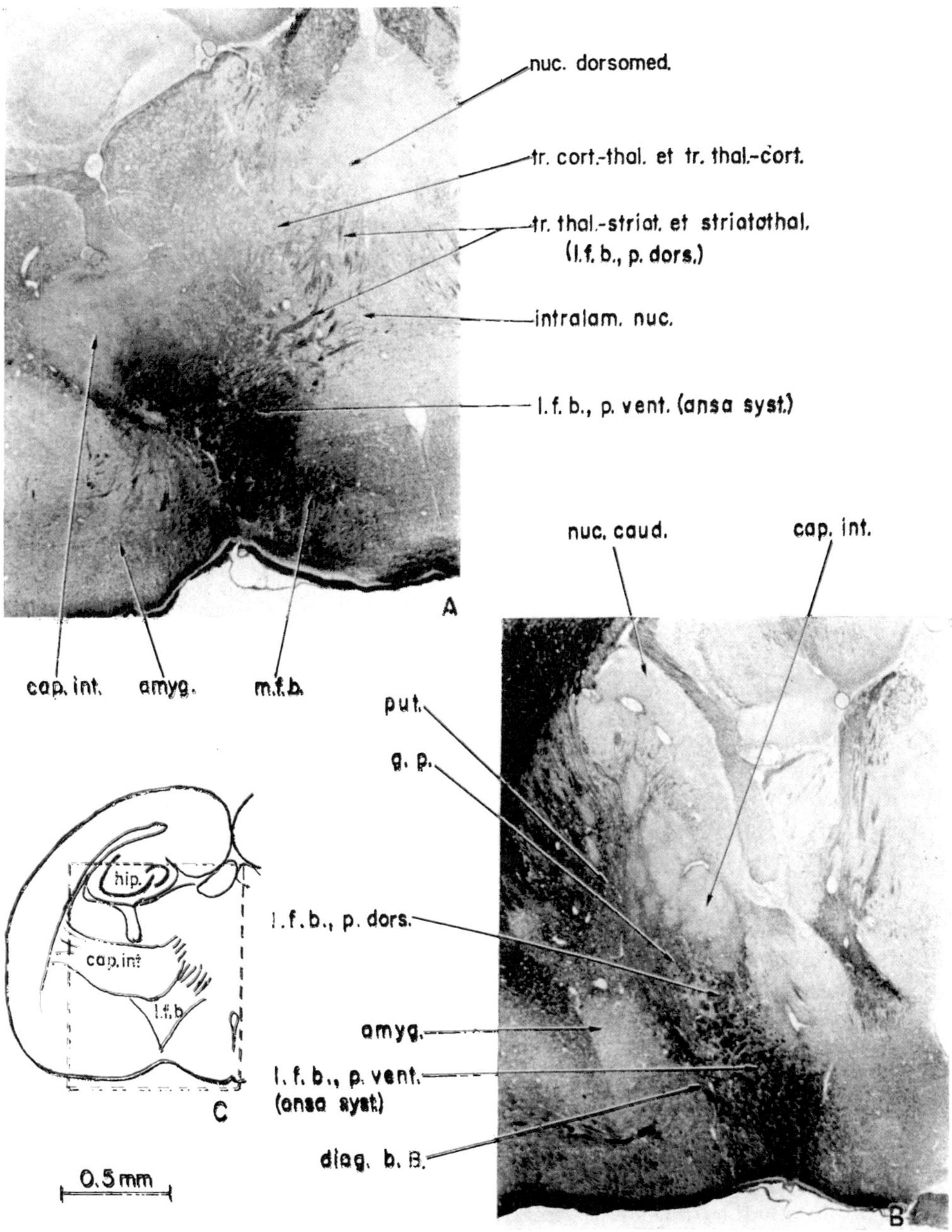

Fig. 29. Photomicrographs of transverse sections of a pyridine silver preparation of the brain of a insectivorous bat, *Tadarida mexicana*. The region of the hemisphere shown in A and B of this figure and in the photomicrograph of fig. 30 and 31 is indicated by the box in the diagram shown at C.

A. Section through the caudal part of the middle third of the hemisphere and adjacent diencephalon to show the thalamostriate interconnections (dorsal peduncle of the lateral forebrain bundle) emerging from the dorsomedial nucleus of the dorsal thalamus to join the ansa system (ventral peduncle of the lateral forebrain bundle). This combined fiber bundle sweeps around the ventromedial extremity of the internal capsule as a broad fanlike configuration.

B. Section rostral to fig. A at a level immediately behind the anterior commissure (fig. 30B) to show the elements of the lateral forebrain bundle (the dorsal peduncle or thalamostriate interconnections and the ventral peduncle or ansa system) collected as a common bundle ventral to the ventromedial extremity of the internal capsule.

ventrolaterally and the anterior amygdaloid area caudally. Some of these thalamostriate fibers reach the lateral region of the head of the caudate and others intermingle laterally in the transition area with a meshwork of fibers, some of which are connected with the ventral claustrum. Other fibers from the dorsal peduncle swing laterodorsalward to reach rostral parts of the putamen.

It is to be noted that a few fascicles of cortico-thalamic and thalamocortical fibers which course in the internal capsule turn into the dorsomedial nucleus of the dorsal thalamus (fig. 29A). Also, small bundles of fibers which interconnect the dorsomedial nucleus and perhaps the intralaminar group with the frontal cortex leave the external capsule to join the thalamostriate fibers (dorsal peduncle) as they course beneath the anterior commissure and internal capsule. The relatively small number of thalamocortical connections correlates, in part or least, with the small number of small cells in the dorsomedial nucleus of the bat, considered to be the origin of such fibers in other forms (CROSBY, HUMPHREY and LAUER (1962); SHOWERS (1958)).

Lateral Forebrain Bundle, ventral peduncle. The course of the ansa system of fibers in insectivorous bats also presents an interesting variation among mammals because of the small and dorsally placed internal capsule. Fine fascicles of the ansa fiber system (ventral peduncle of the lateral forebrain bundle) can be identified as far rostrally as the middle subdivision of the tuberculum olfactorium (fig. 30A). These scattered fascicles, intermingled with the larger fascicles of the thalamostriate interconnections (dorsal peduncle of the lateral forebrain bundle) lie ventral to the interbulbar component of the anterior commissure at the lateral margin of the head of the caudate nucleus and dorsal to the lateral zone of the tuberculum olfactorium. Laterally, these fascicles border on and are somewhat intermingled with a meshwork of fibers comprising a region termed a transition area (see p. 442). Within the interstices of the meshwork of fibers are scattered cells and aggregates of cells which are components of the entopeduncular nuclear system. Fine fibers from the transition area contribute to the ansa bundles.

Followed caudalward the fascicles of both the thalamostriate interconnections and the ansa system increase in number. At anterior commissure levels for example (fig. 30B) these two groups of fibers can be easily distinguished by their relative positions, the ansa bundles lying ventral to the thalamostriate bundles, and by their differential staining quality. At this level fascicles (at unlabeled arrows, fig. 30B) from the small rostral end of the globus pallidus and from the putamen swing ventralward to join the ansa system. Nucleus subputaminalis located caudally in the transition area and substantia innominata also contribute fibers to this bundle.

Caudal to the anterior commissure (fig. 29B) where the globus pallidus and the putamen reach their greatest extent, the ansa system attains its maximum size by the addition of large numbers of fibers from the globus pallidus and a lesser number from the putamen. The lateralmost of these fascicles is accompanied by fibers of the diagonal band of Broca which course dorsolateralward to reach the globus pallidus. Thus, as the components of the ansa system emerge from globus pallidus they collect, along with dorsally situated thalamostriate fibers, into a common bundle which lies ventral to the internal capsule.

Caudal to the putamen and globus pallidus,

→

Fig. 30. Photomicrographs of transverse sections of a pyridine silver preparation of the brain of an insectivorous bat, *Tadarida mexicana*. The region shown in these figures is indicated by the box in fig. 29C.

A. Section through the rostral part of the hemisphere to show the rostral extremity of the lateral forebrain bundle. Fascicles of the anterior limb of the internal capsule separate the rostral pole of the putamen from the head of the caudate. Region of the extreme capsule is indicated by the unlabeled arrow.

B. Section through the level of the anterior commissure. The components of the lateral forebrain bundle form a common bundle ventral to the commissure. The dorsally positioned larger, darker staining bundles interconnect the dorsal thalamus and striatum (dorsal peduncle). The ventrally placed smaller bundles are components of the ansa system (ventral peduncle). The unlabeled arrows indicate fine fascicles from the globus pallidus which join the ansa system (or ventral peduncle).

C. Section through the rostral level of the caudal 1/3 of the hemisphere on the left and the caudal region of the diencephalon on the right. It is at a level somewhat caudal to fig. 29B. The caudalmost of the thalamostriate interconnections are present. The dorsalmost fibers of the ansa system or fasciculus lenticularis emerge from the common bundle to enter the ventral thalamus. The remainder of the fibers of the ansa system (ventral peduncle) remain in a common bundle ventromedial to the internal capsule.

where the hypothalamus has replaced the preoptic area, the common bundle turns into the diencephalon in a broad fan-like fiber complex (fig. 29A) around the ventromedial extremity of the internal capsule. Hence it is not broken up into separate fiber bundles by the capsule as in man and many other mammals. Following the emergence of the dorsal peduncle from the common bundle (fig. 30C) the more dorsal fibers of the ventrally placed ansa system turn into the region of the zona incerta and the nucleus of the field of Forel. After partial synapse here, the fibers continue caudalward into

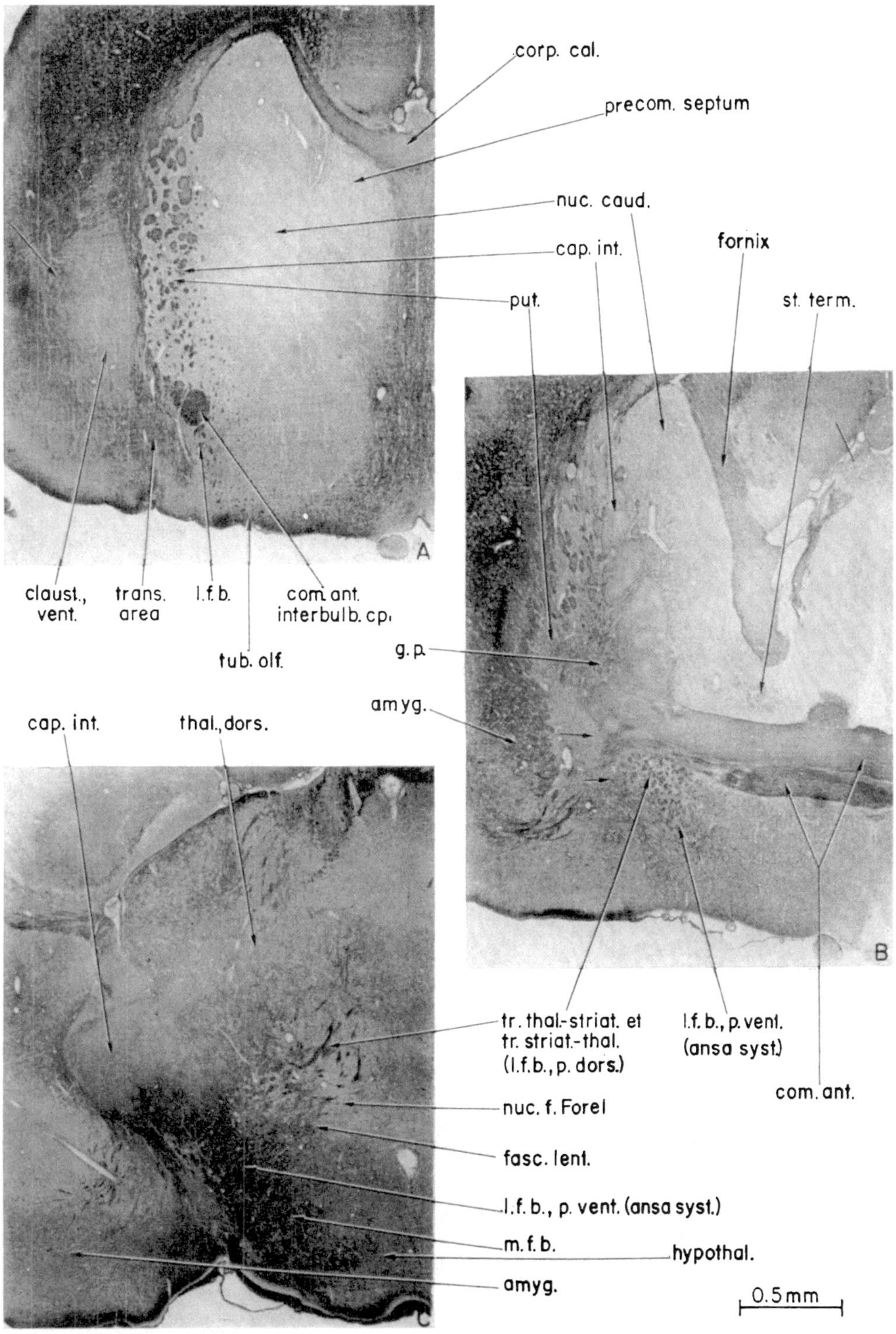

the midbrain tegmentum to end in the interstitial nucleus of Cajal, the nucleus of Darkschewitsch, the red nucleus and the tegmental area lateral and dorsal to the red nucleus. Some fibers terminate in course in the entopeduncular nuclear system which infiltrates the entire extent of the ansa system. These bundles of fibers have the relations of the human lenticular fasciculus or H_2 bundle of Forel. The remainder of the fibers of the ansa system continue caudalward in a position ventromedial to the internal capsule.

Farther caudalward (fig. 31A) those fibers of the ansa system located in an intermediate position reach the subthalamic nucleus as the subthalamic fasciculus. The subthalamic fasciculus undoubtedly carries fibers coursing to and from the subthalamic nucleus as experimental studies on other forms have shown (Carpenter and Strominger, (1967); Mettler (1945); Nauta and Mehler (1966)).

The remainder of the ansa system, that is its more ventral fibers, continue caudalward in a position ventromedial to the internal capsule (fig. 31A). These fibers constitute the ansa lenticularis proper. Although a few of these fibers may enter the caudal part of the zona incerta and nucleus of the field of Forel, most of this bundle remains ventral to these ventral thalamic nuclei as it courses caudalward toward the midbrain tegmentum. The ansa lenticularis proper can be traced into the midbrain tegmentum (fig. 31B) where fibers enter the subrubral gray.

Other Fiber Connections

Several fiber bundles although not parts of the ansa system *per se*, accompany it. These are the

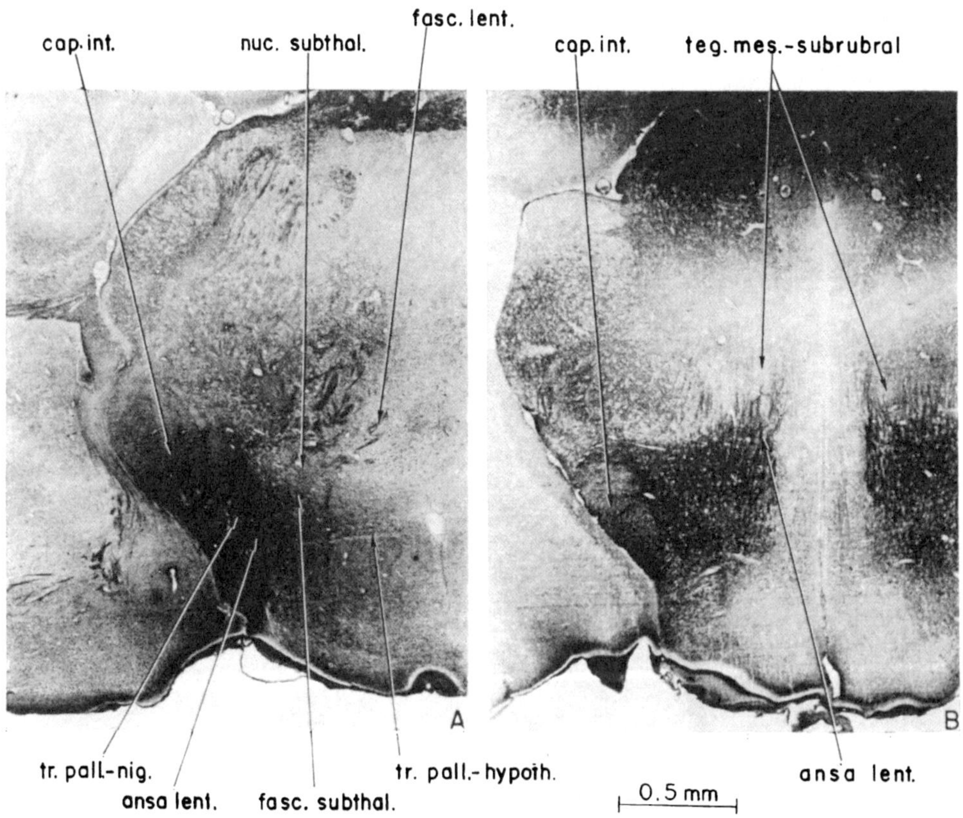

Fig. 31. Photomicrographs of transverse sections from a pyridine silver preparation of the brain of an insectivorous bat, *Tadarida mexicana*.

A. Section through the caudal region of the forebrain at a level somewhat caudal to Fig. 30C. The intermediate positioned fibers of the ansa system (ventral peduncle) emerge from the common bundle as the subthalamic fasciculus. The ventralmost fibers of the ansa system, or ansa lenticularis proper, continue their caudalward course ventromedial to the internal capsule.

B. Section through the diencephalic-mesencephalic transition area. The fascicles of ansa lenticularis proper course from the diencephalon into the mesencephalic tegmental gray ventral to the red nucleus (subrubral gray).

pallidohypothalamic tract, the thalamic fasciculus and the pallido-(striato-)nigral interconnections.

The Pallidohypothalamic tract of Vidal. This is the first group of fibers to emerge from the common ansa bundle as it swings into the diencephalon. The pallidohypothalamic tract turns medialward out of the dorsalmost portion of the bundle occupied by the lenticular fasciculus. These fibers course medially along the dorsal margin of the rostral hypothalamic area to join a separate component of the postcommissural fornix. The combined bundle continues caudalward (fig. 31A) diminishing rapidly as its fibers turn into adjacent hypothalamic nuclei, including the lateral hypothalamic area and the paraventricular nucleus. Finally, a few of its fibers reach the region of the ventromedial hypothalamic nucleus as reported by Woodburne, Crosby and McCotter (1946, monkey) and Johnson and Clemente (1959, cat).

The thalamic fasciculus. This bundle, emerging from the globus pallidus courses first medialward beneath the internal capsule and dorsal to the ansa system bundles. Then it curves dorsalward around the ventromedial extremity of the internal capsule and finally dorsolateralward above the internal capsule to reach the nucleus ventralis anterior of the dorsal thalamus.

The pallidonigral tracts. These can be traced caudalward from globus pallidus in a position ventral to the internal capsule (fig. 31A) and along the dorsolateral border of the ansa bundle. At about the junction of the telencephalon and the diencephalon these fibers loop around the ventromedial extremity of the internal capsule and course caudolateralward along the dorsal border of the internal capsule to reach pars lateralis of the substantia nigra. Since pars lateralis constitutes the major part of the substantia nigra in insectivorous bats, this bundle is probably afferent to the substantia nigra. Moreover, this bundle courses around the internal capsule and does not form a "comb bundle", which in man and the monkey is believed to be efferent from the phylogenetically newer parts (pars compacta and pars reticularis) of the substantia nigra (Crosby, Humphrey and Lauer (1962)).

In the zone between the dorsal border of the *tuberculum olfactorium* and the ventral border of the head of the caudate nucleus (fig. 30A) are numerous fibers including large longitudinally coursing bundles and a fine meshwork of fibers. Although they are not numerous single fibers can be followed from the tuberculum olfactorium, through this meshwork, into the ventral zone of the caudate nucleus. Such olfactory connections help to confirm the different character of this portion of the caudate and its probable homology with the paleostriatum augmentatum of lower forms.

Numerous small, single fibers from the diffusely organized extreme capsule (fig. 30A, unlabeled arrow, presumably having cortical connections), can be followed into the claustrum. In addition, fibers extend from the claustrum into the external capsule towards the neostriatum. Other fibers from the claustrum reach the transition area containing elements of the entopeduncular nuclear system and having medial relations with the lateral forebrain bundle. Some of these fibers appear to join the lateral forebrain bundle. Thus, in addition to the similarities in relationships, the similarities of the fiber connections of the claustrum to those of the hyperstriatum of submammals (reptiles for example, see Carey (1967)) suggest the homologous character of these structures.

In the insectivorous bat the components of the ansa system gather ventral to the internal capsule as a common fiber mass with the dorsal peduncle or thalamostriate interconnections. This bundle then turns into the diencephalon around the ventromedial extremity of the internal capsule and is not broken up into separate fiber tracts by the capsule as in many mammals including man. The separation into individual components occurs only as the fibers approach their nuclei of termination in the ventral thalamus and midbrain tegmentum. The position of the components of the ansa system in the common bundle conforms to the relations described by von Monakow (1895), i.e., a dorsal division or the lenticular fasciculus, the intermediate division or subthalamic fasciculus and a ventral division or the ansa lenticularis in the restricted sense. Other fiber tracts which accompany the ansa system are the pallidohypothalamic tract, the thalamic fasciculus and the pallidonigral fibers.

Discussion

The facts presented in the preceding pages do not require much discussion since they speak for themselves. Summarization of the general patterns (without stressing of the great variety in details), of interest for the trends in evolutionary history, will be presented briefly. As a preliminary to such a discussion it is necessary to emphasize that many of the forms considered are on end branches of the phylogenetic tree. Very few even approach the trunk and none are represented on it.

The Striatal Areas

All the forms considered have a striatum (Crosby *et al.* (1966)), although this varies from the small, undifferentiated mass in cyclostomes to the well known caudate-lenticular complex of higher mammals including man. In some lower vertebrates (for example in petromyzonts and in chimaera) the striatal area lies caudomedialward in the telencephalon medium. It approaches the medial telencephalic ventricle wall at or near the transition into the third ventricle. This position is comparable to that occupied by the striatum in early stages of its embryological development in man. In higher forms, with greater evagination of the hemispheres, the caudate-putamen complex of course occupies a position deep in the lateral hemisphere wall, with the caudate still bordering the ventricle.

The small striatal mass in petromyzonts is undifferentiated. In all other submammalian forms studied (including myxinoids) a neostriatum and a paleostriatum are identifiable. The striatal areas — caudate, putamen and globus pallidus — are generally recognizable in mammals (Crosby *et al.* (1966)). The head of the caudate and the putamen are fused rostrally in all mammals, this fusion being proportionately greater in such forms as the bat. A band of white matter (the lateral stria) separates the putamen from the globus pallidus. In many mammals (including opossum and man) a medial stria may separate the globus pallidus into a lateral or external part and medial or internal part, but sometimes (as in the bat) no such separation is possible. The globus pallidus is continuous with the entopeduncular nucleus in the bat and in certain other mammals as the cat. It is separated from this nucleus in various other forms (as opossum and man).

The problem then arises as to how one is to reconcile the submammalian and the mammalian terminologies. Just what parts of the mammalian striatum are to be compared with the so-called neostriatum and the paleostriatum of submammalian forms? Some of the comparisons are easily made and generally accepted; about other comparisons there are differences of opinion. These differences are not so easily settled because no one, including the present writers, has available all the evidence necessary for an unquestionable establishment of the homologies. Such evidence as is available to us will be briefly reviewed.

The part of the paleostriatum often designated paleostriatum primitivum is quite generally regarded as representative of the mammalian globus pallidus. This homology has its basis in three facts; a) a likeness in cell character of the submammalian paleostriatum primitivum and the mammalian globus pallidus; b) major contributions of these areas in many forms to the ventral peduncle of the lateral forebrain bundle or its mammalian equivalent, the ansa lenticularis system; c) like relations, in many submammalian and mammalian forms, of the globus pallidus to the entopeduncular nucleus.

The homologies of the part of the so-called paleostriatum augmentatum of submammals are less agreed upon by various observers. It has been known for some time that the caudate nucleus in mammals is not alike throughout. Its ventral part differs, in the bat and the opossum and also in primates including man, from the rest of the nucleus: (a) in having slightly smaller cells, and (b) in being connected with such olfactory receptive areas as the lateral part of the anterior perforated space (or tuberculum olfactorium) and the septum (by the diagonal band and through the nucleus accumbens, which is continuous with and probably an extension of the paleostriatum augmentatum in submammals and of the caudate in man). Clinically, involvement of this ventral area of the caudate and/or of the surface cortex or cortical paths bordering it appears to result in rage responses. Moreover, the efferent patterns characteristic of the rest of the head of the caudate in such animals as cat and monkey do not extend into this ventral part of the caudate nucleus. The paleostriatum augmentatum then is regarded by the present group as probably representative of the part of the mammalian caudate which is crossed by, and is also ventral to, the anterior commissure and is continuous with the nucleus accumbens. The olfactostriatum of Cairney (1926) for *Sphenodon* represents this ventral part of the caudate nucleus and also the nucleus accumbens. That the paleostriatum augmentatum may be comparable to other portions of the caudate as well is quite possible.

Actually the separation between putamen and caudate is not complete even in man where the two nuclear groups form a continuous mass in their rostroventral extent. In some lower mammals, as the rat and the bat, they form a continuous mass as far as the level of the interventricular foramen; the internal capsule fibers radiate through the mass rather than form a discrete anterior limb. Certainly the dorsal medullary lamina (made up of association fibers separating the paleostriatum from the neostriatum in birds and reptiles) is not the forerunner of the anterior limb of the internal capsule. The turning of the head on stimulation of the neostriatum in birds suggests a resemblance to the like positioning of the head on stimulation of the appropriate region of the caudate in mammals (YOSS (1953); FORMAN and WARD (1957); FOLTZ *et al.* (1959)). It also brings to mind the torticollis resulting from lesions in the caudate nucleus in man. It seems quite probable then that the neostriatum in mammals and in man is comparable, in general, not only to the putamen but also to a part of the caudate nucleus, with the caudate portion, perhaps, still in a ventricular position. The development of this area reflects particularly, in both submammals and mammals, the degree of differentiation of the dorsal thalamus. Consequently it is well developed in reptiles, still better developed in birds and well developed in mammals.

The hyperstriatal areas in submammals with small, almost token representation in lower submammals, but well represented in reptiles (especially in hydrosauriens and lizards) and reaching their relatively maximum size in the higher birds, have been the subject of much dispute. By certain observers (CRAIGIE (1930, 1932)) the hyperstriatum has been regarded as infolded cortex and has been thought to have layers corresponding to cortical layers. However, although one observer (CRAIGIE (1930; 1932)) described them as layers parallel to the surface, another writer (DURWARD (1930)), apparently writing a confirmatory description from his own material, reported them as arranged at right angles to the brain surface. Later this latter writer (DURWARD (1933)), following a study of the embryological development of the striatal areas in the chick in which he found the hyperstriatal region to be produced by proliferation of periventricularly located gray, regarded the hyperstriatum as representing vicarious cortex. In this view he followed earlier interpretations (ARIËNS KAPPERS (1928); HUBER and CROSBY (1929); ARIËNS KAPPERS *et al.* (1936)) as he carefully stated. A recent observer (KARTEN (1970)) employs this same concept of vicarious cortex. For some time, the present group (CAREY (1966)) and others associated with it (CROSBY *et al.* (1966)), have regarded the hyperstriatum as serving as a vicarious cortex. This idea implies that the hyperstriatum serves cortical functions although it has not the typical morphology.

Part of the hyperstriatum (probably hyperstriatum accessorium of reptilian and avian terminology) is believed to be comparable in general to the claustrum. The two areas: (a) are intermediate in character between the superficial cortex (with which they are connected by cell strands and association fibers) and the underlying striatal areas; (b) in both mammals and submammals they have quite comparable fiber interrelations with neighboring cortex and underlying striatum; and (c) they tend to approach or fuse with the amygdala.

The Lateral Forebrain Bundle

The lateral forebrain bundle in all the forms studied except petromyzonts has both a dorsal peduncle and a ventral peduncle. A dorsal peduncle was not recognizable in the material available of this latter form, but other series or other petromyzonts may show it.

The dorsal peduncle is a major fiber system interconnecting the dorsal thalamus and the striatal areas (particularly the neostriatum and the hyperstriatum). It is best developed in forms with a well differentiated dorsal thalamus, reflected in a concomitant development of the neostriatal and the hyperstriatal areas. In mammals, including man, the dorsal peduncle represents primarily the interconnections between the caudate nucleus and the putamen on the one hand the and dorsal thalamic nuclei (such as the magnocellular part of the dorsomedial thalamic nucleus and the centromedial nucleus, where present) on the other hand. In some mammals (as the bat) these fibers run largely ventral to the internal capsule; in other, as man, they cross this capsule interdigitating with its fascicles.

The ventral peduncle, arising especially from the paleostriatum primitivum (or globus pallidus) in all forms studied other than petromyzonts (where the area is not specifically differentiated), also receives fibers from the neostriatum (caudate-putamen complex) in submammals and certainly from the putamen and possibly from the caudate in mammals. Some of the fibers in this ventral peduncle may serve as ascending conduction paths. Many of them provide descending paths such as: (a) the mammalian pallidohypothalamic tract (VIDAL (1940)), which has representation in many submammals (fishes, amphibians, reptiles and birds); (b) the thalamic fasciculus (present, at least, in mammals such as opossum, bat, monkey and man); and, most especially, (c) the so-called ansa lenticularis system (which includes the mammalian lenticular fasciculus, the subthalamic fasciculus and the ansa lenticularis). This ansa lenticularis system of mammals (or the major part of the ventral peduncle of the lateral forebrain which is comparable to it in submammals) supplies the entopeduncular nucleus in all the forms studied, the zona incerta (where recognizable in reptiles and birds and in mammals), the subthalamic nucleus of mammals, the large-celled part of the red nucleus (probably in some fishes and higher amphibians and in reptiles, birds and mammals), the midbrain tegmentum in nearly all forms, and the lateral part of substantia nigra in reptiles, in birds, and probably in mammals.

In certain mammals (bat) the lateral forebrain bundle sweeps ventral to the short anterior limb of the internal capsule. In other lower mammals (opossum) the dorsal peduncle and the upper part of the ventral peduncle of this lateral forebrain bundle interdigitate with the fibers of the internal capsule but the greater part of the subthalamic fasciculus and the ansa lenticularis (in its limited sense) are ventral to the internal capsule. In many other mammals, including man, only the ansa lenticularis fibers enter the diencephalon by a course ventral to the internal capsule.

Summary

From the foregoing account it is evident that many of the major changes during the long course of brain evolution are in the region of synapses and finer interrelations in the nervous system, that is primarily in the nuclear gray. The primitive pathways often bear surprising resemblances to those of higher forms although the number of their fibers, and so their size, is influenced by the degree of development of the areas from which they arise and/or in which they end. They serve as conductors but their importance should not be minimized for, with their destruction, functions of important brain areas may not be manifest. Size, differentiation, general appearance (sometimes including cellular characteristics) and functions of homologous nuclear masses vary greatly, not only from class to class but sometimes between animals of closely related species. Ultimately these variations may extend to differences in animals from a closely related group. Because of this wide range in nuclear patterns, the nuclear homologies are less easy to determine and even more difficult to prove than are those of fiber paths. Statements that one area or a given fiber tract is homologous to another area or tract do not mean that these areas or pathways are counterparts of each other in either function or structure but merely that they have a common developmental character and certain common relations, including fiber interrelations with other specific areas.

It is to be remembered that although the striatal complex shows differences in its nuclear subdivisions and in certain connections in various forms, these variations are modifications of nuclear areas and of fiber systems common to vertebrates. Such basic areas show further divisions and modifications particularly in vertebrates away from the main phylogenetic line. Some of these subdivisions in such vertebrates, during the progress of development, may resemble each other or those nearer the main line sufficiently in relations and connections to justify their comparison from one form to another on the basis of their morphologic appearance and relations. However, such likenesses are not complete duplications from one species to another. Experimental procedures and behavioral studies may point out the significance of different morphologic modifications as well as morphologic resemblances and suggest the substitution of one kind of function for another type of behavior. For example, the striatal areas in birds are parts of a hemispheric pattern in which emphasis is laid on a striatal-vicarious cortex arrangement. This underlies the marvelous stereotyped cyclic pattern of behavior exhibited by avian forms. The striatal complex in mammals is overshadowed by the progressively increasing development and differentiation of a surface cortex, culminating in man where it provides wonderfully for discriminatory, highly adjustable and modifiable intelligent behavior. The anatomical patterns in the various vertebrate classes are as interesting for their differences as for their likenesses.

Zusammenfassung

Die vergleichende anatomische Beschreibung des *Striatum* der Tiere, die auf einem primitiveren Stadium stehen als Säugetiere, und der Säugetiere, unter Betonung der Verbindungen durch das laterale Vorderhirnbündel, das *Ansa lenticularis* System und die *thalamostriären* Projektionen, war ein gemeinsames Bestreben der Autoren. Obwohl die beschriebenen Wirbeltiere, die noch existieren, Endzweige des phylogenetischen Baumes darstellen, ist eine bestimmte Tendenz in der Entwicklungsgeschichte offenbar geworden.

Alle betrachteten Formen, von Cyclostomen bis zu Säugetieren, haben ein *Striatum*, obgleich dieses von der kleinen undifferenzierten Masse in Cyclostomen bis zu dem bekannten *Caudatum-Nucleus lenticularis* Komplex höherer Säugetriere, einschließlich des Menschen variiert. Das *Palaeostriatum augmentatum* ist der ventralen Stelle des proximalen Anteils des *Nucleus caudatus* ähnlich; das *Neostriatum* ist dem *Caudatum-Putamen* Komplex vergleichbar, und das *Hyperstriatum* hat viele Ähnlichkeiten mit dem *Claustrum* der Säugetiere.

Das laterale Vorderhirnbündel, das in allen Formen außer dem Petromyzon studiert wurde, hat sowohl ein ventrales als auch ein dorsales Bündel. Das ventrale Bündel, entstehend zum großen Teil aus dem *Palaeostriatum primitivum* oder *Globus pallidus*, ist hauptsächlich eine absteigende Leitungsbahn und hat in fast allen Formen Bestandteile, die dem *Tractus pallidohypothalamicus*, *Fasciculus thalamicus*, *Fasciculus lenticularis*, *Fasciculus subthalamicus* und der *Ansa lenticularis* ähnlich sind. Das dorsale Bündel, das die gleichzeitige Entwicklung des dorsalen Thalamus widerspiegelt, ist in den *thalamostriären* Fasern dargestellt.

Die Variationen und Ähnlichkeiten der Funktionen werden im Zusammenhang mit den anatomischen Ergebnissen diskutiert. Modifikationen eines darstellbaren Musters lassen unterschiedliches Verhalten möglich erscheinen.

Acknowledgement

The authors wish to acknowledge with sincere appreciation the generous encouragement and guidance of Dr. ELIZABETH C. CROSBY to the conception and execution of this cooperative endeavor.

They also wish to thank Dr. KERMIT CHRISTENSEN for the use of his series of slides on the brain of the reptile, *Sphenodon*.

List of Abbreviations

amyg. = amygdaloid complex
amyg. ant. = anterior amygdaloid area
amyg. basolat. = basolateral amygdala
amyg. corticomed. = corticomedial amygdala
ansa syst. = ansa system
ant. com. = commissura anterior
arch. = archistriatum
area preop. = area preoptica
bed nuc. comm. ant. = bed nucleus of anterior commissure
bed nuc. st. term. = bed nucleus of stria terminalis
c. gen. lat. = lateral geniculate body
cap. ext. = external capsule
cap. int. = internal capsule
cerebel. = cerebellum
claust. dors. = dorsal claustrum
claust. vent. = ventral claustrum
com. ant.; c. a. = anterior commissure
comm. ant. = anterior commissure
com. ant. interamyg. cp. = interamygdalar component of anterior commissure
com. ant. interbulb. cp. = interbulbar component of anterior commissure
com. hab. = habenular commissure
com. hip. = hippocampal commissure
comm. hipp. = hippocampal commissure
com. post. = posterior commissure
corn. amm. = primordial cornu ammonis
corp. cal. = corpus callosum
dec. postop. p. dors. = postoptic decussation, dorsal part
dec. postop. p. vent. = postoptic decussation, ventral part
diag. b. B. = diagonal band of Broca
ect.; ectostr. = ectostriatum
F. F. = Field of Forel
fasc. lent. = lenticular fasciculus
fasc. subthal. = subthalamic fasciculus
fimb. = fimbria of fornix
fis. endorhin. = endorhinal fissure
fornix precom. = precommissural fornix
for. vent. = interventricular foramen
g. p. = globus pallidus
hem. = hemisphere
hip.; hipp. = hippocampal formation
hyper.; hyperstr. = hyperstriatum
hyper. a.; hyper. acc. = hyperstriatum accessorium
hyperstriat. post. = hyperstriatum posterius
hypo.; hypothal. = hypothalamus
intralam. nuc. = intralaminar nuclear group of dorsal thalamus
lam. med. dors.; l. m. d. = lamina medullares dorsalis
l. m. v. = lamina medullares ventralis
lat. vent. = lateral ventricle
l. f. b.; L. F. B. = lateral forebrain bundle
l. f. b. p. dors.; L. F. B. p. dor./p. d. = dorsal peduncle of lateral forebrain bundle
L. F. B. p. dors. (thal. fron. med.) = lateral forebrain bundle pars dorsalis (tractus thalamofrontalis pars medialis)
l. f. b. p. vent.; L. F. B. p. vent./p. v. = ventral peduncle of lateral forebrain bundle
L. F. B. p. vent. (strio. cereb. et striotegment) = lateral forebrain bundle pars ventralis (tracti striocerebellaris et striotegmentalis)
l. f. sr. = lamina frontalis suprema
m. f. b. = medial forebrain bundle
N. II = optic nerve
N. III = oculomotor nerve
N. IV = trochlear nerve
N. opt. = optic nerve
n. dorsolat. ant. = nucleus dorsolateralis anterior
n. ovoidalis; n. ov. = nucleus ovoidalis
n. pre. = nucleus preopticus
n. rotundus; n. rot. = nucleus rotundus
n. ruber = nucleus ruber
n. sp. l. = nucleus spiriformis lateralis
neo.; neostr. = neostriatum
neo. c. = neostriatum caudale
neo. i. = neostriatum intermediale
neo. r. = neostriatum rostrale
nuc. acc. = nucleus accumbens
nuc. amyg. bas. = basal nucleus of amygdala
nuc. amyg. cent. = central nucleus of amygdala
nuc. amyg. intercal. = intercalated nucleus of amygdala
nuc. amyg. lat. = lateral nucleus of amygdala
nuc. caud. = caudate nucleus
nuc. caud., vent. zone = ventral zone of caudate nucleus
nuc. diag. b. B. = nucleus of diagonal band of Broca
nuc. diag. bd. = nucleus of the diagonal band
nuc. dorsomed. = dorsomedial nucleus of dorsal thalamus
nuc. entop. = entopeduncular nucleus
nuc. entoped. = entopeduncular nucleus
nuc. f. F. = nucleus of the field of Forel
nuc. hab. = habenular nucleus
nuc. preop. = preoptic nucleus
nuc. sept. = septal nuclei

nuc. sept. lat. = lateral septal nucleus
nuc. sept. med. = medial septal nuclei
nuc. subhab. = subhabenular nucleus
nuc. subput. = nucleus subputaminalis
nuc. subthal. = subthalamic nucleus
nuc. triang. = nucleus triangularis
o. c. = optic chiasm
pal.; paleostr. = paleostriatum
paleostr. aug.; pal. a. = paleostriatum augmentatum
paleostr. prim.; pal. p. = paleostriatum primitivum
pir. = piriform region
pir. cort. = piriform cortex
pit. = pituitary
precom. septum = precommissural septum
prim. gen. pall. = primordial general pallium
prim. hip. = primordial hippocampus
prim. pal. dors. = primordial dorsal pallium
prim. pir. = primordial piriform cortex
put. = putamen
rec. preop. = preoptic recess
sept. = precommissural septum
st. med. = stria medullaris
st. term. = stria terminalis
str. = striatum
strio cerbel. et strio teg. = tracti striocerebellaris et striotegmentalis
subic. = primordial subiculum
subst. innom. = substantia innominata
t. c-s-m = tractus corticoseptomesencephalicus
t.; tct. = tract
t. f. a. = tractus frontoarchistriaticus
t. infundibuli = tractus infundibuli
t. o. = tractus opticum
t. occip. mes.; t. o-m. = tractus occipitomesencephalicus
t. ov. = tractus ovoidalis
t. quintofrontal = tractus quintofrontalis
tect. = tectum
tect. op. = tectum opticum
teg. mes. = tegmentum mesencephalicus
teg. mes. subrubral. = subrubral gray of mesencephalic tegmentum
thal. dors. = dorsal thalamus
thal. fron. lat. et int. = tractus frontalis lateralis et internus
thal. fron. med. et strio hy. = tractus thalamofrontalis medialis et tractus striohypothalamicus
thal. vent. = ventral thalamus
III V = ventriculus tertius
trans. area = transition area
trans. g. p. = nuc. diag. b. B. = area of cellular continuity between globus pallidus and nucleus of diagonal band of Broca
tr. cort. hab. lat. = lateral corticohabenular tract
tr. cort. hab. med. = medial corticohabenular tract
tr. cort.-thal. et. thal.-cort. = corticothalamic and thalamocortical fibers
tr. hab. ped. = habenulopeduncular tract
tr. pall.-hypoth. = pallidohypothalamic tract
tr. pall.-nig. = pallidonigral tract
tr. thal.-striat. et striatothal. = thalamostriate and striatothalamic fibers
tub. olf. = tuberculum olfactorium
vent. lat. = lateral ventricle

References cited

ARIËNS KAPPERS, C. U.: The ontogenetic development of the corpus striatum in birds and a comparison with mammals and man. Kön. Akad. Wetensch. Amsterdam, Proc. Sec. Sci., **26**, 135–158 (1922).

ARIËNS KAPPERS, C. U.: The corpus striatum, its phylogenetic and ontogenetic development and functions. The development of the cortex and the functions of its different layers. Lectures II and III of a series on Neurobiotaxis and other subjects delivered at the University of Copenhagen. Levin and Munksgaard, Copenhagen (1928).

ARIËNS KAPPERS, C. U., G. C. HUBER and E. C. CROSBY: The Comparative Anatomy of the Nervous System of Vertebrates, Including Man. Macmillan, New York (1936).

BAKER-COHEN, K. F.: Comparative enzyme histochemical observations on submammalian brains. I. Straital structures in reptiles and birds. II. Basal structures of the brainstem in reptiles and birds. Ergebn. u. Entwicklungsgeschichte, **40**, 1–70, Springer, New York (1968).

BINDEWALD, C. A. E.: Das Vorderhirn von *Ambystoma mexicanum*. Arch. f. mikr. Anat. **84**, 1–74 (1914).

BOCHENEK, A.: Die Nervenbahnen des Vorderhirns von *Salamandra maculosa*. Bull. internat. Acad. d. Sc. de Cracovie. (1899). (Quoted from Ariëns Kappers *et al.* (1936)).

BODIAN, D.: Studies of the diencephalon of the Virginia opossum. I. The nuclear pattern in the adult. J. Comp. Neurol. **71**, 259–323 (1939).

BODIAN, D.: Studies of the diencephalon of the Virginia opossum. II. The fiber connections in normal and experimental material. J. Comp. Neurol. **72**, 207–297 (1940).

CAIRNEY, J.: A general survey of the forebrain of *Sphenodon punctatum*. J. Comp. Neurol., **42**, 255–348 (1926).

CAREY, J. H.: The nuclear pattern of the telencephalon of the blacksnake, *Coluber constrictor constrictor*. In Evolution of the Forebrain, ed. by R. Hassler and H. Stephan.: Georg Thieme Verlag, Stuttgart (1966).

CAREY, J. H.: The striatum in the box turtle, *Terrapene c. carolina*. Ala. J. Med. Sci., **4**, 381–389 (1967).

CARPENTER, M. B., and N. L. STROMINGER: Efferent fiber projections of the subthalamic nucleus in the rhesus monkey. Anat. Rec., **157**, 225–226 (1967).

CHAMBERLAIN, F. W.: Atlas of Avian Anatomy. Mich. State Col. Agric. Exp. Sta., East Lansing (1943).

COWAN, W. M., L. ADAMSON and T. P. S. POWELL: Experimental study of the avian visual system. J. Anat. (Lond.), **95**, 545–563 (1961).

CRAIGIE, E. H.: Studies on the brain of the kiwi (Apteryx australis). J. Comp. Neurol., **49**, 223–357 (1930).

CRAIGIE, E. H.: The cell structure of the cerebral hemisphere of the hummingbird. J. Comp. Neurol., **56**, 135–168 (1932).

CROSBY, E. C.: The forebrain of *Alligator mississippiensis*. J. Comp. Neurol., **27**, 325–373 (1917).

CROSBY, E. C., B. D. DE JONGE and R. C. SCHNEIDER: Evidence for some of the trends in the phylogenetic development of the vertebrate telencephalon. In

Evolution of the Forebrain, ed. by R. Hassler and H. Stephan. Georg Thieme Verlag. Stuttgart. pp. 117—135 (1966).

CROSBY, E. C., T. HUMPHREY and E. W. LAUER: Correlative Anatomy of the Nervous System. Macmillan, New York (1962).

Dorland's Medical Dictionary, 24th edition, W. B. SAUNDERS, Philadelphia. (1965).

DROOGLEEVER FORTUYN, J.: Topographical relations in the telencephalon of the sunfish, *Eupomotis gibbosus*. J. Comp. Neurol., **116**, 249—263 (1961).

DROOGLEEVER FORTUYN, J., and R. STEFENS: On the anatomical relations of the intralaminar and midline cells of the thalamus. Electroenceph. clin. Neurophysiol., **3**, 393—400 (1951).

DURWARD, A.: The cell masses in the forebrain of *Sphenodon punctatum*. J. Anat. (London), **65**, 8—44 (1930).

DURWARD, A.: Observations on the cell masses in the cerebral hemispheres of the New Zealand kiwi (Apteryx australis). J. Anat. (Lond.), **66**, 437—477 (1932).

DURWARD, A.: Some observations on the development of the corpus striatum of birds, with special reference to certain stages in the common sparrow (*Passer domesticus*). J. Anat. (Lond.), **68**, 492—499 (1933).

EDINGER, L., A. WALLENBERG and G. HOLMES: Untersuchungen über die vergleichende Anatomie des Gehirns., 5. Das Vorderhirn der Vögel. Abhandl. Senckenb. nat. Gesellsch., Frankfurt am Main **20**, 343—426 (1903).

ELLIOT SMITH, G.: A preliminary note on the morphology of the corpus striatum and the origin of the neopallium. J. Anat. (London), **53**, 271—291 (1919).

ERULKAR, S. D.: Tactile and auditory areas in the brain of the pigeon. J. Comp. Neurol., **103**, 421—458 (1955).

FAUCETTE, J. R.: The accessory olfactory bulbs and the lateral telencephalic wall of the rat-fish, *Chimaera*. J. Comp. Neurol., **137**, 407—432 (1969).

FOLTZ, E. L., L. M. KNOPP and A. A. WARD, JR.: Experimental spasmodic torticollis. J. Neurosurg., **16**, 55—72 (1959).

FOREL, A.: Untersuchungen über die Haubenregion und ihre oberen Verknüpfungen im Gehirne des Menschen und einiger Säugetiere mit Beiträgen zu den Methoden der Gehirnuntersuchung. Arch. Psychiat. Nervenkr., **7**, 393—495 (1877).

FORMAN, D., and J. W. WARD: Responses to electrical stimulation of caudate nucleus in cats in chronic experiments. J. Neurophysiol., **20**, 230—244 (1957).

FOX, C., D. E. HILLMAN, K. A. SIEGESMUND and L. A. SETLIER: The primate globus pallidus and its feline and avian homologies: a Golgi and electron microscopic study. In Evolution of the Forebrain, ed. by R. HASSLER and H. STEPHEN, pp. 237—248. Georg Thieme Verlag, Stuttgart (1966).

GROFOVA, I.: Ansa and fasciculus lenticularis of Carnivora. J. Comp. Neurol., **138**, 195—308 (1970).

HAMEL, E. G.: The basic phylogenetic pattern of the striatal complex. Part III. Anat. Rec. **157**, 254 (1967a).

HAMEL, E. G.: The striatum of the kangaroo, *Macropus*. Ala. Jour. Med. Sci. **4** (4), 390—398 (1967b).

HASSLER, R.: Anatomy of the thalamus. In Introduction to Stereotaxis with an Atlas of the Human Brain. **1**, 230—290. ed. by G. SCHALTENBRAND and P. BAILEY. Thieme, Stuttgart (1959).

HEALEY, E. G.: The nervous system. In The Physiology of Fishes, ed. by Margaret E. Brown. Academic Press, Inc. New York. pp. 1—119 (1957).

HERRICK, C. L., and C. J. HERRICK: Contributions to the morphology of the brain of bony fishes. J. Comp. Neurol., **1**, 211—245 (1891).

HERRICK, C. J.: The internal structure of the midbrain and thalamus of Necturus. J. Comp. Neurol., **28**, 215—348 (1917).

HERRICK, C. J.: Neurological Foundations of Behavior. H. Holt and Co., New York (1924).

HERRICK, C. J.: The amphibian forebrain IV. The cerebral hemispheres of *Amblystoma*. J. Comp. Neurol., **43**, 231—325 (1927).

HERRICK, C. J.: The amphibian forebrain. VI. *Necturus*. J. Comp. Neurol., **58**, 1—288 (1933a).

HERRICK, C. J.: The amphibian forebrain. Cerebral hemispheres and pallial primordia. J. Comp. Neurol., **58**, 737—759 (1933b).

HERRICK, C. J.: The Brain of the Tiger Salamander. Univ. of Chicago Press, Chicago (1948).

HINES, M.: The development of the telencephalon in *Sphenodon punctatum*. J. Comp. Neurol., **35**, 483—587 (1923).

HOFFMAN, H. H.: The olfactory bulb, accessory olfactory bulb and hemisphere of some anurans. J. Comp. Neurol., **120**, 317—368 (1963).

HOFFMAN, H. H.: Certain highly developed and phylogenetically significant hemisphere areas of the Surinam toad (*Pipa pipa*). Ala. J. Med. Sci., **4**, 368—380 (1968).

HOLMGREN, N.: Zur Anatomie und Histologie des Vorder- und Zwischenhirns der Knochenfische. Acta. Zool., **1**, 137—315 (1920).

VAN DER HORST, C. J.: The fore-brain of Synbranchidae. Kon. Akad. v. Wetensch. te Amsterdam, Proc. Sect. Sc., **20**, 216 (1917). (Quoted from ARIËNS KAPPERS, HUBER and CROSBY (1936)).

HUBER, G. C., and E. C. CROSBY: On thalamic and tectal nuclei and fiber paths in the brain of the American alligator. J. Comp. Neurol., **40**, 97—227 (1926).

HUBER, G. C., and E. C. CROSBY: The nuclei and fiber paths of the avian diencephalon with consideration of telencephalic and certain mesencephalic centers and connections. J. Comp. Neurol., **48**, 1—225 (1929).

HUMPHREY, T.: The telencephalon of the bat. I. The non-cortical nuclear masses and certain pertinent fiber connections. J. Comp. Neurol., **65**, 603—711 (1936).

JOHNSON, T. N., and C. D. CLEMENTE: An experimental study of the fiber connections between the putamen, globus pallidus, ventral thalamus, and midbrain tegmentum in cat. J. Comp. Neurol., **113**, 83—101 (1959).

JOHNSTON, J. B.: The telencephalon of ganoids and teleosts. J. Comp. Neurol., **21**, 489—591 (1911).

JOHNSTON, J. B.: The cell masses in the forebrain of the turtle, *Cistudo carolina*. J. Comp. Neurol., **25**, 393—648 (1915).

KALISCHER, O.: Großhirn der Papageien in anatomischer und physiologischer Beziehung. Abhand. Kon. preuß. Akad. Wissensch. Berlin, pp. 1—105 (1905).

KARTEN, H. J.: The ascending auditory pathway in the pigeon (*Columba livia*). Telencephalic projections of the nucleus ovoidalis thalami. Brain Res., **11**, 134–153 (1969).

KARTEN, H. J.: The organization of the avian telencephalon and some speculations of the phylogeny of the amniote telencephalon. In: Comparative and Evolutionary Aspects of the Vertebrate Central Nervous System. Ann. N. Y. Acad. Sci., **167**, 164–179 (1970).

KARTEN, H. J., and W. HODES: Telencephalic projections of the nucleus rotundus in the pigeon (*Columba livia*). J. Comp. Neurol., **140**, 35–52 (1970).

KARTEN, H. J., and W. NAUTA: Organization and retinothalamic projections in the pigeon and owl. Anat. Rec., **160**, 373 (1968).

KARTEN, H. J., and A. M. REVZIN: The afferent connections of the nucleus rotundus in the pigeon. Brain Res., **2**, 368–377 (1966).

KINGSBURY, B. F.: On the brain of *Necturus maculatara*. J. Comp. Neurol., **5**, 139–205 (1895).

KREHT, H.: Über die Faserzüge im Zentralnervensystem von *Salamdra maculosa*. L. Ztschr. f. mikr. anat. Forsch. **23**, 239–320 (1930).

KREHT, H.: Über die Faserzüge im Zentralnervensystem von *Proteus anguineus* Laur. Ztschr. f. mikr. anat. Forsch., **25**, 376–427 (1931).

KUHLENBECK, H.: Zur Morphologie des Urodelenworderhirns. Jenaische Zeitschr. f. Naturwissensch., Bd. **57** (N. F., Bd. 50), S. 463–490 (1921).

KUHLENBECK, H.: Betrachtungen über den funktionellen Bauplan des Zentralnervensystems. Folia Anat. Japon., **4**, 111–135 (1926).

KUHLENBECK, H.: The ontogenetic development and phylogenetic significance of the cortex telencephali in the chick. J. Comp. Neurol., **69**, 273–301 (1938).

LEGROS CLARK, W. E., and W. R. RUSSELL: Observations on the efferent connections of the centre median nucleus. J. Anat. (Lond.), **73**, 225–262 (1939).

LOO, Y. T.: The forebrain of the opossum, *Didelphis virginiana*. Part II. Histology. J. Comp. Neurol., **52**, 1–148 (1931).

MARTIN, G. F., and E. G. HAMEL, Jr.: The Striatum of the Opossum, *Didelphis virginiana*. Description and Experimental Studies. J. Comp. Neurol., **131** (4), 491–516 (1967).

MCLARDY, T.: Projection of the center medial nucleus of the human thalamus. Brain. **71**, 290–303 (1948).

MEDOFF, S.: Avian neostriatum. A neuroanatomical investigation. Unpublished Master's thesis. (1970).

METTLER, F. A.: Fiber connections of the corpus striatum of the monkey and baboon. J. Comp. Neurol., **82**, 169–204 (1945).

MONAKOW, C. v.: Experimentelle und pathologisch-anatomische Untersuchungen über die Haubenregion, den Sehhügel und die Regio subthalamica, nebst Beiträgen zur Kenntnis früh erworbener Groß- und Kleinhirndefecte. Arch. Psychiat. Nervenkr., **27**, 1–28, 386–478 (1895).

NAUTA, W. J. H., and W. R. MEHLER: Projections of the lentiform nucleus in the monkey. Brain Res., **1**, 3–42 (1966).

NIEUWENHUYS, R.: Further studies on the general structure of the actinopterygian forebrain. Acta Morph. Neerl. Scand., **6**, 65–79 (1964).

NORTHCUTT, G.: Discussion of phylogeny of amniote telencephalon. In Comparative and Evolutionary Aspects of the Vertebrate Central Nervous System. Ann. N. Y. Acad. Sci., **167**, 180–185 (1970).

PHILLIPS, R. E.: Evoked potential studies of the archistriatum and caudal neostriatum. J. Comp. Neurol., **127**, 89–100 (1966).

RAMÓN, P.: l'Encephale des Amphibiens. Bibliog. Anat. (Quoted from ARIËNS KAPPERS, *et al.*, Vol. 2, 1936, p. 1304) (1896).

ROSE, M.: Über die cytoarchitektonische Struktur des Vorderhirns der Vögel. J. Psychol. Neurol., **21**, 278 bis 352 (1914).

RÖTHIG, P.: Beiträge zum Studium des Zentralnervensystems der Wirbeltiere. IX. Über die Faserzüge im Zwischenhirn der Urodelen. Ztschr. mikr. anat. Forsch., **1**, 5–40 (1911).

RÖTHIG, P.: Beiträge zum Studium des Zentralnervensystems der Wirbeltiere X. Über die Faserzüge im Vorder- und Zwischenhirn der Anuren. Jahrb. f. Morphol. u. mikr. Anat.: Abt. 2, Zeitschr. f. mikr. anat. Forschung, Bd. **5**, 23–58 (1926).

RUBASCHKIN, W.: Zur Morphologie des Gehirns der Amphibien. Arch. mikr. Anat., **62**, 207–243 (1903).

SALTER, E. G.: A morphological study of the telencephalon of the South African clawed frog, *Xenopus laevis*. Ala. J. Med. Sci., **6**, 321–343 (1969).

SALTER, E. G.: Personal communication (1970).

SCHNITZLEIN, H. N., and E. C. CROSBY: The telencephalon of the lungfish, *Protopterus*. J. für Hirnforsch., **9**, 105–149 (1967).

SCHNITZLEIN, H. N., and E. C. CROSBY: The epithalamus and thalamus of the lungfish, *Protopterus*. J. für Hirnforsch., **10**, 351–371 (1968).

SCHOBER, W.: Vergleichende – anatomische Untersuchungen am Gehirn der larven und adulten Tiere von *Lampetra fluviatilis* (Linne, 1758) und *Lampetra planeri* (Bloch, 1784). J. f. Hirnforsch., **7**, 107–209 (1964).

SHELDON, R. E.: The olfactory tracts and centers in teleosts. J. Comp. Neurol., **22**, 177–339 (1912).

SHEPS, J. G.: The nuclear configuration and cortical connections of the human thalamus. J. Comp. Neurol., **83**, 1–56 (1945).

SHOWERS, M. J. C.: Correlations of medial thalamic nuclear activity with cortical and subcortical neuronal arcs. J. Comp. Neurol., **109**, 261–315 (1958).

SHOWERS, M. J. C.: The archistriatum in gallinaceous birds. Anat. Rec., **154**, 422 (1966).

SHOWERS, M. J. C., and M. HULTIN: Paleostriatum of the avian telencephalon. Anat. Rec., **160**, 497 (1968).

SHOWERS, M. J. C., and L. LOMBARDI: Avian hippocampal formation. Anat. Rec., **163**, 263 (1969).

SHOWERS, M. J. C., and P. LYONS: Avian nucleus isthmi and its relation to hippus. J. Comp. Neurol., **132**, 589–616 (1968).

SINGH, H. R.: Telencephalic nuclear areas in three Indian teleosts. Acta Anat., **73**, 463–480 (1969).

Söderberg, G.: Contributions to the forebrain morphology in amphibians. Acta. Zool., **3**, 65–121 (1922).

Spiegel, E.: Die Kerne im Vorderhirn der Säuger. Arb. neurol. Inst. Univ. Wien, **22**, 418–497 (1919).

Tsai, E.: The descending tracts of the thalamus and midbrain of the opossum, *Didelphis virginiana*. J. Comp. Neurol., **39**, 217–248 (1925).

Vidal, F.: Pallidohypothalamic tract, or X bundle of Meynert, in the rhesus monkey. Arch. Neurol. Psychiat., **44**, 1219–1239 (1940).

Walberg, F.: Über die sogenannte „zentrale Haubenbahn". Arch. Psychiat. Nervenkr., **193**, 252–260 (1955).

Woodburne, R. T., E. C. Crosby, and R. E. McCotter: The mammalian midbrain and isthmus regions. Part II. The fiber connections. A. The relations of the tegmentum of the midbrain with the basal ganglia in *Macaca mulatta*. J. Comp. Neurol., **85**, 67–92 (1946).

Wright, Joye D.: The telencephalon of the bichir, *Polypterus*. Ala. J. Med. Sci., **4**, 252–273 (1967).

Yoss, R.: Experimental torticollis in the monkey. Anat. Rec., **115**, 419 (1953).

The author's adress:

Dr. H. N. Schnitzlein
Department of Anatomy
University of Alabama
Birmingham, Alabama 35233

The First Department of Anatomy, Hirosaki University School of Medicine, Hirosaki, Aomori-ken, Japan
(Direktor: Prof. T. YAMADORI)

An Experimental Anatomical Study of the Fasciculus Mamillothalamicus in Rats

By

TAKASHI YAMADORI

With 1 table and 6 figures

Introduction

Although there are a number of works on the efferent fibers of the mamillary body in rats, there still exists no concurrence on the distribution of efferent fibers of this structure. For the first step in investigating efferent fasciculi of the mamillary body, the author decided to take up the mamillothalamic fasciculus which is the most conspicuous fiber bundle of this structure. Therefore, the purpose of this paper is to clarify the more precise composition of this fasciculus, that is to say the internuclear connection between the mamillary body and the anterior nuclei of the thalamus, by the experimental and anatomical method using modified Nauta-Gygax technique (1954).

Materials and Methods

Male and female white rats weighing 120—300 g were used. The lesions were placed in the mamillary body by the insertion of a thin needle. Animals were fixed on the stereotaxic apparatus under ether anesthesia, and the needle was inserted either from the parietal region through the calvarium or from the basal region of the skull through the cervical area. To injure the mamillary body from the parietal region, a small hole was drilled on the calvarium at the point 2 mm rostral from the lambda and 2 mm lateral from the sagittal suture and a thin straight needle was inserted medialward with a 10 degree angle of inclination from the midsagittal plane until it reached the cranial basis. For the insertion of a needle from the cranial basis, the skin of the ventral cervical area was incised at the median line and the trachea and arteries were pulled aside by a retractor to expose the bone and a hole was drilled at the occipital end of the basisphenoid bone. The animals were sacrificed on the sixth day after the operation by vascular perfusion with 10 per cent formol solution, and the brains were fixed in a 10 per cent formol solution for more than two weeks. The fixed brains were then cut frontally, horizontally and sagittally in serial sections at 30 μ. Every fourth section of the whole series was stained with modified Nauta-Gygax technique (1954) for the identification of degenerating nerve fibers.

Results

The degree of the injury of the mamillary nucleus and the distribution of degenerating nerve fibers in the anterior thalamic nuclei are shown on the Table 1. The first 17 cases are the successful ones in the operation and the 2 cases in which the lesion was not successfully produced in the mamillary body are used as controls. These 17 cases can be classified into 9 types according to degree and location of the lesion (fig. 1). The first type is the one in which the unilateral mamillothalamic fasciculus was injured by the needle, so that the result in the anterior nuclei is considered to be quite the same as a case in which all the unilateral mamillary nuclei were destroyed. In these cases degenerating nerve fibers are seen in all the ipsilateral anterior thalamic nuclei (nucleus anterior medialis, nucleus anterior ventralis and nucleus anterior dorsalis) as well as in the contralateral dorsal anterior nucleus. In this group No. 183 is the case in which a part of the contralateral posterior mamillary nucleus was also injured, and a few degenerating fibers are recognized in the medial and ventral anterior nuclei on the contra-

The Site of Lesions and Distribution of Degenerating Nerve Fibers

No.	Direction of Section	Side	Lesion mmm	Lesion mml	Lesion ml	Lesion mp	FMT	Am	Av	Ad
58	sagittal	ipsilat.	++				−	+	+	−
		contralat.	++				−	+	+	−
81	frontal	ipsilat.	+	+		++	+	+	+	+
		contralat.					−	−	−	+
86	horizontal	ipsilat.			++		−	+	−	+
		contralat.					−	−	−	+
89	sagittal	ipsilat.	++	+	+		+	+	+	+
		contralat.					−	−	−	+
94	frontal	ipsilat.	+			+	−	+	+	−
		contralat.				+	−	±	±	−
95	frontal	ipsilat.	+			+	−	+	+	−
		contralat.					−	−	−	−
97	horizontal	ipsilat.	+			+	−	+	+	−
		contralat.					−	−	−	−
99	frontal	ipsilat.				+	−	+	+	−
		contralat.					−	−	−	−
104	frontal	ipsilat.		+	++		+	+	+	+
		contralat.					−	−	−	+
105	frontal	ipsilat.	++	±		++	−	+	+	−
		contralat.				++	−	+	+	−
151	frontal	ipsilat.	++	+		+	+	+	+	+
		contralat.	+				−	+	+	+
182	frontal	ipsilat.	++				+	+	+	+
		contralat.					−	−	−	+
183	frontal	ipsilat.	++			+	+	+	+	+
		contralat.				+	−	±	±	+
185	frontal	ipsilat.		++			+	+	+	+
		contralat.					−	−	−	+
187	frontal	ipsilat.		+	+		(±)	+	+	+
		contralat.					−	−	−	+
192	frontal	ipsilat.	++				−	++	++	−
		contralat.	++				−	+	+	−
194	frontal	ipsilat.		±			+	+	±	+
		contralat.					−	−	−	+
Controls										
101	frontal	ipsilat.	(midbrain and Nucl.				−	−	−	−
		contralat.	interpduncularis)				−	−	−	−
188	frontal	ipsilat.	(lateral hypothalamic				−	−	−	−
		contralat.	area)				−	−	−	−

lateral side. However, these degenerating nerve fibers are much more in all the ipsilateral anterior nuclei as well as in the contralateral dorsal anterior nucleus than in the contralateral medial and ventral anterior nuclei (fig. 6-7, 8), so that their distribution pattern is similar to this first type. This is the reason why this case is included in this category. The second type comprises only one case (No. 151). This is the type in which the unilateral mamillothalamic fasciculus and the medial part of the contralateral medial mamillary nucleus were injured. In this case degenerating nerve fibers are seen in all the bilateral anterior nuclei of the thalamus. When the result in this case is compared with that of the former type, it is evident that the medial part of the medial mamillary nucleus exports fibers to both the medial and ventral anterior nuclei of the thalamus on the same side. The third type is a case (No. 86) in which the unilateral lateral mamillary nucleus was injured, and degenerating nerve fibers are seen in the bilateral dorsal anterior nuclei (fig. 6-5, 6) as well as in the ipsilateral medial anterior nucleus. In other words the lateral mamillary nucleus

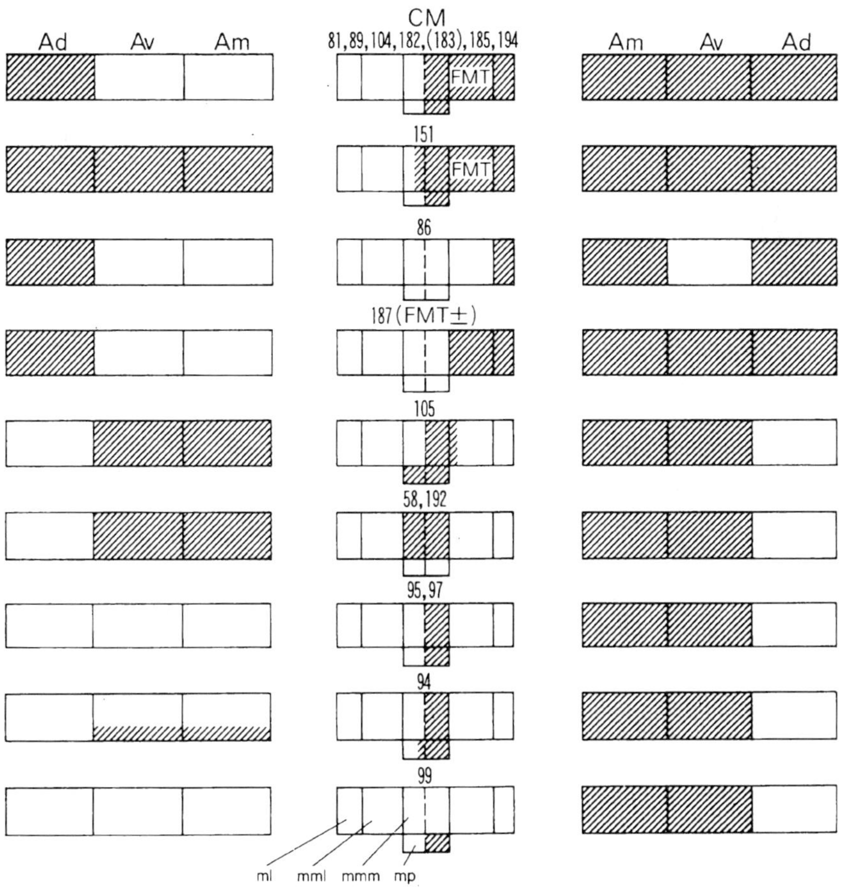

Fig. 1. Diagram of lesions in the mamillary body and degenerating nerve fibers in the bilateral anterior thalamic nuclei. The hatched area shows the injured part of the mamillary nuclei and the distribution of degenerating nerve fibers in the anterior thalamic nuclei.

projects fibers to the bilateral dorsal anterior nuclei and also to the ipsilateral medial anterior nucleus. The fourth type is a case (No. 187) in which both the unilateral lateral mamillary nucleus and the lateral part of the medial mamillary nucleus were injured. In this case it cannot be decided whether the mamillothalamic fasciculus was affected by the needle or not. Degenerating nerve fibers are seen in all the ipsilateral anterior nuclei and in the contralateral dorsal anterior nucleus, and this result is exactly the same as the cases of the first type in which the mamillothalamic fasciculus was injured. If the fasciculus was truly injured, this case should be included in the first type. However, if the fasciculus were not injured, the result indicates that the lateral part of the medial mamillary nucleus projects fibers at least to the ventral anterior nucleus of the thalamus on the same side. As no case was obtained in which only the lateral part of the nucleus was selectively injured, it can not be ascertained whether this part of the nucleus also projects fibers to the medial anterior nucleus of the thalamus or not. The fifth type also comprises only one case (No. 105) in which four nuclei were injured, namely: the medial part of the unilateral medial mamillary nucleus and the neighbouring area of the lateral part of the same nucleus as well as the bilateral posterior mamillary nuclei. Degenerating nerve fibers are observable in the bilateral ventral and medial anterior nuclei. The sixth type comprises two cases (No. 58 and No. 192) in which the medial parts of the bilateral medial mamillary nuclei were injured (fig. 6-1) and the distribution of degenerating nerve fibers are exactly the same as the former type, namely, they are seen in the bilateral ventral and medial anterior nuclei (fig. 6-3, 4). The seventh type includes also two cases (No. 95 and No. 97) in which the unilateral medial part of the medial mamillary nucleus and

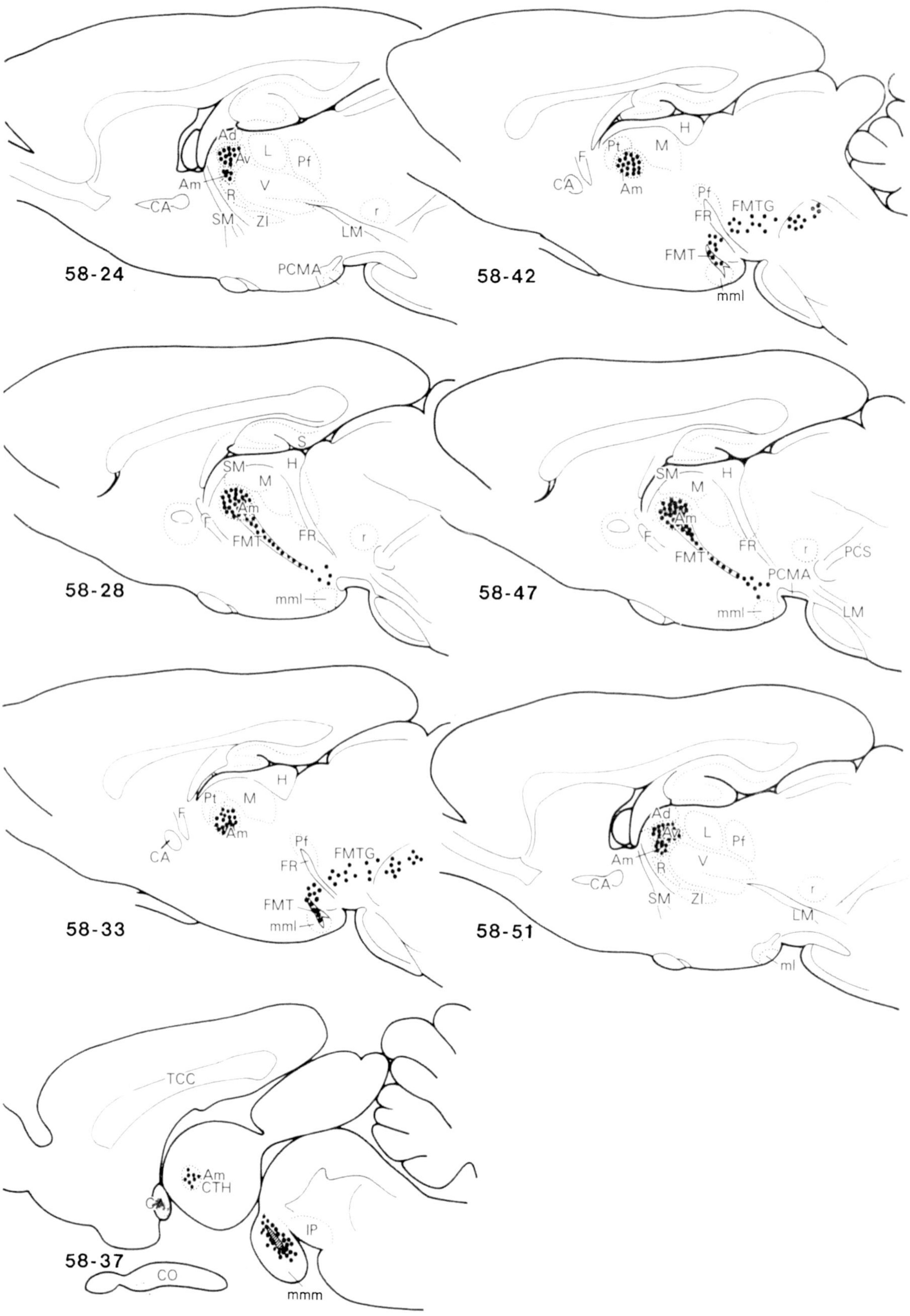

Fig. 2. Lesion (a hatched portion) and degenerating nerve fibers (dots) in a sagittally sectioned case (No. 58).

posterior mamillary nucleus were injured. In these two cases degenerating nerve fibers are seen only in the ipsilateral ventral and medial anterior nuclei. The eighth type (No. 94) is very much like the seventh type except that a part of the posterior mamillary nucleus on the contralateral side was injured and a few degenerating nerve fibers are seen in the ventral and medial anterior nuclei on the contralateral side. The ninth type comprises a rare case (No. 99) in which only the unilateral posterior mamillary nucleus was selectively injured, and degenerating nerve fibers are seen in the ipsilateral ventral and medial anterior nuclei. Reviewing the results of the last four types (sixth to ninth types), it is conspicuous that both the medial part of the medial mamillary nucleus and the posterior mamillary nucleus project fibers to the ventral and medial anterior nuclei of the same side.

Among the above mentioned cases, No. 58 is picked up as the typical one in the sagittally sectioned cases, No. 86 in the horizontally sectioned cases, and No. 187 in the frontally sectioned cases. These are shown in Figure 2, Figure 3 and Figure 4 respectively. Fig. 2 shows case No. 58 sagittally sectioned from the left to the right side. Degenerating nerve fibers are seen first in the medial and ventral anterior nuclei and then in the mamillothalamic fasciculus (See also fig. 6-2) and medial anterior nucleus. In the section near the midsagittal plane these fibers are seen only in the medial anterior nucleus as the other nuclei of the anterior group disappear. In the fourth section of the figure which is very close to the midsagittal plane, a lesion is seen in the median and conjugational portion of the medial parts of the bilateral medial mamillary nuclei and degenerating nerve fibers are seen in the medial anterior nucleus and in the thalamic commissure. In the sections on the right side, the distribution of degenerating nerve fibers is quite the same as in the sections on the left side. This shows the symmetrical distribution of degenerating nerve fibers in this case. In the horizontally sectioned No. 86 (fig. 3), the lesion is evidently restricted to the unilateral lateral mamillary nucleus and degenerating nerve fibers are seen in the ipsilateral mamillothalamic fasciculus. These fibers can also be traced into the ipsilateral medial anterior nucleus and thalamic commissure in the more dorsal section and also into the bilateral dorsal anterior nuclei in the most dorsal section in this figure. In other words this figure indicates that the lateral mamillary nucleus

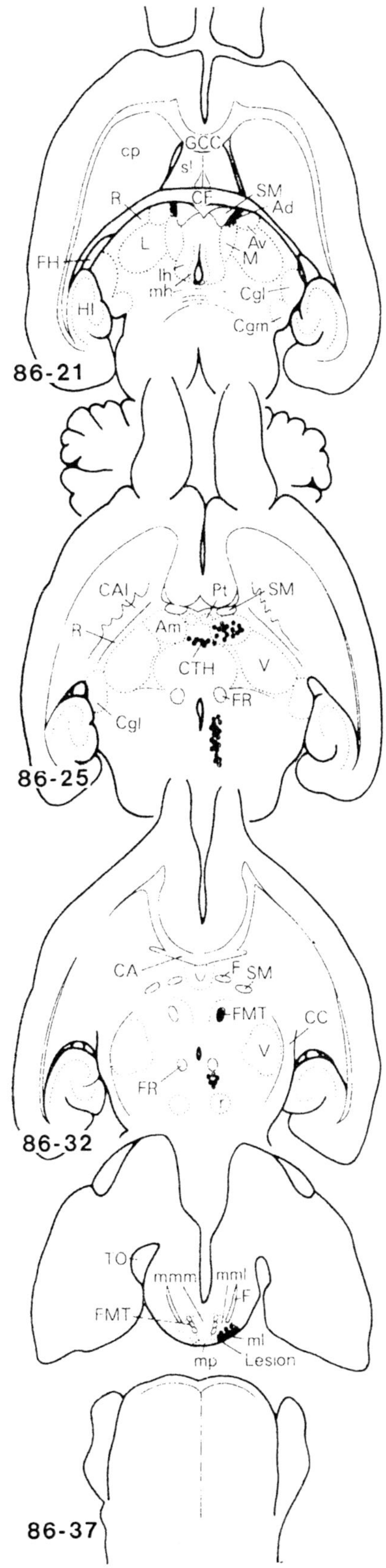

Fig. 3. Lesion (a black mass) and degenerating nerve fibers (dots) in a horizontally sectioned case (No. 86).

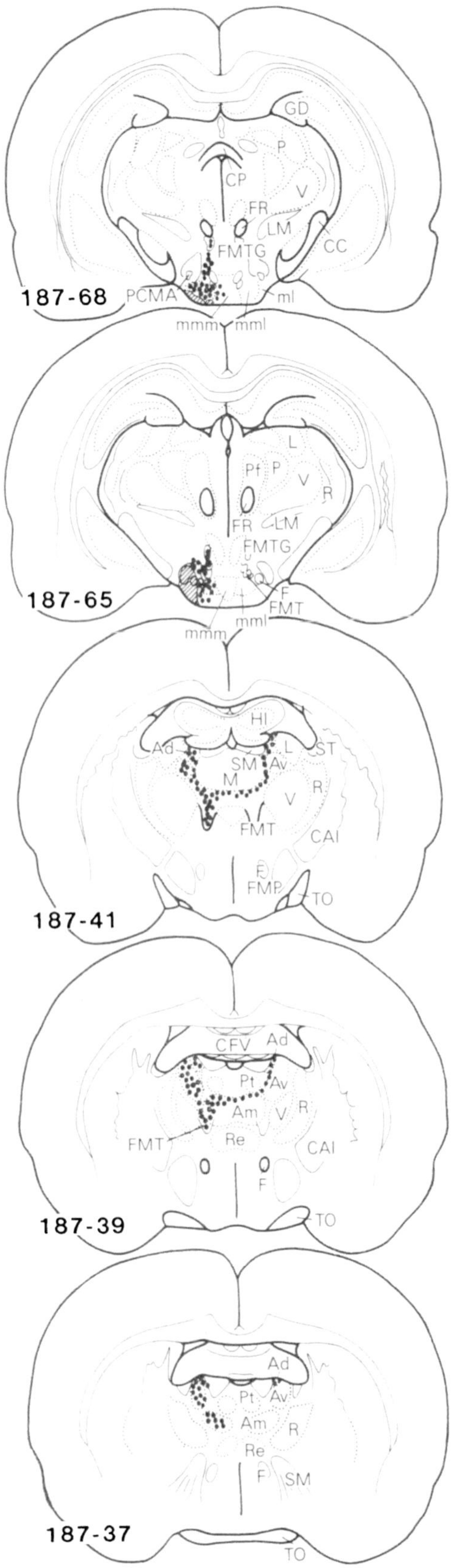

Fig. 4. Lesion (hatched portions) and degenerating nerve fibers (dots) in a frontally sectioned case (No. 187).

projects fibers to the bilateral dorsal anterior nuclei of the thalamus passing through and probably affording some of fibers to the medial anterior nucleus on the same side. The fibers to the contralateral dorsal mamillary nucleus reach the nucleus via the thalamic commissure after passing through the ipsilateral medial anterior nucleus. The nerve cells in the lateral mamillary nucleus are the largest in the mamillary body and their size is similar to those of the dorsal anterior nucleus of the thalamus. This fact also suggests the close relationship between these two nuclei. Fig. 4 shows frontally sectioned No. 187. In this case the unilateral lateral mamillary nucleus and the lateral part of the medial mamillary nucleus were injured to a large extent. When degenerating nerve fibers are traced in the rostral direction, these fibers are first seen in the ipsilateral mamillo-thalamic fasciculus, then in the thalamic commissure and bilateral dorsal anterior nuclei as well as in the ipsilateral ventral anterior nucleus. In the more rostral sections these fibers are seen in the ipsilateral medial and ventral anterior nuclei, but not in these nuclei on the contralateral side. As the lesion is quite large in this case, there is a slight possibility that the mamillothalamic fasciculus is also affected. If this possibility can be neglected, this case shows that the lateral part of the medial mamillary nucleus sends fibers at least to the ipsilateral ventral anterior nucleus.

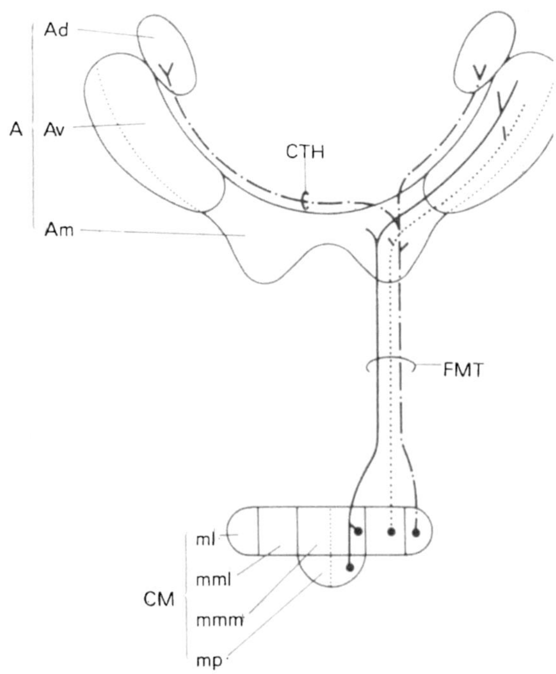

Fig. 5. Components of the fasciculus mamillothalamicus.

The results are summarized in the schema (figure 5). Fibers from the medial part of the medial mamillary nucleus and posterior mamillary nucleus project to the ipsilateral ventral anterior nucleus and also to the medial anterior nucleus. Fibers from the lateral part of the medial mamillary nucleus terminate in the ventral anterior nucleus and possibly in the medial anterior nucleus on the ipsilateral side. Although the fibers to the latter nucleus were not ascertained in this experiment, it is so inferred since the fibers to the ventral anterior nucleus from the medial part of the nucleus or from the posterior mamillary nucleus pass through this nucleus affording some terminal fibers. The lateral mamillary nucleus provides fibers to the bilateral anterior nuclei and also to the ipsilateral medial anterior nucleus. In this case the fibers to the contralateral nucleus reach the distination via the thalamic commissure.

Discussion

It has been a well known fact that the mamillary body projects fibers to the anterior nuclei of the thalamus even in other kinds of animals than rats, as TSAI (1925), YAMAGATA (1927), RIOCH (1931a, b), PAPEZ (1932), PAPEZ and ARONSON (1934), KOIKEGAMI (1938), ALLEN (1944), TONCRAY and KRIEG (1946), CLARK and MEYER (1949), COWAN and POWELL (1954), POWELL et al. (1957), KOIZUKA (1961), CRAGG (1961), ZYO et al. (1963) and FRY et al. (1963) reported. In rats, GURDJIAN (1927) reported that the medial nucleus of the mamillary body is connected with the ventral and medial anterior nuclei of the thalamus. In 1932, LE GROS CLARK documented that the mamillothalamic fasciculus of the rat terminates in all the anterior thalamic nuclei on the ipsilateral side and also in the dorsal anterior nucleus on the contralateral side. KOIKEGAMI (1938) reported that the mamillary body sends fibers mainly to the lateral part of the anterior nuclei of the thalamus. KRIEG (1944, 1947) stated that the mamillothalamic fasciculus ends in the whole division of the anterior nucleus and COMBS (1951) had the opinion that the fibers of the mamillothalamic fasciculus terminate in the anteroventral and anteromedial nuclei. Among these reports on the mamillothalamic fasciculus, LE GROS CLARK's report (1932) seems the most similar to the present report of the author, although he did not describe the internuclear connection between these two structures; in other words he did not comment on the precise composition of the fasciculus. Reviewing the reports on other kinds of animals, only the one by COWAN and POWELL (1954) in rabbits seems to be similar to the author's. They reported that the lateral mamillary nucleus sends fibers to the ipsilateral dorsal anterior nucleus, the posterior mamillary nucleus to the ventral anterior nucleus and the medial mamillary nucleus to the medial anterior nucleus on the same side. Although the distribution of fibers from the lateral mamillary nucleus is the same as the author's as far as the ipsilateral side is concerned, there is some difference in the distribution of fibers from the medial and posterior mamillary nuclei. The finding by FRY et al. in cats (1963) is much like the author's. He stated that all the fibers of the mamillothalamic fasciculus end in all the anterior nuclei of the thalamus on the ipsilateral side as well as in the dorsal anterior nucleus on the contralateral side. However, he did not describe the precise composition of the fasciculus. KOIZUKA's report (1961) is supposed to be a very precise one on the efferent fibers of the mamillary body. He stated that the fibers from the medial part of the medial mamillary nucleus terminate in the ipsilateral ventral and medial anterior nuclei of the thalamus, the fibers from the lateral part of the medial mamillary nucleus terminate in the ventral and dorsal anterior nuclei on the ipsilateral side and a part of them terminate in the dorsal anterior nucleus on the contralateral side. He also documented that the fibers from the intercalated mamillary nucleus, which supposedly corresponds to the lateral mamillary nucleus of the author, terminate in the bilateral dorsal anterior nuclei. Although he did not describe the fibers from the posterior mamillary nucleus, his findings are very similar to FRY et al. 's report on cats and also to the author's except for the distribution of degenerating nerve fibers from the lateral part of the medial mamillary nucleus. CRAGG (1961) and ZYO et al. (1963) also reported on the mamillothalamic fasciculus, but theirs are not so detailed as to analize the components of the fasciculus.

Among the 17 total cases examined in this study, the first 10 cases (No. 58—105) are ones in which the lesion was produced by the insertion of the needle from the calvarium. The last 7 cases (No. 151—194) are ones in which the lesion was produced by the insertion of the needle from the cranial basis. In cases in which the needle was inserted from the parietal region, many structures or nuclei were injured by the passage of the needle,

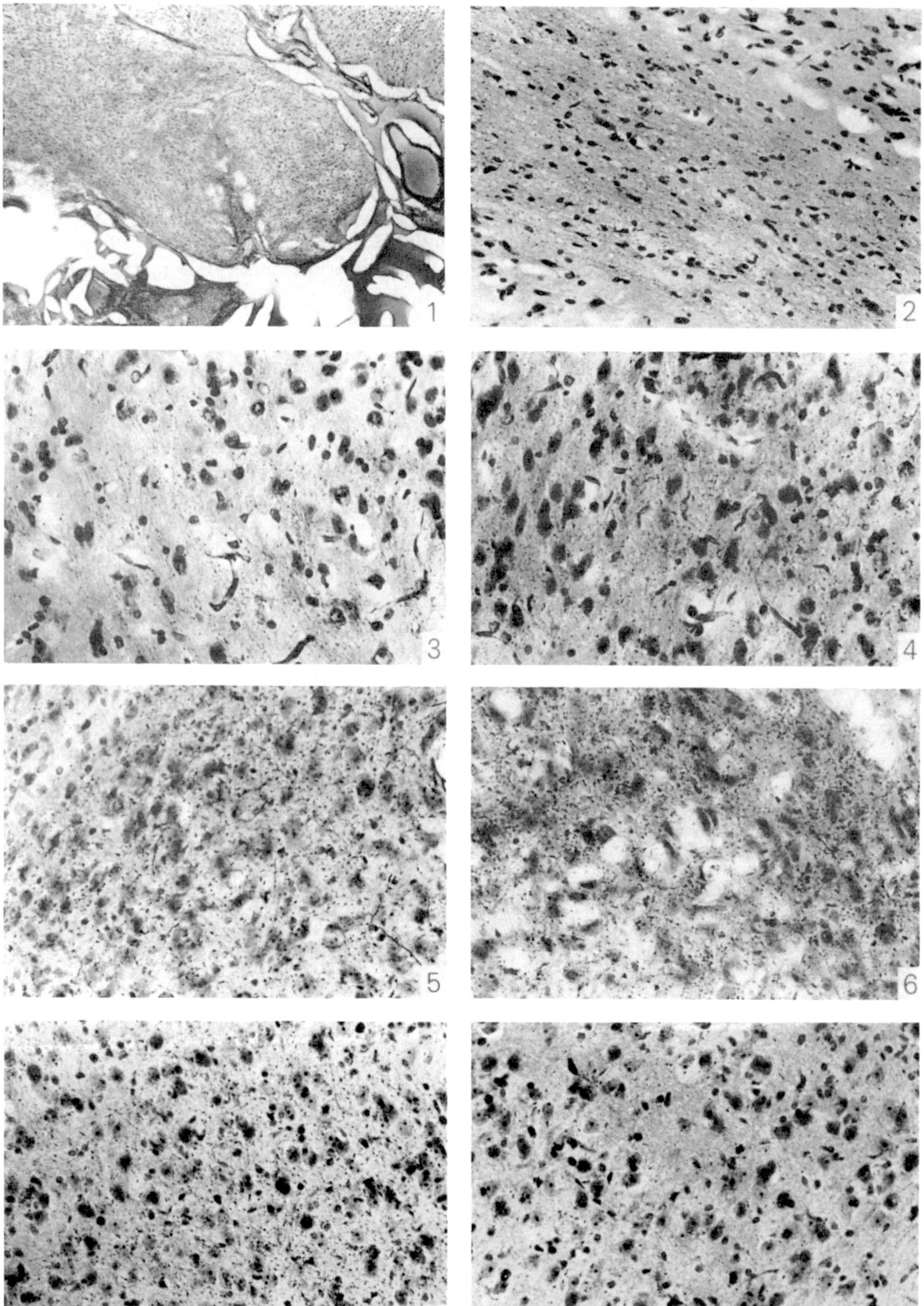
1
2
3
4
5
6
7
8

but when the results of these 10 cases are compared to those of the other 7 cases and controls, no evidence can be found that the injury of the thalamus or other structures due to the needle insertion exerted any kind of effect on the anterior nuclei of the thalamus as far as the distribution of degenerating nerve fibers is concerned. In cases in which the needle was inserted from the cranial basis the possibility of injuring the neighbouring area of the mamillary body was slight, although there was always a possibility of injuring the mamillothalamic fasciculus in company with the mamillary body. Therefore, it is extremely difficult to destroy a specific nucleus of the mamillary body selectively without injuring the mamillothalamic fasciculus or other structures of the brain. However, when these results are summarized comparing to those of controls, it can be concluded that the anterior nuclear group of the thalamus receives no fiber from the posterior portion of the diencephalon except the mamillary body.

The commissural fibers of the mamillothalamic fasciculus have been described by YAMAGATA (1927) in rabbits. He stated that the termination of crossed fibers are the same as that of uncrossed fibers. LE GROS CLARK (1932) concluded that the fibers to the dorsal anterior nucleus on the contralateral side cross at the thalamic commissure in rats. This results by LE GROS CLARK agrees very much with that of the present work by the author. KOIZUKA (1961) documented that the intercalated nucleus, which probably corresponds with the lateral mamillary nucleus of the author, affords fibers to the bilateral dorsal anterior nuclei. However, his finding that the nucleus parvocellularis corporis mamillaris, which probably corresponds to the author's lateral part of the medial mamillary nucleus, sends fibers to the bilateral dorsal anterior nuclei, does not agree with the results in this paper. Among the literature cited here the one by LE GROS CLARK (1932) is the most similar to the present work, so it seems certain that the fibers from the lateral mamillary nucleus terminate in the bilateral dorsal anterior nuclei of the thalamus. It is also an interesting fact that the size of the nerve cells in the lateral mamillary nucleus and dorsal anterior nucleus are very similar, as is already stated. As far as the cell size is concerned, the smallest cells are seen in the lateral part of the medial mamillary nucleus in the mamillary body and in the ventral anterior nucleus in the anterior nuclei of the thalamus. Although it was determined that these two nuclei are connected, the specific fiber bundle that particularly connects these two nuclei was not observed, as a case in which only the lateral part of the medial mamillary nucleus had been injured was not obtained. Although various kinds of fibers terminate in the ventral anterior nucleus, these fibers have a tendency to end mainly in the dorsomedial portion of the nucleus rather than in the ventrolateral portion. The medial anterior nucleus that contains medium sized cells compared to the other two nuclei of the anterior group seems to be the site where fibers from the mamillothalamic fasciculus first enter, because degenerating nerve fibers are always recognized in this nucleus whenever they are included in the ipsilateral mamillothalamic fasciculus. The majority of these fibers are supposed to be transient ones but a few of them may terminate in the nucleus.

Summary and Conclusions

The following results were obtained by tracing degenerating nerve fibers of the mamillothalamic fasciculus by modified Nauta-Gygax technique (1954) after producing a lesion in a nucleus of the mamillary body by the insertion of a needle either from the calvarium or from the cranial basis. The animals used were male or female adult rats weighing 120 to 300 g.

1. The fibers from the lateral mamillary nucleus terminate in the bilateral dorsal anterior nuclei of the thalamus. The fibers to the ipsilateral dorsal anterior nucleus pass through the medial anterior nucleus providing fibers, while the fibers to the contralateral side reach the nucleus via the thalamic commissure.

2. The fibers from the lateral part of the medial mamillary nucleus terminate in the ventral anterior

←

Fig. 6. (1) Lesion in the median conjugational portion of the medial parts of the bilateral medial mamillary nuclei. No. 58, ×62. (2) Degenerating fibers in the fasciculus mamillothalamicus. No. 58, ×222. (3) Degenerating fibers in the medial anterior nucleus. No. 58, ×310. (4) Degenerating fibers in the ventral anterior nucleus. No. 58, ×310. (5) Degenerating fibers in the contralateral dorsal anterior nucleus. No. 86, ×310. (6) Degenerating fibers in the ipsilateral dorsal anterior nucleus. No. 86, ×310. (7) Degenerating fibers in the ipsilateral ventral anterior nucleus. No. 183, ×310. (8) Degenerating fibers in the contralateral ventral anterior nucleus. No. 183, ×310.

nucleus of the same side, probably providing some fibers to the ipsilateral medial anterior nucleus en route to the destination.

3. The medial part of the medial mamillary nucleus projects to the medial and ventral anterior nuclei on the ipsilateral side.

4. The fibers from the posterior mamillary nucleus end in the medial and ventral anterior nuclei like the medial part of the medial mamillary nucleus.

5. In the ventral anterior nucleus, the incoming fibers have a tendency to terminate mainly in the dorsomedial portion rather than in the ventrolateral portion.

Zusammenfassung

Nach experimentellen Läsionen der verschiedenen Kerne des Corpus mamillare konnten folgende Faserdegenerationen im Tractus mamillo-thalamicus mit Hilfe der modifizierten Nauta-Gygax-Methode gefunden werden.

1. Die Fasern aus dem Nucleus mamillaris lateralis enden in den beiden Nuclei anteriores dorsales des Thalamus und auch im Nucleus anterior medialis auf der gleichen Seite.

2. Die Fasern aus dem äußeren Teil des Nucleus mamillaris medialis enden im Nucleus anterior ventralis auf der gleichen Seite. Wahrscheinlich sendet dieses Faserbündel auch Zweige zum Nucleus anterior medialis.

3. Aus dem inneren Teil des Nucleus mamillaris medialis verlaufen die Fasern homolateral zum Nucleus anterior medialis und Nucleus anterior ventralis.

4. Die Fasern aus dem Nucleus mamillaris posterior enden ebenfalls im Nucleus anterior medialis und Nucleus anterior ventralis.

5. Im Nucleus anterior ventralis gibt es eine Tendenz, daß die eintretenden Fasern mehr im dorsomedialen als im ventrolateralen Teil enden.

Abbreviations

A	Anterior thalamic nuclei
Ad	Nucleus anterior dorsalis
Am	Nucleus anterior medialis
Av	Nucleus anterior ventralis
CA	Commissura anterior
CAI	Capsula interna
CC	Crus cerebri
CF	Commissura fornicis
CFV	Commissura fornicis ventralis
Cgl	Corpus geniculatum laterale
Cgm	Corpus geniculatum mediale
CM	Corpus mamillare
CO	Chiasma opticum
CP	Commissura posterior
cp	Nucleus caudatus putamen
CTH	Commissura thalami
F	Fornix
FH	Fimbria hippocampi
FMP	Fasciculus medialis prosencephali
FMT	Fasciculus mamillothalamicus
FMTG	Fasciculus mamillotegmentalis
FR	Fasciculus retroflexus
GCC	Genu corporis callosi
GD	Gyrus dentatus
H	Habenula
HI	Hippocampus
IP	Nucleus interpeduncularis
L	Nucleus lateralis thalami
lh	Nucleus lateralis habenulae
LM	Lemniscus medialis
M	Nucleus medialis thalami
mh	Nucleus medialis habenulae
ml	Nucleus mamillaris lateralis
mml	Nucleus mamillaris medialis, Pars lateralis
mmm	Nucleus mamillaris medialis, Pars medialis
mp	Nucleus mamillaris posterior
P	Nucleus posterior thalami
PCMA	Pedunculus corporis mamillaris
PCS	Pedunculus cerebellaris superior
Pf	Nucleus parafascicularis
Pt	Nucleus paratenialis
R	Nucleus reticularis thalami
r	Nucleus ruber
Re	Nucleus reuniens
S	Subiculum
sl	Nucleus septi lateralis
SM	Stria medullaris thalami
ST	Stria terminalis
TCC	Truncus corporis callosi
TO	Tractus opticus
V	Nucleus ventralis thalami
ZI	Zona incerta

Literature

ALLEN, W. F.: Degeneration in the dog's mamillary body and ammon's horn following transsection of the fornix. J. Comp. Neur. **80**, 283—292 (1944).

CLARK, W. E., LE GROS: The structure and connection of the thalamus. Brain **55**, 406—470 (1932).

CLARK, W. E., LE GROS and M. MEYER: Anatomical relationship between the cerebral cortex and the hypothalamus. Brit. Med. Bull. **6**, 341—345 (1949).

COMBS, C. M.: The distribution and temporal course of fiber degeneration after experimental lesions in the rat brain. J. Comp. Neur. **94**, 123—176 (1951).

COWAN, W. M., and T. P. S. POWELL: An experimental study of the relation between the medial mamillary nucleus and the cingulate cortex. Proc. Royal Soc. London. Series B. **143**, 114—125 (1954).

CRAGG, B. G.: The connection of the habenula in the rabbit. Exp. Neurol. **3**, 308—409 (1961).

FRY, W. J., et al.: Origins and distributions of some efferent pathways from the mamillary nuclei of the cat. J. Comp. Neur. **120**, 195—258 (1963).

GURDJIAN, E. S.: The diencephalon of the albino rat. J. Comp. Neur. **43**, 1—114 (1927).

KOIKEGAMI, H.: Die Kerne und Verbindungsbahnen des Corpus mamillare der Säugetiere. Z. mikrosk.-anat. Forsch. **44**, 131—162 (1938).

KOIZUKA, M.: An experimental-anatomical study of the efferent fibers from the mamillary body in the cat. Arbeiten aus der zweiten Abteilung des anatomischen Institutes der Universität zu Tokushima. **9**, 101—135 (1961).

KRIEG, W. J. S.: The medial region of the thalamus of the albino rat. J. Comp. Neur. **80**, 381—416 (1944).

KRIEG, W. J. S.: Connection of the cerebral cortex. I. The albino rat. C. Extrinsic connections. J. Comp. Neur. **86**, 267—394 (1947).

NAUTA, W. G. H., and P. A. GYGAX: Silver impregnation of degenerating axons in the central nervous system: a modified technique. Stain Technol. **29**, 91—93 (1954).

PAPEZ, J. W.: The thalamic nuclei of the nine-banded armadillo (tatusia nonemcinta). J. Comp. Neur. **56**, 49—103 (1932).

PAPEZ, J. W., and L. R. ARONSON: Thalamic nuclei of Pithecus (Macacus rhesus). I. Ventral thalamus. Arch. Neurol.-Psychiatr. **32**, 1—26 (1934).

POWELL, T. P. S., R. W. GUILLERY and W. M. COWAN: A quantitative study of the fornix-mamillo-thalamic system. J. Anat. (London) **91**, 419—437 (1957).

RIOCH, D. M.: Studies on the diencephalon of carnivora. Part III. J. Comp. Neur. **53**, 319—388 (1931a).

RIOCH, D. M.: A note on the centre median nucleus of Luys. J. Anat. (London) **65**, 324—327 (1931b).

TONCRAY, J. E., and W. J. S. KRIEG: The nuclei of the human thalamus: a comparative approach. J. Comp. Neur. **85**, 421—460 (1946).

TSAI, C.: The descending tracts of the thalamus and midbrain of the opossum, didelphis virginiana. J. Comp. Neur. **39**, 217—248 (1925).

YAMAGATA, K.: Ueber die Verbindungsbahnen des Corpus mamillare. II. Fasciculus mamillo thalamicus (Vicq d'Azyrsches Bündel). Okayama Med. J. **39**, 136—152 (1927).

ZYO, K., T. OKI and T. BAN: Experimental studies on the medial forebrain bundle, medial longitudinal fasciculis and supraoptic decussations on the rabbit. Med. J. of Osaka Univ. **13**, 193—239 (1963).

The author's adress:

Prof. Dr. T. YAMADORI
Hirosaki University School of Medicine
Department of Anatomy
Aomori-ken, Japan

Institute of the Brain, U.S.S.R. Academy of Medical Sciences, Moscow
(Director: Prof. Dr. G. SMIRNOW)

Some Morphological Aspects of the Integrating Activity of the Cerebral Cortex

By

G. I. POLIAKOV

With 14 figures

(Received October 18, 1971)

In the present communication we are going to discuss in brief some fragments of the neuronal organization of the cortex which are in our opinion of great importance for the understanding of mechanisms of functioning of this structurally most highly organized part of the brain.

Proceeding from the synthetic conception of the cortical construction, the latter may be considered to be a sum total of definite, hierarchically subordinated complexes of neurons and systems of connections closed through them. We mean here two closely conjugated and interrelated features of complication of the cortex in phylogeny and ontogeny. Thus a "logical" interrelationship is established between the inner differentiation of the cortex into layers and its external differentiation into architectonic regions and fields. There is a definite correspondence between the relations in development of different complexes of neurons and hierarchy of groups of fields differing in their functional significance.

In general, three types of central nervous organization can be distinguished, namely the reticular type of the structure which phylogenetically represents the most ancient and starting basis for more complexly differentiated types; the nuclear type of the structure which is characteristic in particular of transit switching stations in the analyser systems; and finally the cortical layered type of the structure which represents the most intricately organized system of parallel and series neuronal switches.

The greater part of the reticular formation (fig. 1) is characterized by a more or less scattered arrangement of rarely branched neurons typical of it. In contrast to this, the relay nuclei along the most important analyser (afferent) systems are usually distinguished by a concentrated and compact arrangement of assemblies of densely branched neurons which form these nuclei together with their afferent and efferent projections.

To elucidate the establishment of the layered formations of the cortical type it is important to point out the distinct similar features in the fine structure of the neurons of the cortex and subcortical ganglia of the cerebral hemispheres (LEONTOVICH, 1968a & b). This structural similarity bears witness to the common origin of the end-brain formations in the vertebrate evolution. What they significantly differ in is mainly the arrangement of the corresponding complexes of neurons and zones of synaptic junctions, namely nuclear distribution in the subcortical ganglia and arrangement in layers in the cortex.

The transition from the subcortical level to a higher level of the cortical construction is followed by a reorganization of the whole composition of neuronal ensembles with all their inputs, outputs and intracentral connections.

Two genetically and organizationally intimately related features which are especially typical of the cortical type of the structure make it specifically distinct from the reticular and nuclear formations. The features in question emerge in the vertebrate evolution at the earliest stage of the ancient or semiseparated cortex to use FILIMONOV's classification (1949). We mean here development of bundles of tangential fibres of the zonal layer (I) which are situated under the surface of the hemisphere as well as emergence of a specific cortical unit — pyramidal neuron; the latter represents a kind of core on which the whole cortical construction is built. Ramon-y-Cajal named it a "psychic" neuron. By doing so he obviously wanted to

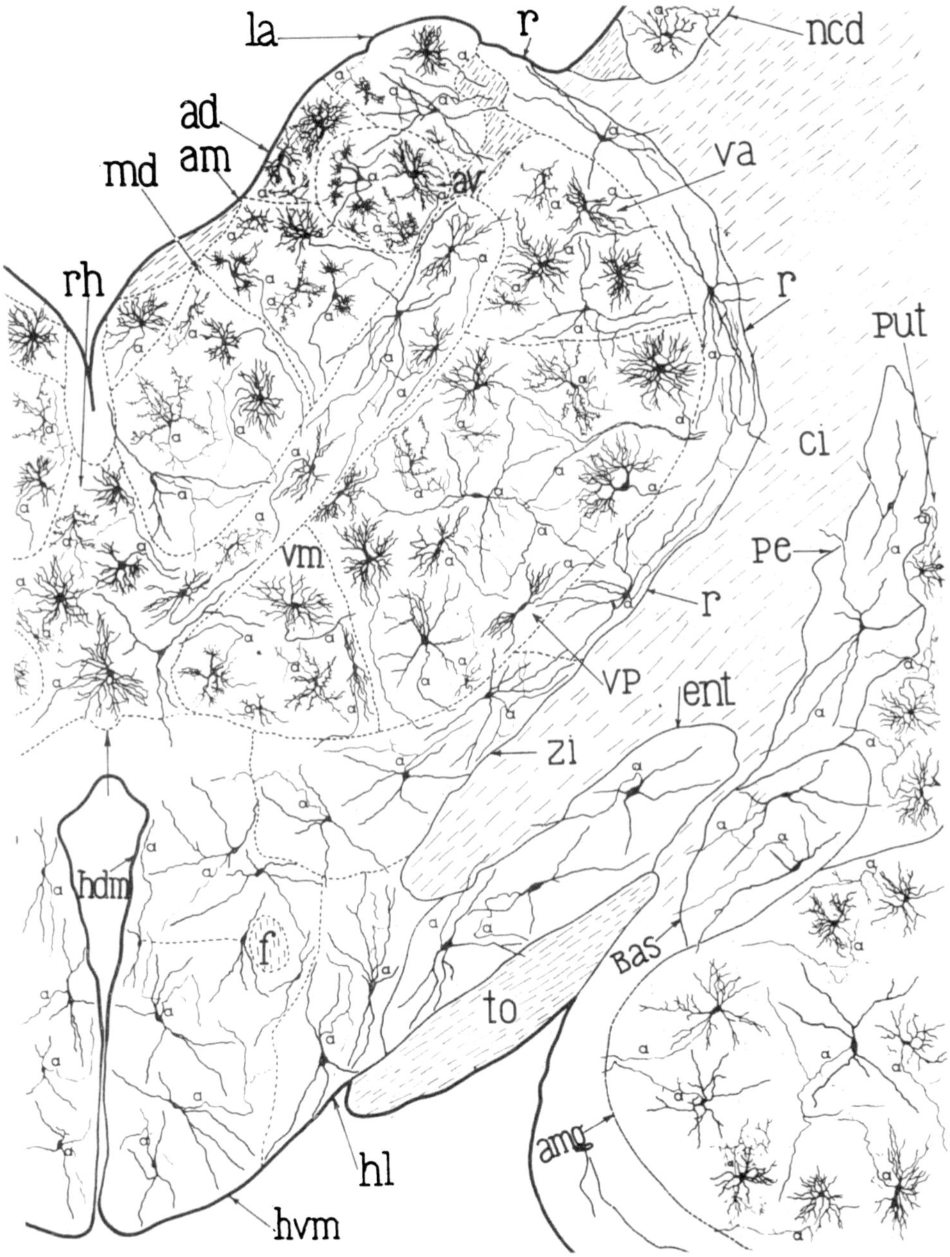

Fig. 1a. Neuronal structure of between-brain formations. ad — n. anterodorsalis thalami; am — n. anteromedialis thalami; amg — amygdala; av — n. anteroventralis thalami; bas — n. basalis Meynert; ci — capsula interna; cm — n. centralis medialis thalami; ent — n. entopeduncularis; f — fornix; hl — hypothalamus lateralis; hdm — n. dorsomedialis hypothalami; hvm — n. ventromedialis hypothalami; la — n. lateralis anterior thalami; md — n. mediodorsalis thalami; ncd — n. caudatus; pe — pallidum externum; put — putamen; r — n. reticularis thalami; rh — n. rhomboidalis thalami; to — tractus opticus; va — n. ventralis auterior thalami; vm — n. ventralis medialis thalami; vp — n. ventralis posterior thalami; zi — zona incerta. Canine brain. It will be seen that nuclei of the dorsal thalamus are made up of densely branched neurons while the hypothalamus is composed of rarely branched neurons of reticular type (T. A. Leontovich, 1968a and b).

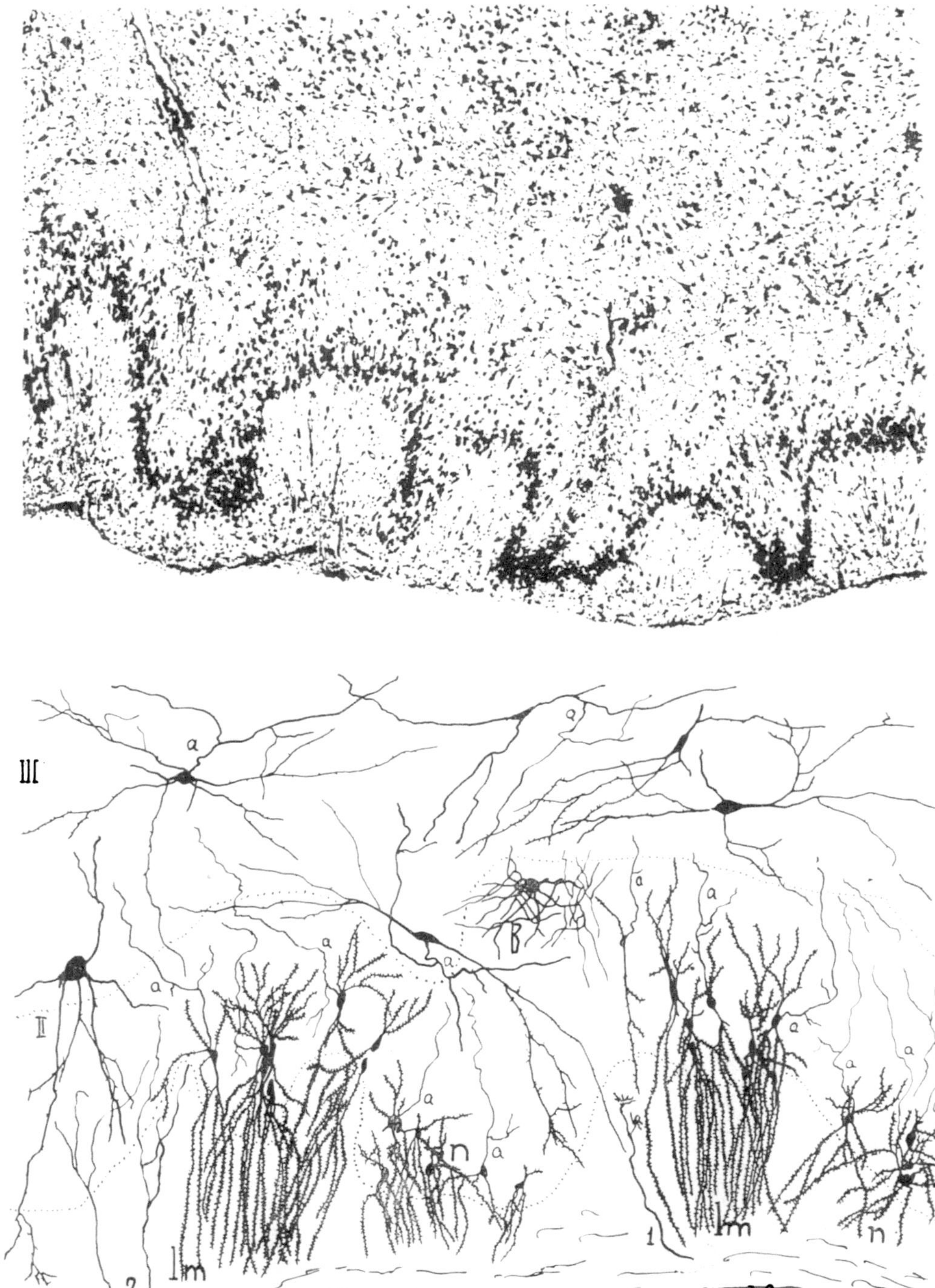

Fig. 1b. Cytoarchitectonic (above) and neuronal (below) structure of the ancient semi-separated cortex (tuberculum olfactorium). a — axon; B — neurons with a short axon; lm — groups of neurons with a long axon similar to the cortical ones; n — groups of nuclear-like neurons with a long axon; tolf — tuberculum olfactorium; 1, 2 — afferent fibres; I, II, III — layers of tuberculum olfactorium. It will be seen that along with presence of a zonal layer and a layer of pyramidally shaped neurons there are also nuclear-like gatherings of neurons similar to subcortical ones; the deepest layer is made up of reticular neurons (Leontovich T. A., 1968a and b).

emphasize its role in the higher functions of the brain.

The structural unity of the above-mentioned elements of the neuronal organization — system of tangential connections and pyramidal neurons — manifests itself most vividly in the fact that the apical dendrites are as a matter of fact extensions of the pyramidal cells themselves directed to approaching and establishing contacts with bundles of horizontal fibres in the zonal layer. In the course of the progressive complication of the cortex in phylogenesis and its increasing fractional division into layers the apical dendrites of the pyramidal cells parallel with increasing expansion of their branchings in the evolutionarily younger layers grow more and more longer. The increase in the length of the apical dendrite (fig. 2) observed in the transition from the reptiles to mammals and its further growth in the mammalian line can be regarded as the most significant indication of the morphological perfection of the pyramidal neuron.

In ontogenesis the structural shaping of the mechanism of the apical-tangential junctions in the zonal layer (fig. 3) starts very early like it is the case in phylogenesis; it takes place as early as at the stage of the initial separation of the cortical plate and occurrs simultaneously with the approaching of the first afferent fibres to it from the capsula interna.

The essence of the fragment of neuronal organization which we have just considered lies in the fact that it can be looked upon as an apparatus of local integration which is universal for cortical formations of all ranks and by whose means the functional unification of the bulk of the efferent neurons in every point of the cortex is achieved. Taking into account the continuity of the tangential system of transmission of excitation through

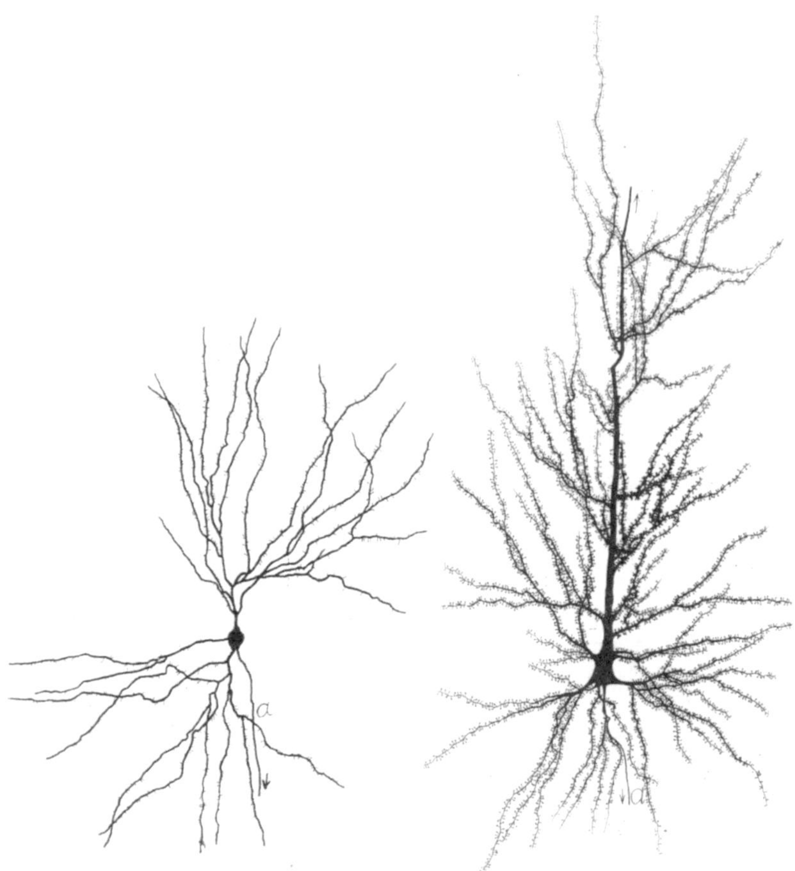

Fig. 2. For comparison a pyramidal cell of the Ammonic cortex of the lizard (left) and a superlarge pyramidal cell of sublayer IIIi of the human neocortex (right) are shown. It will be seen that the initial segment of the apical dendrite of the pyramidal cell of the Ammonic cortex breaks up into branches close to the cell body while the neocortical pyramidal cell is characterized by a strongly developed long apical dendrite. The terminal ramifications of the latter are not shown on the figure. a stands for axon.

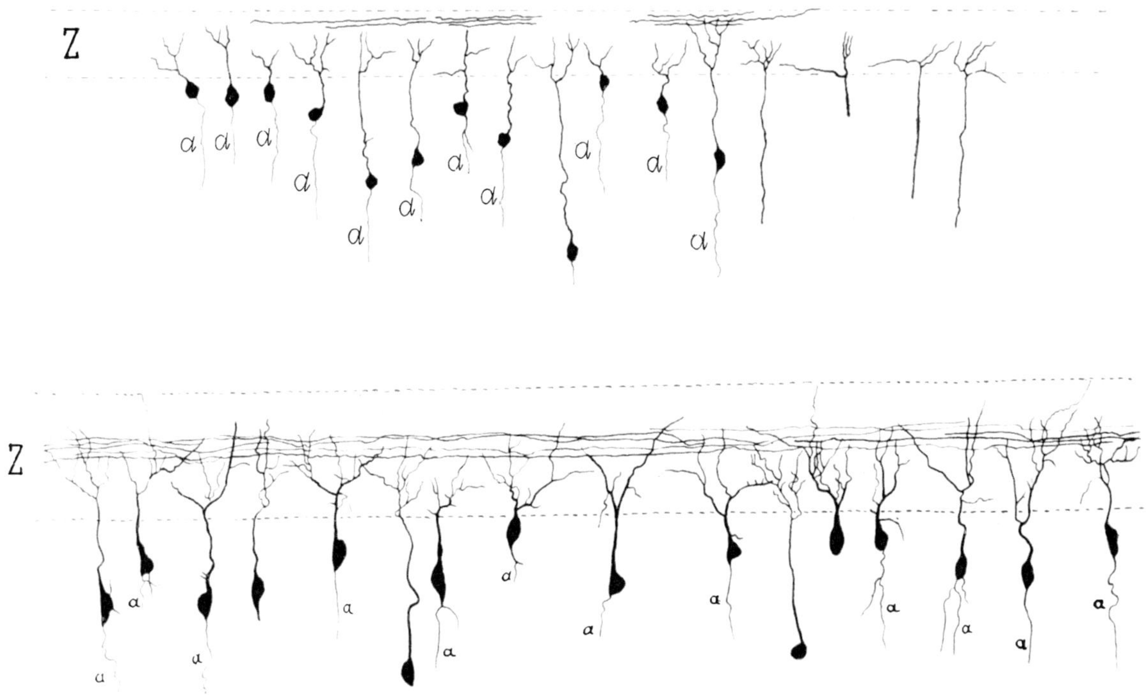

Fig. 3. Formation of junctions between terminal branchings of apical dendrites of young pyramidal cells and tangential fibres of the zonal layer (Z) at early stages of the human embryogenesis. Above — 12 weeks, below — 15 weeks. a — axon.

the zonal layer, we can figuratively liken the cortex to a sum total of nervous centres which are not only connected in series with each other by bundles of fibres in the underlying white matter but are also united with the help of a horizontal connection which is common to all of them (fig. 4).

So the integration principle is contained in the very basis of the cortical type of the structure as early as at the moment of its establishment and this principle takes here the highest, most complex and structurally most accomplished form. The history of progressive development and elevation of the cortex can be looked upon as an expression of self-realization of this principle.

The further increase of the integrating potentialities of the whole construction is followed by a complication of structural and topographical interrelations of the neuronal complexes and cortical connections which are closed through them. At the same time a significant rearrangement, redislocation of all afferent, efferent and local systems of connections takes place.

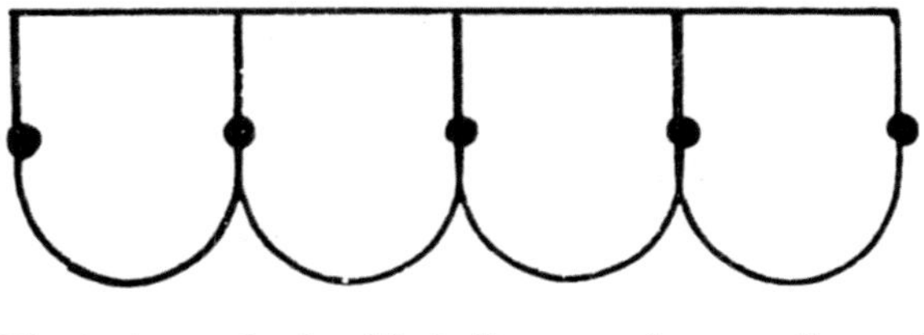

Fig. 4. A much simplified diagram of connections of cortical "centres" in the underlying white matter of the hemispheres and in the zonal layer.

In the hippocampus (archicortex or Ammonic cortex) the main source of exogenous afferent stimulation from the subcortical and other cortical formations as well as a large number of endogenous (local association) connections are mainly confined to the zonal layer. At the same time the efferent pyramidal neurons are still characterized by a low differentiation combining projection and association connections in themselves.

In the mammalian neocortex, as it grows larger across and its differentiation into layers increases, a shifting of variouspurpose afferent connections from the zonal layer to underlying levels takes place which is a result of a superimposing of phylogenetically younger neuronal complexes on the phylogenetically older one represented by Ammonic neuronal complex. Simultaneously the efferent pyramidal neuron which is polyvalent as far as its connections are concerned "splits" into projection and association ones. Both of them are localized in the corresponding cortical levels (layers V and III), and a band of intracortical switching neurons is formed between them in the inner granular (IV) layer. Parallel with the decribed structural transformations, the qualitative constitution of tangential fibres of the zonal layer changes too in the direction of an increasing prevalence of nervous conductors of local origin among them (processes of horizontal Cajal-Retzius cells).

In this way the most favourable conditions are created for a simultaneous differentiated transmission of afferent impulses from the upper and lower subcortex to the systems of efferent projection and association connections; this circumstance signifies one of the most effective modes of intensifying the integrating properties, which are contained in the construction itself. This intensification provides most intricate forms of interaction of intracortical, subcortical-cortical as well as intercortical connections. On the other hand the emancipation of neuronal complexes related to association connections signifies a decisive advance step in unfolding the most highly organized formations of cortical type over the surface of the hemisphere since it brings about the anatomic separation of special association zones at the highest stages of the evolution. These zones account for about 50 per cent of the total territory of the human neocortex.

Our consideration of some key features of the central switching device in the cortex is based on the main premise saying that the innermost transformations of information to which the processes of perception, comparison and imprinting are related take place precisely at the impulses switching stations which are confined to different areas of grey matter. Every instant of switching is critical in the treatment of the signals transmitted.

The complex organization of a switching node is due to the fact that here in the switching act itself we observe rather intricate interactions of the elements taking part in this same act, namely afferent fibres, efferents and intracentral switching neurons (intercalary, or intermediate neurons which are called below internuncial neurons and are represented in the cerebral cortex by stellate cells). To sum up briefly it might be well to point out the following specific features in the structural and topographical interrelations between the above elements: (a) a partial mutual overlapping of the afferent fibres on the neurons articulated with them, when one and the same afferent fibre establishes contacts both with the efferent and internuncial neurons; (b) the axons of efferent neurons form collaterals which converge on the adjacent neurons and also partly overlap the terminal branchings of the afferent fibres; (c) according to our conception of the general laws of development of the neuronal networks (POLIAKOV, 1971) it is exactly at the crossings of the terminal branchings of the afferent fibres and collateral branches of the axons where the internuncial neurons come into being.

Proceeding from the above statements, with reference to the mechanism of their origin the internuncial neurons can be regarded as a strengthening of the apparatus of convergence of nervous impulses in the course of complication of interactions between afferent fibres and efferent neurons.

To understand the specific features of the progressive differentiation of the switching device in the cortex it should be emphasized that the projection afferent fibres and efferent neurons take shape relatively early in ontogenesis. It has been possible to observe that the intracortical internuncial neurons (stellate cells) join in only later on as a superimposed link at a junction where impulses are transferred from the afferent fibres to efferent neurons and take part in the distribution and redistribution of afferent signals to different groups of efferent neurons.

The fragment of the neuronal organization represented by a definite combination of afferent fibres, efferent neurons as well as internuncial neurons assigned to the latter with all their interrelations (fig. 5) can be used as the basis for the structural-functional unit of the cortex (elementary unit according to LORENTE DE NÓ, 1943; a complex integrative unit according to SZENTÁGOTHAI, 1967). We are going to discuss this problem in more detail later on.

Proceeding from the above-outlined topographical and anatomical interrelations between the elements of the cortical unit, their structural features which are considerably determined by their place in the intracortical switching chains can be defined in the following way.

The pyramidal neuron which is characterized by a strong development of dendrite remifications appears to be the main collector of diverse signals (both projection and association types) reaching the cortex. This neuron acts as the main element of convergence of heterogenous signals (fig. 6). The cluster-shaped terminal branchings of the pro-

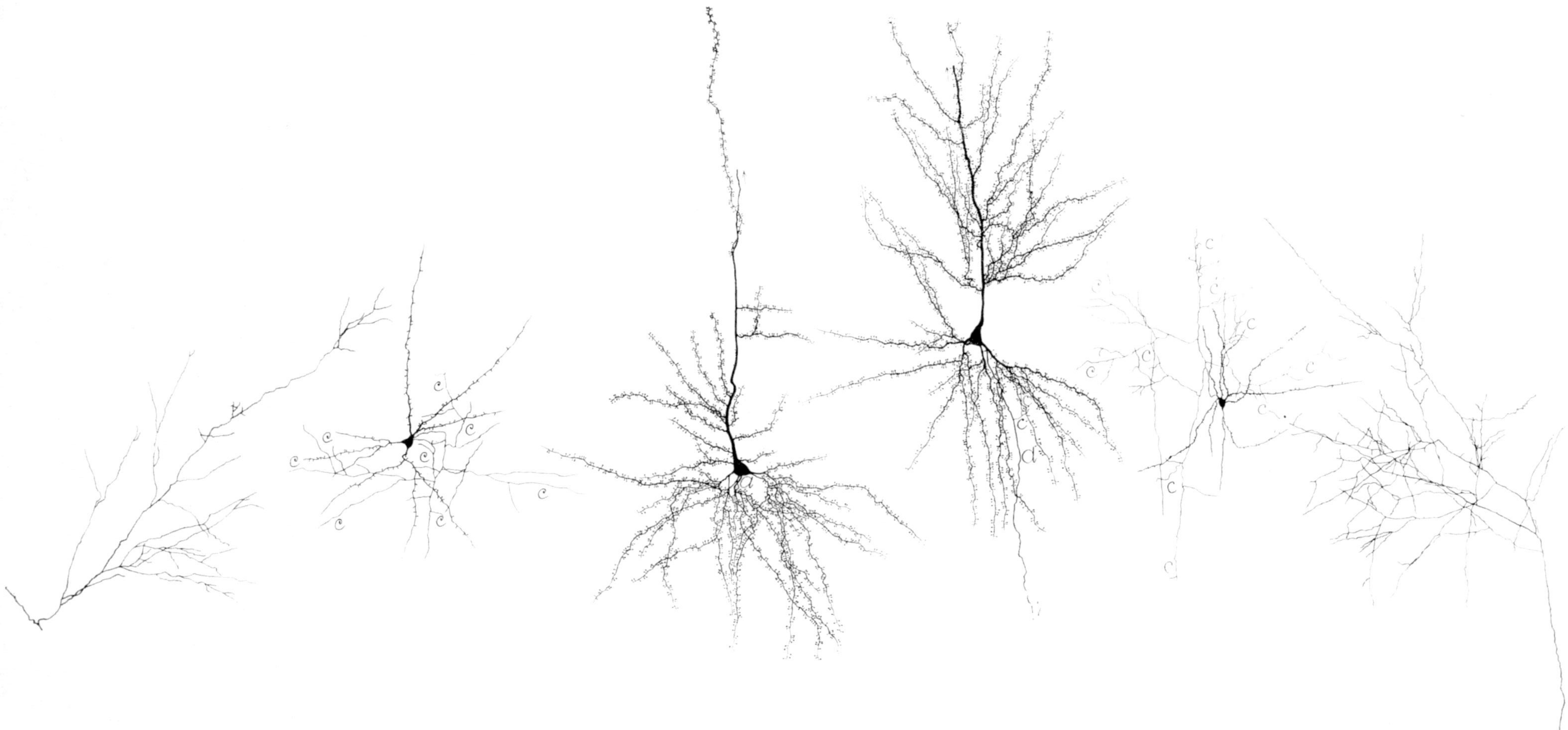

Fig. 5. A key fragment of intracortial switches. Cluster-shaped terminal ramifications of projection afferent fibres, stellate cells with a short axon oriented in ascending or descending direction, a pyramidal cell of sublayer IIIi and that of layer V are presented in the figure. Human neocortex one and a half months after birth.
a — axon; c — collaterals and ramifications of the axon.

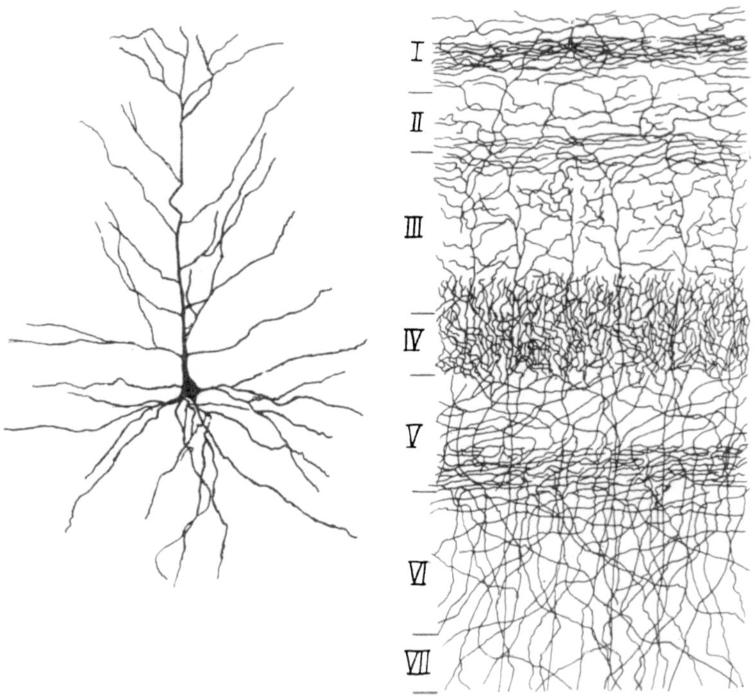

Fig. 6. Right. Distribution of afferent plexuses of different origin within the cortex (G. I. Poliakov, 1956). Left. A symbolically magnified picture of a pyramidal neuron as a collector of heterogeneous impulses circulating in gray matter of the cortex.

jection afferent fibres seem to be adapted best of all for being articulated with the fans of the dendrite ramifications of the pyramidal cells.

Like any internuncial neuron at every point of the central nervous system, the intracortical switching element (stellate cell) is specialized to effect two aspects of one function, namely switching aspect proper and the distribution aspect. On the one hand these neurons are responsible for perception and switching of the impulses delivered to them by the afferent fibres and other neurons and on the other hand they unite in groups the neurons among which the impulses are distributed emanating from the given stellate cell and imparting stimulation similar for all of them.

Among the numerous ideas which the genius of I. P. Pavlov has given rise to his conception of the functional mosaic in the cortex attrects our attention. A comparison of the specific features of the cortical switching apparatus which we have just considered gives an insight into the structural basis of this mosaic.

Judging by the topography of the interconnections established, the pyramidal neuron can be also defined as a synthesizer, or combiner of the two most important, differently directed sources of cortical stimulation. On the one hand it represents a place where numerous exogenous influences converging on the extended receptive surface of the neuron are applied; on the other hand it is constantly subjected to the effect of endogenous local system of cortical integration which is confined to the junctions of terminal ramifications of the apical dendrites with tangential fibres of the zonal layer. With the help of this mechanism a consolidation of all pyramidal cells situated in the given point of the cortex into one united ensemble is achieved. Owing to inclusion of internuncial neurons (stellate cells) in the block of efferent neurons integrated through the zonal layer this mass of efferent neurons is broken up into an infinite number of minute, microscopic combination centres (to use Pavlov's term). Under the influence of various mono- and polymodal afferent signals these "centres" can be simultaneously and consecutively in different functional states and through the corresponding interneuronal connections (the same stellate cells and axon collaterals of efferent neurons) they can establish reciprocal interrelations with each other.

Physiologically this idea of the functional mosaic can be confirmed by Jung's investigations (1961).

The above author has found neurons responding to one and the same stimulus by different changes of their spontaneous activity ("on" and "off" effects). It will be remembered from above that in the mechanism of fine dynamic fragmentation of the cortex which we are describing here stellate cells play the part of fairly fine and precise and, moreover, differently specialized (see below) regulators of functional interactions between different groups of neurons.

A fairly motley pattern of the cortical mosaic merits attention. The most fascinating thing observed in the study of the neuronal organization of the cortex is an extraordinarily large variety of configurations of axon ramifications of stellate cells and constellations of neurons formed by their means. The branchings of short axons of some stellate cells extend very deep into the section (fig. 7) involving tens and possibly even hundreds of other neurons; a considerable variability in orientation of axons has been noted; some stellate cells are found whose axons form arched bends reversing their original direction; considerable differences have been revealed in the extension and density of axon ramifications as well as in the degree of development of dendrite and axon branchings; some units are characterized by a fragmentation of axon branchings (fig. 8) which is due to local irregularities in their distribution, this also points to a large irregularity in the topography of neurons with which these stellate cells are articulated; an interesting, specifically specialized variety of some neurons is represented by stellate cells with spiral-winding dendrites. Among other

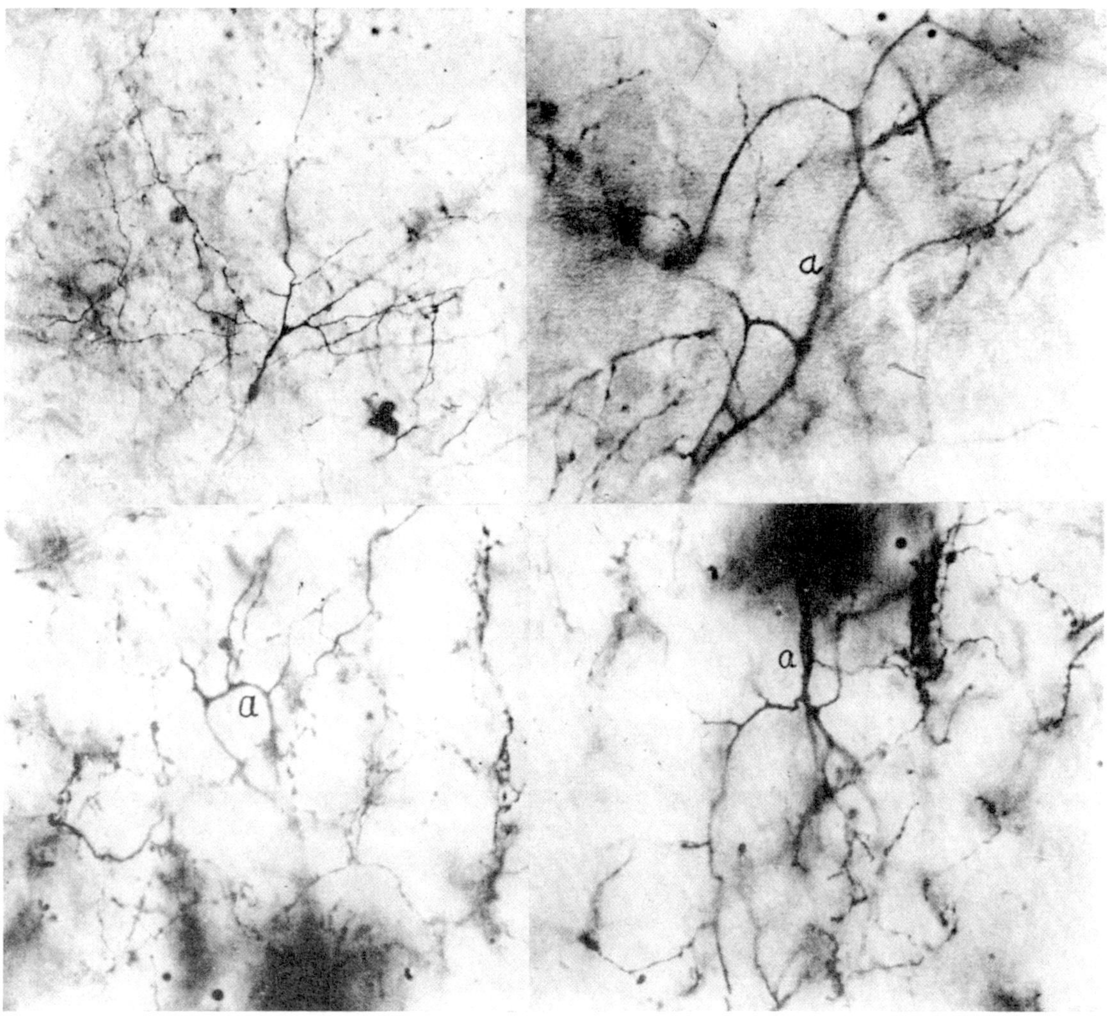

Fig. 7. Micrographs (Golgi preparations) of a terminal cluster of a projection afferent fibre (top left) and short axon (a) ramifications of stellate cells observed throughout the depth of the section. A new-born child.

shapes finestructured units can be distinguished whose axons form highly dense, finest, delicate plexuses enveloping the bodies and dendrites of the neighbouring cells.

Such a remarkable diversity, changeability, variability observed in the grouping of neurons united by stellate cells is testimony to an extraordinarily dynamic and mobile character of the switches executed inside the grey matter of the cortex in the course of the transition from one minute point to another. Thanks to these features the efficiency of the cortical construction as a whole increases immensely, namely the ability of the construction to respond selectively and in

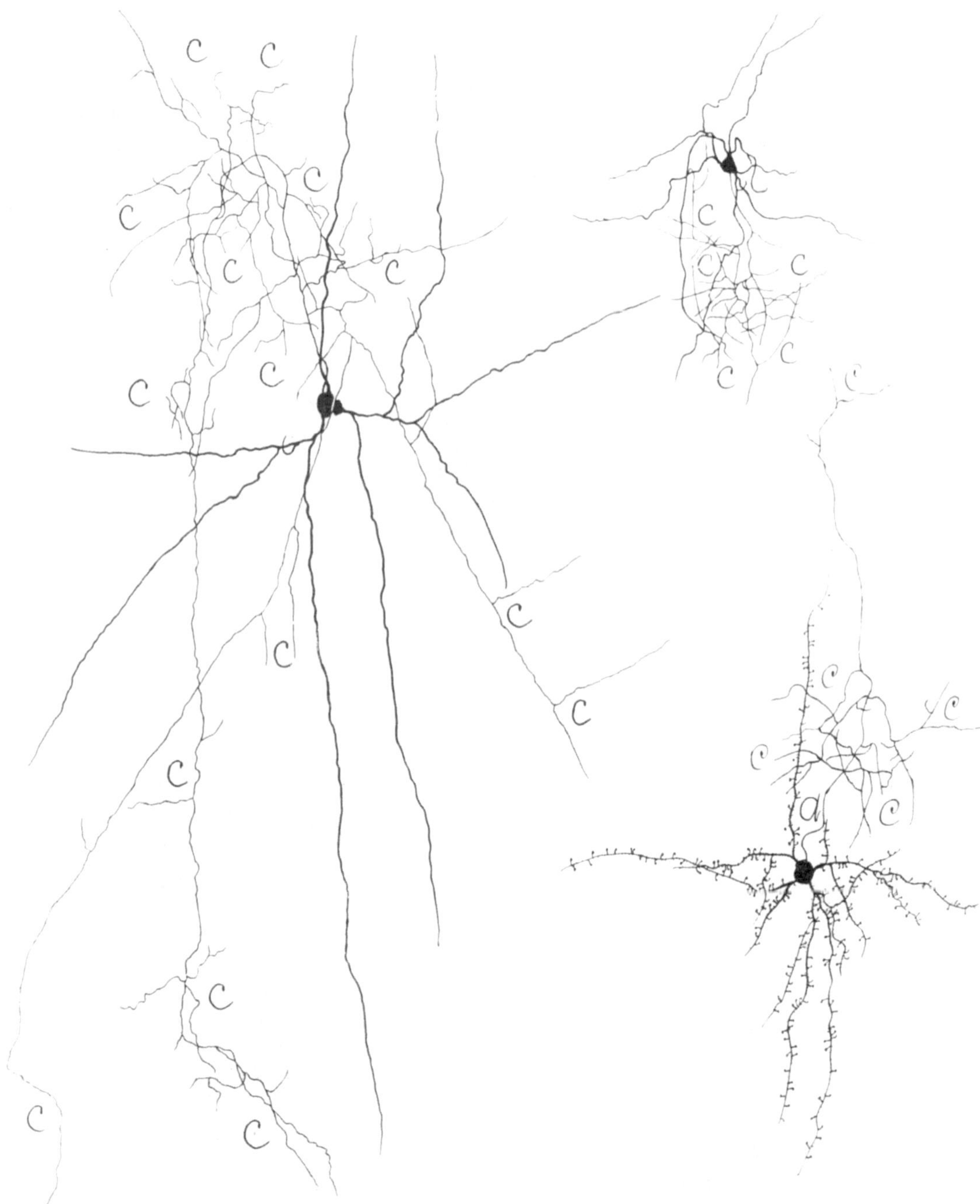

Fig. 8. Stellate cells with a pronounced fragmentation of axon branchings manifested as presence of local thickenings and separate more extensive branches. A new-born child. a — axon, c — axon ramifications.

differentiated way to various influences of the inner and outer worlds with finely graduated changes of the functional states of constellations of neurons.

Along with the variability of local interrelations of efferent and intracortical switching neurons we should also emphasize a rather significant irregularity in distribution of the latter across the

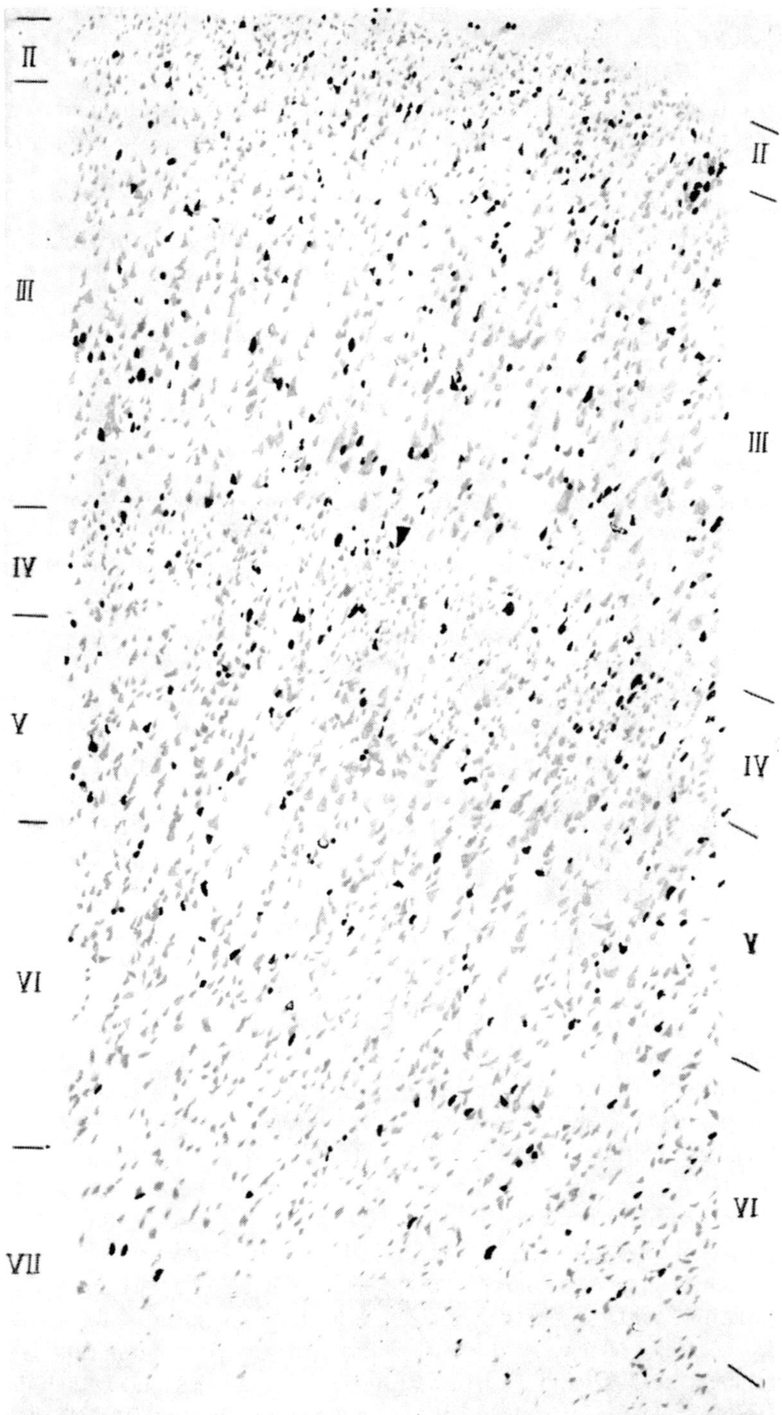

Fig. 9. An achromatic reproduction of a colour cytoarchitectonic map representing distribution of stellate cells at different levels of the cortex. Stellate cells are drawn black against the background of pale pyramidal and spindle cells. Adult human cerebral cortex, field 2 (G. I. Poliakov, 1956).

cortex — in its different layers and sublayers. Against the background of the vertically oriented columns of pyramidal cells the stellate cells are sometimes scattered, sometimes arranged in small groups (fig. 9). To date it has been impossible to find out any regularity determining such structural and topographical picture. Its meaning and purport have not been deciphered yet.

This is equally valid for attempts to conceive of constructive diagrams of interactions between different elements of interneuronal connections in the cortex, namely between terminals of afferents fibres, side and recurrent collaterals of long axons of efferent neurons and ramifications of short axons of stellate cells.

The basic diagram of a closed circulation of impulses proposed by LORENTE DE NÓ can be used as the basis for the understanding of this mechanisms of interrelation. This diagram was later used as an anatomical basis for accounting for the experimentally observed "reverberating circuits" in the CNS (CHANG, 1959). Such device appears to constitute the most essential universal fragment of the structural-functional units of which the whole of the CNS is made up.

True to his teacher's (RAMON-Y-CAJAL's) behests, LORENTE DE NÓ looked upon the closed circulation of impulses as being intended first of all for maintaining a prolonged mutual excitation of neurons; he considered the mutual connections between them as an anatomical basis for the processes of memory and imprinting. A similar viewpoint of the cortical stellate cells is held by BERITASHVILI (1969). Yet taking into account ECCLES' reference (1969) to the inhibitory role of certain internuncial neurons (see below) and making use of the concepts of modern neurocybernetics, it would be possible to propose that the closed circles of the circulation of impulses effected with the participation of the internuncial neurons sometimes work on the principle of a positive feed-back with an excitatory effect and sometimes they operate on the principle of a negative feed-back with an inhibitory effect.

In the interpretation of the mechanisms in question the most difficult thing is, as might be expected, the determination of the functional role of the internuncial neurons which hold key positions in all switching stages. Defining certain internuncial neurons as specifically inhibitory units, Eccles means the so-called basket cells which form (as has been found out as long ago as by RAMON-Y-CAJAL) pericellular plexuses on the bodies of efferent neurons (cerebellar cortex, hippocampus). Developing his idea and proceeding from definite morphophysiological comparisons, the above-named author comes to a general conclusion that the axosomatic contacts by their nature are inhibitory while the axodendritic contacts are excitatory ones. Accordingly the cerebral cortex appears to contain two types of stellate cells whose character depends on the kind of contacts established. The premise saying that these units can be excitatory ones is confirmed in particular by experiments with antidromic stimulation.

Proceeding from his original, masterly conducted experimental-morphological investigations, SZENTÁGOTHAI (1971) has made an attempt to design a generalized diagram of interneuronal connections in the cortex. Along with the stellate cells specialized to establish axodendritic excitatory contacts, the special significance of inhibitory units is assigned to stellate cells which are structurally represented as being analogous to basket cells of the cerebellar cortex and in SZENTÁGOTHAI's opinion are adapted to making axosomatic contacts on other neurons.

As can be seen from the diagrams of the named authors, main emphasis determining the morphophysiological character of a cortical internuncial neuron is put on the latter's connections with the dendrites or perikaryon of an efferent neuron.

A comparative analysis of the large quantity of observations available to us on the development of the cortical neurons of the human brain in the pre- and postnatal periods has provided an effective means for a detailed retracing of specific features of formation of different contact types and thus for a more or less full reconstruction of some features of the actual structural and topographical interrelations between different types and forms of neurons. The studies conducted have demonstrated that pericellular plexuses on the bodies of the pyramidal cells are mainly formed by cluster-shaped terminal branchings of axons of stellate cells. At the same time it has been revealed very clearly that along with presence of the above pericellular plexuses the ramifications of short axons break up into numerous separate, differently oriented small branches which do not terminate as bunches or clusters (fig. 10, 11, 12). Proceeding from these factual data, we can infer that irrespective of the extraordinary diversity of the varieties observed the cortical internuncial neurons speciali-

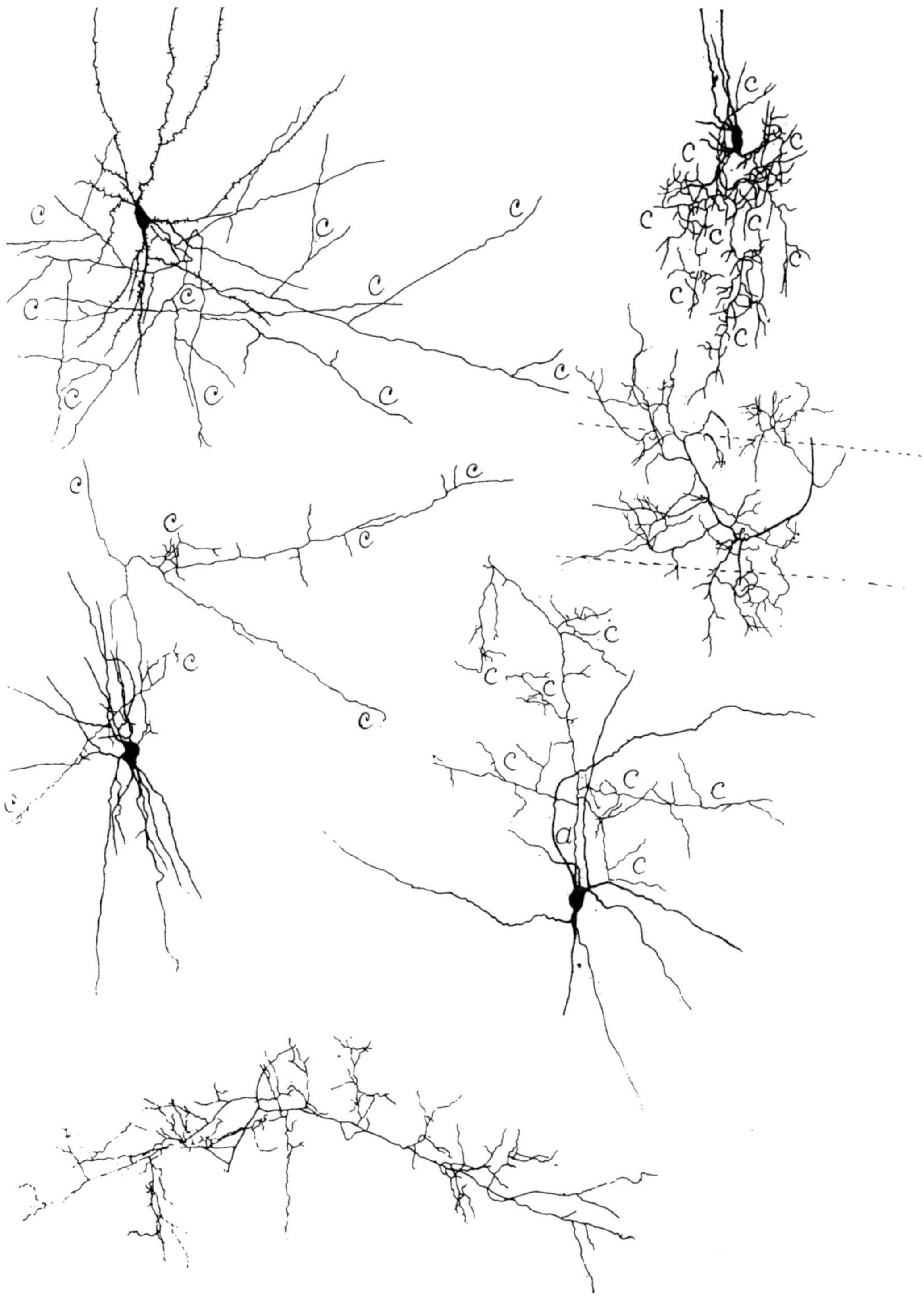

Fig. 10. Short axon branchings of stellate cells varying in their configurations. Along with branchings whose outline more or less resembles that of the basket cells (the second top right sketch) there are also separate more or less numerous branches which form no pericellular clusters. In this respect the middle cell on the left is especially representative. It has only one cluster while possessing separate simple branches along the main ones. Three cells in the top line belong to a new-born child, the others — one and a half months after birth. a — axon; c — axon ramifications.

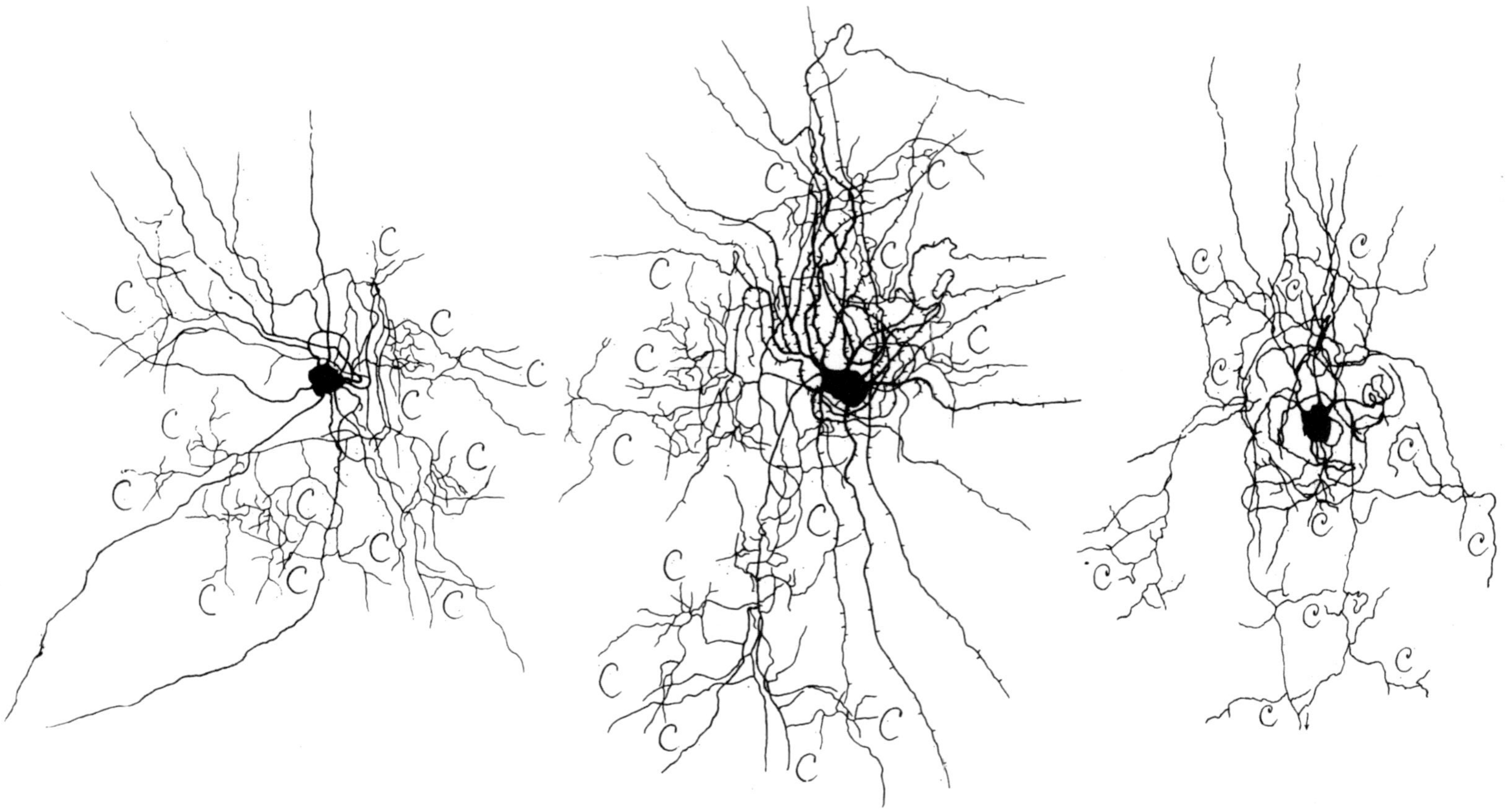

Fig. 11. Stellate cells (the last cell on the right has spiralwinding dendrites) whose axons form complexly outlined ramifications. The latter resemble partly those of the basket cells and partly terminate freely. The last cell on the right — 6 months after birth; the other two cells belong to a new-born child. c — axon ramifications.

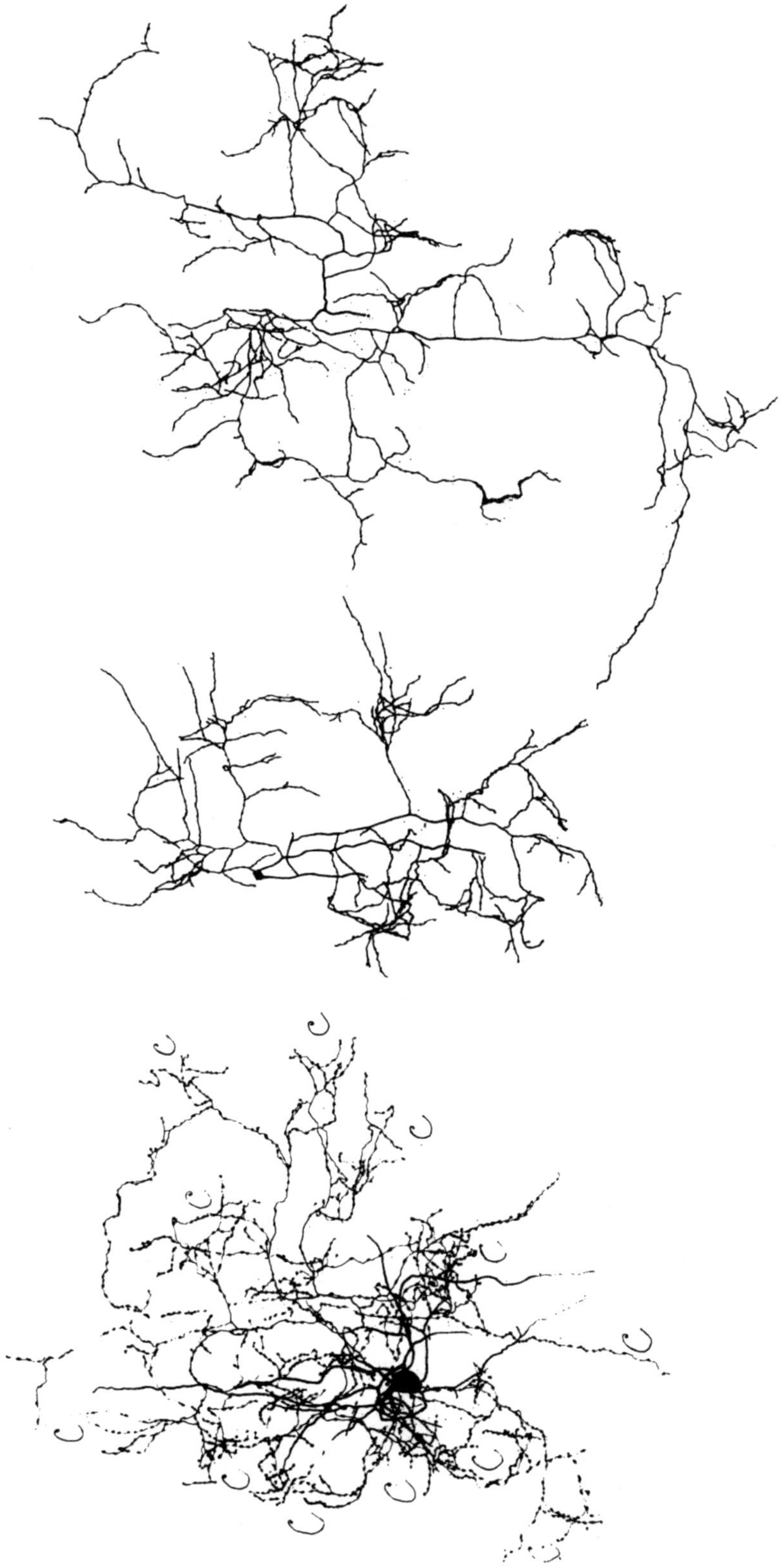

Fig. 12. Axon ramifications of stellate cells characterized by both more or less clearly defined pericellular baskets and numerous freely terminating branches. 6 months after birth. c — axon ramifications (G. I. Poliakov, 1955).

ze in the course of their progressive structural differentiation to form simultaneously synaptic contacts of both axosomatic and axodendritic types as if they combine to some extent both these kinds of interneuronal connections. The combined character of the latter is shown up most vividly by the stellate cells having a short axon which forms a thick plexus evidently enveloping the bodies and dendrites of the pyramidal cells like a "sheath". Thus with respect to the cerebral cortex it seems impossible to differentiate more or less distinctly groups of stellate cells proceeding from the criteria on which the conception of special inhibitory (or excitatory) internuncial neurons is based. There is reason to believe that in the cerebral cortex the units in question by their nature are polyfunctional.

The results of our studies have led us to an understanding of the roles played by different contact apparatuses in the organization of interneuronal connections in the cortex which is distinct from the hypotheses discussed above. Along with the "local sign", namely termination place of axon ramifications on the dendrites or cell bodies, we put main emphasis also on the type of contact itself as far as its "continuity" is concerned, i.e. we proceed from the characteristic whether it is a terminal or tangential contact. Abstracting from the interpretation of neurons and interneuronal connections as specific bearers of inhibition or excitation, we regard terminal contacts as an apparatus of directed, unmediated influences of some neurons on the other, while the tangential contacts are looked upon as being an apparatus of indirect effects. Approaching the functional evaluation of the structural mechanisms of junctions between neurons in this way, the extensive area of dendrite ramifications of the pyramidal neuron along with doing the job of collecting various streams of impulses which circulate in grey matter of the brain in every direction plays also the part of a fairly mobile modulator of the state of the given neuron depending on all kinds of influences exerted on it by other neurons. This process is effected with the help of numerous appendages ("spines") on the dendrites. In contrast to this, a pyramidal cell body which like the whole receptive surface of a stellate cell predominantly represents a place of application of terminal contacts serves in the main to put into effect the direct influences exerted on the given neuron by other neurons. This contributes to a quick and sharp transition of the neuron from one basic functional state to another.

Returning to the topic of structural-functional units of the cortex, it should be emphasized that impetus to these thoughts and morphophysiological comparisons has been given by recent neurophysiological studies (MOUNTCASTLE, 1961; HUBEL and WIESEL, 1963, 1965) which have revealed a definite local organization of assemblies of interconnected neurons intended for a selective discrimination on the cortical level of stimuli differing in their configuration and spatial movements. A linear-vertically oriented distribution of groups of neurons has been demonstrated across the cortex. These groups are related to the corresponding receptive fields at the periphery and respond with excitation and inhibition to combinations of stimuli which are adequate in their shape and direction.

As a morphological equivalent of such kind of functional construction in which the principle of cortical mosaic also manifests itself we consider along with stratification vertically oriented columns of cellular units.

In the course of evolutionary perfection of the neocortex the complication of its differentiation into layers, which is due to a consecutive superimposing of phylogenetically younger complexes of neurons, is followed by an increasingly distinct separation of such columns. In primates the structural differentiation of neocortical formations in horizontal and vertical directions has been demonstrated most distinctly by W. and K. KIRSCHE (1962) based on studies of the fibre-architecture arrangement. To confirm this statement we can refer to fig. 14 in the above-named authors' paper in which both the horizontally oriented plexuses of nerve fibres in BAILLARGER's lines and radially oriented bundles of nerve fibres are marked very definitely. It is of interest that columnar arrangement of cells and their processes shows up very early in human ontogenesis as well, namely from the moment of the initial formation of the cortical plate (KHUDOYERKOV, 1970).

For understanding the mechanism of establishment of such composition it is important to take into account the general character of grouping of neurons, namely topographically separate arrangement (fig. 13) of columns of cells and bundles of nerve fibres separating them (descending axons of pyramidal cells and ascending axons). Every fragment of the cortical organization made

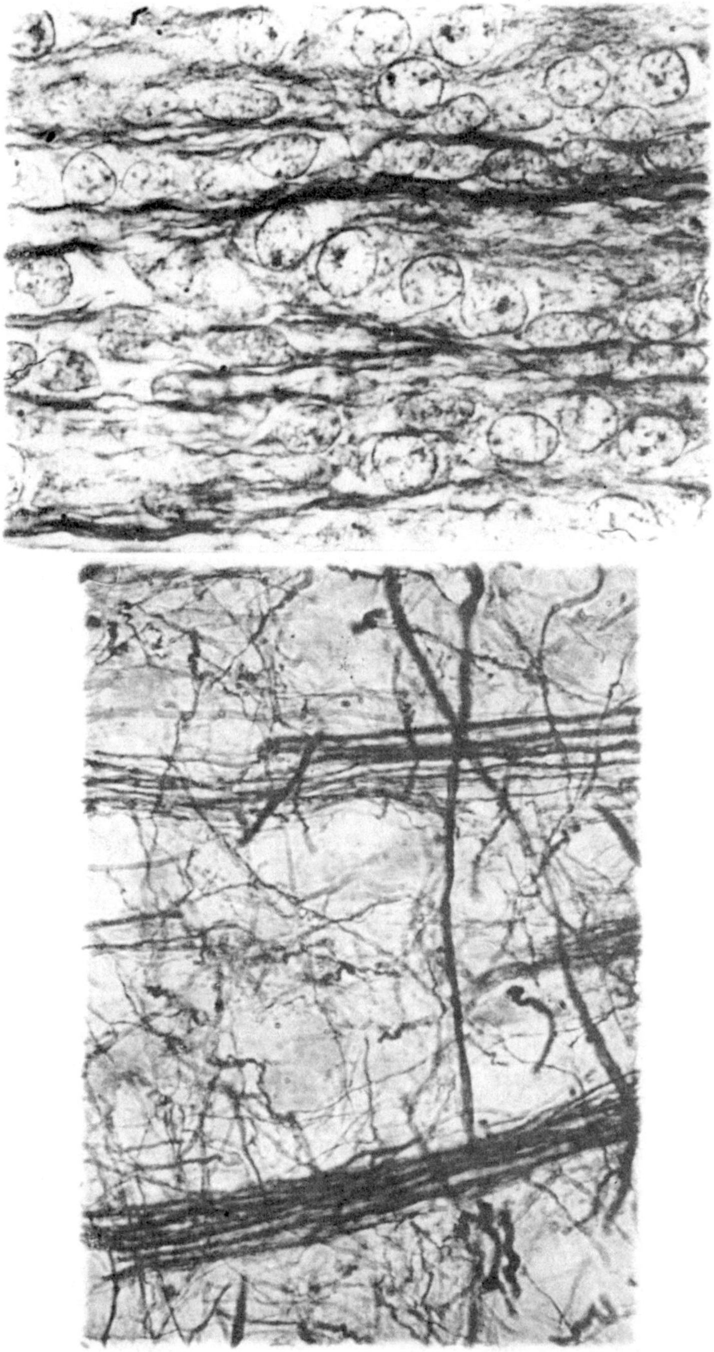

Fig. 13. Left. Vertically oriented bundles of fibres between columns of nerve cells (G. I. Poliakov). Right. A similar picture in the topography of columns of nerve cells and bundles of nerve fibres in the cerebral cortex of a 13-week old human embryo (R. M. Khudoyerkov, 1970).

up of several interconnected columns is united vertically by the counter-directed switching chains represented by neurons with ascending and descending axons whose collateral and terminal branchings are found in different layers (fig. 14). The basis for such a group of columns which may be considered as an elementary integrated unit of the cortex is provided by the key intracortical switching link, namely projection afferent fibre, stellate cell of layer IV, pyramidal cell of layer III and that of layer V. On this link higher situated switching links are superimposed which are confined to pyramidal and stellate cells of higher layers.

A comparison of this arrangement with horizontal differentiation of the cortex makes clear that

Fig. 14. Diagram of composition of a cellular column with bordering streaks of nerve fibres. The arrows indicate the direction of nerve impulses. On the right afferent fibres differing in their origin are shown; the left section demonstrates descending and ascending axons of local neurons. Efferent neurons — pyramidal and spindle cells — are indicated by a dashed line; intracortical switching neurons (stellate cells) are black For other explanations see the text.

its constituent layers are made up of microscopical, contiguous, spatially recurrent, vertically oriented segments; the sum total of the segments of different layers superimposed one on another within the confines of a definite strictly bounded part of the cortex forms an anatomical unit. In accordance with the rule (postulated by C. a. O. VOGT) of omnilaminar changes at the transition of one cytoarchitectonic field into another a more or less pronounced shift in all layers in arrangement of nerve units lying in one vertical takes place at the boundary between these fields.

The separation of the above fragments is in its turn due to fragmentation of subcortical-cortical and intercortical projections converging at the corresponding cortical points. Consequently the cortical columns represent a manifestation of vertical unification of microscopical sections of complexes of neurons adapted to closing the corresponding systems of connections.

Thus the layered type of the cortical construction appears to be a manifestation of its horizontal and vertical integration.

Summary

In the basis on which emergence, development and morphological perfection of the formations of cortical type take place the integration principle is contained. As one of the fundamental features of the neuronal organization of the cortex in which the above-named principle manifests itself acts the most ancient system of local integration represented by bundles of tangential fibres of the zonal layer with their junctions at the terminal ramifications of the apical dendrites. By the help of this mechanisms a consolidation of the bulk of efferent neurons (pyramidal and spindle cells) is achieved. Thanks to inclusion of intracortical internuncial neurons (stellate cells) into this efferent whole, which is integrated through the zonal layer, a separation of a large number of constellations of neurons varying in their configurations and topographical interrelationships takes place within the cortex. The sum total of these constellations forms the "cortical mosaic". A comparative analysis of development of various forms of interneuronal connections in phylogenesis of the vertebrates and ontogenesis of the man enables us to conclude that fairly complex interrelationships take place in the cortex between afferents, efferent neurons and internuncial neurons of which the structural-functional (elementary integrated) cortical units are made up. In particular, it seems to be impossible to draw a more or less sharp distinction between stellate cells with respect to the character of contact (axosomatic or axodendritic) established by them because one and the same stellate cell usually combines in itself different forms of contacts made by it with other neurons. A vertically oriented columnar composition which is due to a separate distribution of groups of nerve cells and bands of exogenous and endogenous ascending and descending axons represents another morphological manifestation of the cortical mocaic. Such an organization is the result of a vertical unification of constellations of neurons, of which different layers and sublayers are composed, by counter-directed chains of switches. Thus, the layered type of the cortical construction may be interpreted as a manifestation of its horizontal and vertical integration.

Zusammenfassung

Der Entstehung, Entwicklung und morphologischen Vervollkommnung der kortikalen Formationen wohnt ein Integrationsprinzip inne. Als einer der grundlegenden Züge der neuronalen Organisation der Großhirnrinde, in dem das obenerwähnte Prinzip zum Ausdruck kommt, tritt das älteste System der lokalen Integration auf, das durch Tangentialfasernbündel der Lamina zonalis vertreten ist mit ihren Verbindungsstellen an Endverästelungen der apikalen Dendriten. Durch diesen Mechanismus wird die Konsolidierung der Mehrzahl efferenter Neuronen (Pyramiden- und Spindelzellen) erzielt. Dank der Einbeziehung der intrakortikalen Schaltneuronen (Sternzellen) in dieses durch die Lamina zonalis integrierte efferente Ganze kommt es innerhalb der Großhirnrinde zur Absonderung einer Menge von Neuronenkonstellationen, deren Konfiguration und topographische Beziehungen höchst mannigfaltig sind. Die Gesamtheit dieser Konstellationen bildet ein ,,kortikales Mosaik". Die vergleichende Analyse der Entwicklung der verschiedenen Formen von interneuronalen Verbindungen in der Phylogenie der Vertebraten und in der Ontogenie des Menschen gibt die Möglichkeit zu schlußfolgern, daß afferente und efferente Neuronen und Interneuronen, aus denen sich die strukturell-funktionellen Einheiten der Großhirnrinde (integrierte Elementareinheiten) zusammensetzen, in recht komplizierter Wechselbeziehung zueinander stehen. Insbesondere scheint es unmöglich, eine mehr oder weniger deutliche Abgrenzung zwischen den Sternzellen zu ziehen nach dem Charakter der von ihnen hergestellten (axosomatischen oder axodendritischen) Verbindungen, da ein und dieselbe Sternzelle in der Regel in sich verschiedene Formen der Kontakte vereint, die sie zu anderen Neuronen herstellt. Eine senkrecht orientierte säulenartige Komposition, die durch eine getrennte Verteilung von Nervenzellengruppen und Bündeln von exogenen und endogenen auf- und absteigenden Axonen bedingt ist, stellt eine weitere morphologische Ausdrucksform des kortikalen Mosaiks dar. Solch eine Organisation bildet sich infolge der Vereinigung der Neuronenkonstellationen, die verschiedenen Schichten und Unterschichten angehören, in senkrechter Richtung durch die entgegengerichteten Schaltketten heraus. Somit kann die geschichtete Konstruktion der Großhirnrinde als eine Verwirklichung der Prinzipien der waagerechten und senkrechten Integration dargestellt werden.

Literatur

Beritov, I. S.: Structure and functions of the cerebral cortex. Ed. by the Nauka Publishing House, Moscow (1969)*).

Chang, H. T.: The evoked potentials. In: Handbook of Physiol., sect. 1. Am. Physiol. Society. Washington (1959).

Eccles, J. C.: The inhibitory pathways of the central nervous system. Liverpool University Press, (1969).

Filimonov, I. N.: Comparative Anatomy of the Mammalian Cerebral Cortex. Ed. by Publishing House of the Academy of Medical Sciences. Moscow (1949)*).

Hubel, D. H., Wiesel, T. H.: Receptive fields of cells in striate cortex of very young, visually inexperienced kitten. J. Neurophysiol. **26**, 994—1002 (1963).

Hubel, D. H., Wiesel, T. N.: Receptive fields and functional architecture in two non-striate visual areas (18 and 19) of the cat. J. Neurophysiol. **28**, 229—289 (1965).

*) Russian edition.

Jung, R.: Neuronal integration in the visual cortex and its significance for visual information. In: Sensory Communication. Ed. W. A. Rosenblith M. I. T. Press, Cambridge, Mass. and New York, 627—674 (1961).

Kirsche, W. und K.: Zur Fibrilloarchitektonik des Neocortex von Macaca mulatta Zimmermann. Journal für Hirnforschung, Bd. 5, Heft 2, 84—124 (1962).

Khudoyerkov, R. M.: Cytochemical characteristic of developing nerve cells of the human cerebral cortex. Thesis. Moscow (1970)*).

Leontovich, T. A.: Neuronal organization and some connections of septum and adjoining structures (tuberculum olfactorium, n. accumbens septi, Calleja's islands) in the dog. In: Gagra talks, v. 5. Structure and function of palaeo-archicortex. Ed. by the Nauka Publishing House, Moscow; 56—86 (1968a)*).

Leontovich, T. A.: On the problem of emotions (neuromorphological prerequisites). Journal Uspekhi sovremennoy biologii, **65**, 34—65 (1968b)*).

Lorente de Nó, R.: Cerebral Cortex: Architecture, Intracortical Connections, Motor Projections. In: Physiology of the Nervous System, by Fulton J. E., Oxford Univ. Press, London, New York, Toronto (1943).

Mountcastle, V. B.: Some functional properties of the somatic afferent system. In: Sensory Communication. Ed. by W. A. Rosenblith, M. I. T. Press, Cambridge, Mass. and New York (1961).

Poliakov, G. I.: On the relationships between the main types of neurons in the human cerebral cortex. The Pavlov Journal of Higher Nervous Activity. **5**, 469 bis 478 (1956)*).

Poliakov, G. I.: On structural mechanisms of interneuronal connections in the human cerebral cortex. Archives of Anatomy, Histology and Embryology. **32**, No. 2, 15—19 (1955)*).

Poliakov, G. I.: On the neuronal organization of the brain. Mir Publishers, Moscow (1971).

Szentágothai, J.: The anatomy of complex integrative units in the nervous system. Recent Development of Neurobiology in Hungary. Vol. 1. Akadémiai Kiado, Budapest, 9—45 (1967).

Szentáhothai, J.: Nueronal networks and treatment of information. Archives of Anatomy, Histology and Embryology, **60**, 5—21 (1971)*).

Vogt, C. und O.: Allgemeine Ergebnisse unserer Hirnforschung. J. für Psychol. und Neurol. **25**, Ergänzungsheft, 3—189 (1919).

Anschrift des Verfassers:

Professor Dr. G. I. Poliakov
Hirnforschungsinstitut der Akademie
der mediz. Wissenschaften der UdSSR
Pereulok Obucha 5, Moskau, UdSSR

Aus der Neurochirurgischen Klinik der Johannes-Gutenberg-Universität Mainz
(Direktor: Prof. Dr. K. Schürmann)

Vergleichende Untersuchungen über den Sauerstoffverbrauch, den Elektrolytstoffwechsel und die Ultramorphologie des isolierten Plexus chorioideus des Kaninchens

Von

D. Voth, D. Müller und R. Possner

Einleitung

Die Bedeutung der deskriptiven Ultramorphologie für das Verständnis funktionellen Geschehens ist seit einer breiteren Anwendung der Elektronenmikroskopie in der Forschung stetig gewachsen. Es sei hier nur auf die Phänomene der Phagozytose, Pinozytose und die Spezialstrukturen etwa des Stäbchen- oder Bürstensaumes hingewiesen. Doch auch spezielle Befunde der Neuroanatomie haben unseren Vorstellungen von den Funktionsabläufen im Zentralnervensystem und im peripheren Nervensystem neue Richtungen gewiesen; es seien hier nur die Namen von Palay, Robertson, Pappas und de Robertis genannt. Schließlich hat die kombinierte Untersuchung der Transportmechanismen an biologischen Membranen mit elektronenmikroskopischen, physiologischen und biochemischen Methoden eine Reihe neuer Befunde erbracht.

In der vorliegenden Arbeit gingen wir von der Vorstellung aus, daß der *Plexus chorioideus* als Organ gut geeignet sein dürfte, Stoffwechselprobleme in Relation zur Ultrastruktur der Zellen zu untersuchen. Einmal liegen über dieses Organ zahlreiche morphologische Arbeiten vor (Zusammenfassung bei Schaltenbrand (1955), neuere Arbeiten von Millen und Rogers (1956), Maxwell und Pease (1956), Wislocki und Laman (1958), Tennyson und Pappas (1961, 1964), Marin Giron (1965), Weindl et al. (1969)), zum anderen bietet es für In-vitro-Untersuchungen günstige Voraussetzungen, da es schnell und schonend zu isolieren ist. Die vergangenen Jahrzehnte brachten eine Vielzahl an experimentellen und klinischen Befunden, die in den monographischen Zusammenfassungen von Merrit und Fremont-Smith (1937), Wolstenhome und O'Connor (1958), Davson (1960), Millen und Wollam (1962), Davson (1963), Brooks et al. (1965) referiert sind. Sie gaben zum Teil wertvolle Aufschlüsse über die Liquordynamik, konnten jedoch in der Regel auf Grund der angewandten Methodik keinen Aufschluß über die Funktion der Plexus chorioideus bzw. seinen Anteil an den insgesamt beobachteten Vorgängen und Effekten geben. Diese methodischen Schwierigkeiten bestanden vor allem darin, daß bei allen Befunden, die etwa mit Radioisotopen in vivo gewonnen wurden, der Austausch von Wasser, Kat- und Anionen sowie organischen Substanzen durch das Ependym der Ventrikelwandungen und in den Subarachnoidalräumen der Hemisphärenkonvexität nicht ausgeschlossen werden konnte. Dies bedeutete zugleich, daß die Funktion des Plexus chorioideus für sich nicht sicher abzugrenzen war (Greenberg et al. (1943), Bering (1952, 1954, 1955), Mayer et al. (1960), Pappenheimer et al. (1961), Rothman et al. (1962), Davson et al. (1962), Davson und Pollay (1963), Pollay und Davson (1963), Fishman (1964), Pollay und Curl (1967), Coben (1969)).

Nach den bislang vorliegenden Kenntnissen über die Funktion des Plexus chorioideus ist anzunehmen, daß er sekretorisch und eventuell auch resorptiv in der Kat- und Anionenhomoiostase des Liquor cerebrospinals eingreift. *Dementsprechend sollen unsere Untersuchungen Korrelationen zwischen dem Sauerstoffverbrauch des Gewebes als Parameter der Stoffwechselaktivität einerseits und dem Kationengehalt intrazellulär und im Gewebe sowie der Kationenaufnahme und -abgabe andererseits überprüfen. Die Befunde sollen dann vor dem Hintergrund der ultramikroskopischen Strukturbesonderheiten interpretiert werden.* Eine für unsere Fragestellung wichtige Arbeit erschien bereits sehr früh (Krebs und Rosenhagen (1931)) und ist methodisch veraltet. Sie blieb jedoch bislang die einzige Untersuchung am Plexus chorioideus in vitro mit der Warburg-Methode. Die in ihr beschriebenen Befunde lassen sich bestätigen.

Eine Reihe weiterer Arbeiten, die in diesem Zusammenhang von großer Bedeutung sind, wurde von einer amerikanischen Arbeitsgruppe publiziert (de Rougemont et al. (1960), A. Ames et al. (1964, 1965a und b)). Diese Autoren untersuchten das frisch sezernierte Sekret des Plexus chorioideus der Katze am eröffneten Ventrikel. Der Vorteil der angewendeten Methode besteht darin, daß der Liquor cerebrosponalis sofort vom Plexus entnommen werden kann und ein Kontakt mit den Ventrikelwänden vermieden wird. Auf die einzelnen Befunde soll in der Diskussion noch ausführlich eingegangen werden. Über den Transport einiger organischer Substanzen wurden inzwischen Untersuchungen publiziert, wobei vereinzelt der Plexus chorioideus gleichfalls in vitro verwendet wurde (Cameron (1953), Lumsden (1958), Rall und Sheldon (1952), Welch (1962a, b, 1963), Scaky und Rigor (1964), Tochino und Schanker (1965a, b, 1966), Takemori und Stenwick (1966), Welch und Sadler (1966), Lorenzo und Cutler (1969)).

Allgemeine und spezielle Methodik

Material und Methodik

Unsere Untersuchungen wurden am isolierten Plexus chorioideus des Kaninchens durchgeführt. Wir gewannen die Präparate durch osteoklastische Trepanation am durch Nackenschlag betäubten Tier. Nach Eröffnung der Kalotte mit einer Luerschen Hohlmeisselzange wurden die Seitenventrikel durch eine lineare Rindenincision rasch eröffnet, die Plexus mit einer Pinzette erfaßt und entfernt. Zwischen dem Betäuben der Tiere und der Entnahme der Plexus verging in der Regel ein Zeitraum von allenfalls 2 Minuten. Sofort nach Entnahme wurden die Plexus in eine begaste Inkubationslösung (Tyrode- bzw. Krebs-Ringer-Lösung, Tab. 1) gebracht und von dort den weiteren Versuchen zugeführt. In der Regel wurde jeweils ein Plexus mit einem durchschnittlichen Feuchtgewicht zwischen 6 und 10 mg für einen Versuch verwendet. Für einen Großteil der Versuche konnte der jeweilige andere Plexus als Kontrollpräparat dienen.

Tab. 1. Kat- und Anionengehalt des Inkubationsmilieus (Konzentration in mM)

	Tyrodelösung	Krebs-Lösung
Na^+	149,18	156
K^+	4,02	4,8
Ca^{++}	2,7	1,3
Mg^{++}	1,26	0,78
Cl^-	148,8	128
HPO_4^{--}	—	16,5
$H_2PO_4^-$	0,42	—
HCO_3^-	11,9	—
SO_4^{--}	—	0,78
Glucose	200 mg%	200 mg%

Zusammensetzung der Inkubationsmedien für die Warburg-Methode (Krebs-Ringer-Lösung) und die In-vitro-Untersuchungen des Kationenhaushaltes (Tyrode-Lösung). Begast wurde die Krebs-Ringer-Lösung in den Reaktionsgefäßen mit reinem Sauerstoff, die Tyrode-Lösung mit Carbogen (95% O_2, 5% CO_2).

1. Licht- und elektronenmikroskopische Untersuchungen

Für die lichtmikroskopischen Untersuchungen wurden in neutralem Formalin fixierte Plexus verwendet, die sofort nach Entnahme fixiert wurden. Für Untersuchungen, die der Klärung von versuchsbedingten histologischen Veränderungen dienten, fixierten wir die Präparate nach einstündiger Inkubation in einer bei 35 °C begasten Tyrode-Lösung. Nach Entwässerung in der aufsteigenden Alkoholreihe wurden die Präparate in Paraffin eingebettet. 6—8 μ dicke Schnitte färbten wir nach folgenden Methoden: Hämatoxylin-Eosin, Resorcin-Fuchsin nach Weigert, van Gieson, Azan-Färbung, Trichrom-Färbung nach Goldner, Versilberung nach Gomori, Tannineisen-Methode nach Salazar.

Für die elektronenmikroskopischen Befunde fixierten wir die Präparate sofort nach der Entnahme mit eisgekühltem 3,5%igen Glutaraldehyd in 0,1 M Cacodylatpuffer, nachkontrastiert wurde in 1%igem Osmiumtetoxyd. Die fixierten Präparate wurden in Durcupan ACM (Fluka) eingebettet, Schnitte mit dem Porter-Blum MT II und dem LKB-Mikrotom angefertigt und mit dem Siemens Elmiskop II untersucht. Die elektronenmikroskopische Vergrößerung betrug zwischen 1250× und 8000×.

2. Bestimmung des Sauerstoffverbrauches

Der Sauerstoffverbrauch der Plexus wurde manometrisch mit der direkten Warburg-Methode gemessen. Hierbei fand der Warburg-Apparat P 166 (L) der Firma Braun (Melsungen) Verwendung. In der Regel wurde die *Geschwindigkeit des Sauerstoffverbrauchs* pro Zeiteinheit und Trockensubstanz bestimmt. Die Berechnung des Sauerstoffverbrauches nahmen wir unter Berücksichtigung der an den Thermobarometern gewonnenen Korrekturwerte aus den Manometerablesungen, den Gefäßkonstanten und dem Trockengewicht (TG) der Plexus vor.

Die Größe des Sauerstoffverbrauches wurde definiert in $\mu l\ O_2/mg\ TG \times h\ (QO_2)$.

Tab. 2. Substratabhängigkeit des Sauerstoffverbrauches

Substrat	*Plexus chor.* ($\mu l\ O_2/mg\ TG \times h$)	*Cortex* ($\mu l\ O_2/mg\ TG \times h$)
Glukose (Kontr.)	11,86 ± 0,41 ($n = 50$)	9,74 ± 0,87 ($n = 6$)
Pyruvat	19,28 ± 1,27 ($n = 6$)+	9,46 ± 0,36 ($n = 6$)
Laktat	17,95 ± 1,68 ($n = 6$)+	7,62 ± 1,1 ($n = 6$)
Succinat	46,41 ± 3,95 ($n = 12$)+	6,49 ± 0,9 ($n = 5$)+
Fruktose	9,21 ± 0,83 ($n = 6$)	10,29 ± 0,62 ($n = 6$)
Sorbit	14,1 ± 1,53 ($n = 6$)	5,22 ± 0,76 ($n = 4$)+
GABA	10,45 ± 1,48 ($n = 6$)	4,59 ± 0,69 ($n = 5$)+
Glutamat	11,1 ± 2,11 ($n = 6$)	6,99 ± 0,54 ($n = 7$)+

Versuchsbedingungen: Krebs-Ringer-Lösung, T = 35 °C, Substratkonzentration: 10 mM, Zusatz der Substrate als Na-Salze. n = Zahl der dem Mittelwert zugrunde liegenden Einzelversuche. + = signifikante Abweichung vom Mittelwert der Kontrollen ($P < 0{,}01$).

3. *Bestimmung des Extrazellulärraumes (ECR)*

Als Extrazellulärraum wurde im Nachfolgenden der Inulinraum unserer Präparate bezeichnet. Wir benutzten die Methode von NORMAN et al. (1959) für In-vitro-Bestimmungen an besonders kleinen Gewebsteilen. Die einzelnen Plexus wurden nach der Entnahme in einer begasten Tyrode-Lösung 30 min vorinkubiert. Sodann wurden sie in eine Tyrode-Lösung weitergegeben, die 100 mg% alkalistabiles Inulin (Firma Boehringer, Mannheim) enthielt und darin über verschiedene Zeiträume bis maximal 4 Std. inkubiert. Nach Ablauf der gewünschten Zeitspanne wurden die Präparate rasch in einer normalen Tyrode-Lösung von der oberflächlich anhaftenden Badlösung befreit, gewogen und über 12 Std. in 5 ml Aqua dest. dialysiert. 1 ml dieser Flüssigkeit wurde entnommen und der Kohlehydratgehalt mit dem Anthron-Reagenz bestimmt. Hierfür verwendeten wir das Verfahren nach DREYWOOD (1946) in einer Modifikation. Die Inulinkonzentration der Proben wurde gegen eine Eichkurve aus Inulin (1—10 mg Inulin/100 ml Aqua dest.) gemessen und unter Berücksichtigung der Gewebeleerwerte sowie der Verdünnungsfaktoren berechnet. Der Inulinverteilungsraum im Gewebe wurde in Prozenten der Inulinkonzentration der jeweiligen Äquilibrierungslösung angegeben (ml/100 g FG).

4. *Bestimmung des Wasser- und Elektrolytgehaltes*

Die Plexus wurden sofort nach der Entnahme in einer begasten Tyrode-Lösung inkubiert. Nach 30 Minuten setzten wir die Präparate den jeweiligen Versuchsbedingungen aus; die Temperatur betrug in der Regel 35 °C, (Temperaturkonstanz $\pm 0{,}1$ °C), die Inkubationsdauer für den eigentlichen Versuch 60 min.

Aus der Gewichtsdifferenz zwischen Feucht- und Trockengewicht wurde der Wassergehalt ermittelt und definiert in ml/100 g Feuchtgewicht.

Der Plexus wurde sodann in dem gewonnenen Veraschungsröhrchen mit 0,5 ml Veraschungsgemisch (konz. HNO_3 und konz. $HClO_4$ zu gleichen Teilen) versetzt und im elektrisch geheizten Aluminiumblock bei Temperaturkonstanz um 280 °C naß verascht. Der Rückstand wurde in 2,0 ml 0,1 n HCL unter Erwärmen auf annähernd 80 °C aufgenommen. Diese Proben dienten zur flammenphotometrischen Bestimmung von Na^+, K^+ und Ca^{2+}. Die Reagentienleerwerte wurden in der üblichen Weise berücksichtigt. Parallel zu diesen Proben wurden kleine Mengen (0,05 ml) der jeweiligen Inkubationslösungen (Tyrode- bzw. KREBS-RINGER-Lösung) gleichfalls verascht.

Aus den erhaltenen Werten wurde unter Berücksichtigung des Feuchtgewichtes der Kationengehalt pro g Feuchtgewicht berechnet, sodann für Na^+ und K^+ die Konzentration pro ml Zellwasser.

In die Berechnung gingen nach der Beziehung

$$(C) = \frac{C_{Gewebe} - C_e \times ECR}{WG - ECR}$$

die gemessenen Kationenkonzentration im Gewebe (C_{Gewebe}) in mval/kg Feuchtgewicht, die extrazelluläre Kationenkonzentration (C_e) in mval/l, der Wassergehalt des Gewebes (WG) und der Extrazellulärraum (ECR) ein. Die nach dieser Beziehung errechneten Werte geben die intrazelluläre Kationenkonzentration in mval/l bzw. µval/ml Zellwasser an. Diese Berechnung ist zulässig, da Na^+ und K^+ einmal zu 100% zwischen extrazellulärem und intrazellulärem Raum austauschen und zum anderen nur in der wäßrigen Phase intrazellulär gelöst sind. Für die Calciumwerte gilt die Dimension µval/g Feuchtgewicht.

5. *Aufnahme von $^{22}Na^+$ und $^{45}Ca^{2+}$*

Nach Ablauf der geplanten Versuchsdauer wurden die Präparate rasch der aktiven Tyrode-Lösung entnommen, durch kurzes, standardisiertes Eintauchen in inaktive Lösung von der außen anhaftenden Aktivität befreit, gewogen, getrocknet und nach Bestimmung des Trockengewichtes naßverascht.

Der Veraschungsrückstand der aktiven Proben wurde in 1 ml 0,1 n HCL aufgenommen und mit 1 ml absolutem Äthylalkohol versetzt. 1,5 ml dieser Probe wurden mit 10 ml Szintillationsgemisch (BRAY (1960)) in entsprechende Szintillationsgläschen pipettiert. Die Meßausbeute wurde durch eine geeignete Einstellung der Kanäle des benutzten Tric-Carb-Flüssigkeitsszintillationsspektrometers (PACKARD) unter Berücksichtigung der Verstärkung, Hochspannung, Diskriminatorhöhe und Bandbreite möglichst optimal gehalten. Die Probenserien enthielten ferner noch Standardproben, die aus den benutzten aktiven Lösungen hergestellt wurden, und Proben zur Korrektur des „quenching effect".

Die gemessene Aktivität in den einzelnen Proben wurde nach Korrektur des Nulleffektes unter Berücksichtigung des „quenching effect" umgerechnet in die spezifische Aktivität des jeweiligen Kations im Gewebe (Imp. pro Zeiteinheit × mval) und zu der ebenso bestimmten spezifischen Aktivität der Tyrode-Lösung in Relation gesetzt. Wir gaben in der Regel die spezifische Aktivität im Gewebe in Prozenten der Aktivität in der Tyrode-Lösung an. Dieser Wert spez. $Akt._{Gew.}$: spez. $Akt._{Tyr.}$ gibt direkt Aufschluß über das Ausmaß der Markierung des jeweiligen Kations im Gewebe.

6. *Bestimmung der Abgabe von $^{22}Na^+$ und $^{45}Ca^{2+}$*

Die Präparate wurden nach der Entnahme für 30 min in einer inaktiven Tyrode-Lösung vorinkubiert und sodann in einer aktiven Lösung 45 min aufgeladen. Am Ende der Aufladeperiode wurde das Präparat sodann in rascher Folge zu bestimmten Zeitpunkten in Inkubationsröhrchen weitergegeben, die 2 ml inaktiver Tyrode enthielten. Diese Proben wurden bei konstanter Temperatur begast. Nach Beendigung der Auswaschperiode wurde der Plexus gewogen, getrocknet, naßverascht und der Rückstand in 1 ml 0,1 n HCL aufgenommen. Die einzelnen Proben der Spülflüssigkeit wurden im Wärmeschrank eingedampft, den Rückstand verwendeten wir zur Bestimmung der Radioaktivität gleichfalls nach Naßveraschung in der bereits beschriebenen Weise. Die Veraschungsrückstände der Spülflüssigkeit und des Plexus wurden einheitlich in 1 ml 0,1 n HCL aufgenommen und mit 1 ml absolutem Äthylalkohol versetzt. 1,5 ml hiervon wurden dann zu 10 ml Szintillationsgemisch (BRAY (1960)) pipettiert.

Nach Messung der Aktivität in den einzelnen Proben unter den beschriebenen Kriterien wurde die Gesamtmenge der abgegebenen Aktivität (Imp. pro Zeiteinheit) aus der in den Spülproben abgegebenen und zum Schluß im Plexus verbliebenen Aktivität errechnet und gleich 100% gesetzt. Aus diesen Werten wurde die zum jeweiligen Meßzeitpunkt noch im Gewebe verbliebene Aktivität rechnerisch in Prozenten der Gesamtaktivität bestimmt und als Abgabekurve im semilogarithmischen System analysiert. Aus diesen Kurven gewannen wir die Halbwertszeit einer langsam abgegebenen Fraktion und durch Extrapolation nach Null und Substraktion dieser Werte von der Gesamtaktivität eine nicht einheitlich zusammengesetzte schnell abgegebene Fraktion. Ferner kann der Anteil der langsam austauschenden Fraktion an der Gesamtaktivität zu Beginn der Auswaschperiode graphisch und rechnerisch bestimmt werden.

7. *Statistische Bearbeitung der Untersuchungsergebnisse*

Die Meßwerte homogener Versuchsgruppen wurden in der Regel gemittelt, zusätzlich wurde der mittlere Fehler des Mittelwertes errechnet. Für die Signifikanzberechnungen führten wir den Mittelwertsvergleich mit dem t-Test nach STUDENT durch, wobei die Null-Hypothese bei einem P kleiner als 0,01 abgelehnt wird. Für eindeutig lineare Kurvenabschnitte errechneten wir Regressionsgeraden. In den graphischen Darstellungen sind stets, wenn nicht ausdrücklich anders angegeben, die Mittelwerte und die mittleren Fehler der Mittelwerte angegeben. Neben der Gleichung der jeweiligen Regressionsgeraden erhielten wir den Korrelationskoeffizienten, die Halbwertszeit, den Anteil der langsam austauschenden Fraktion an der gesamten Aktivität im Gewebe zum Zeitpunkt Null. Die statistische Auswertung dieser Versuchsergebnisse erfolgte nach varianzanalytischen Verfahren.

Befunde

1. *Morphologische Befunde*

Im lichtmikroskopischen Bild zeigt der Plexus chorioideus (Pl.) des Kaninchens den außerordentlich typischen papillären Aufbau, wobei ein kubischer, einschichtiger Zellfilm, der histogenetisch dem Ependym zuzuordnen ist, das gefäßführende Bindegewebe allseits bedeckt (Abb. 1). Im Bereich der Plexuszotten ist der Bindegewebsanteil außerordentlich gering (Abb. 2). Die Zellen selbst lassen einmal nicht selten unterschiedlich große Vakuolen im Zytoplasma erkennen, zum anderen einen feinen Saum mit Mikrovilli an der apikalen Zellfläche (Abb. 3). Die lichtmikroskopische Struktur ist hinlänglich bekannt und in der zusammenfassenden Arbeit von SCHALTENBRAND (1955) ausführlich beschrieben. Mit elektronenmikroskopischen Methoden wurde der Pl. des Kaninchens in den vergangenen Jahren von MILLEN und ROGERS (1956), WISLOCKI und LADMAN (1958), TENNYSON und PAPPAS (1961, 1964), MARIN GIRON (1965) sowie WEINDL et al. (1969) beschrieben.

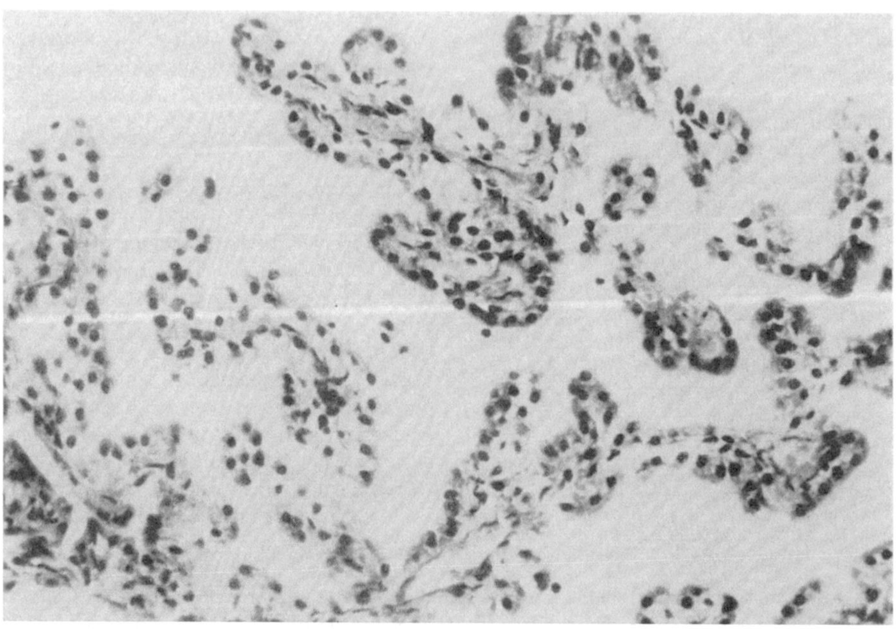

Abb. 1. *Plexus chorioideus* des Kaninchens. Papillärer Aufbau aus einer schmalen, gefäßführenden Bindegewebsschicht und einem einschichtigen ependymalen Epithelbelag. Hämatoxylin-Eosin, 240fach.

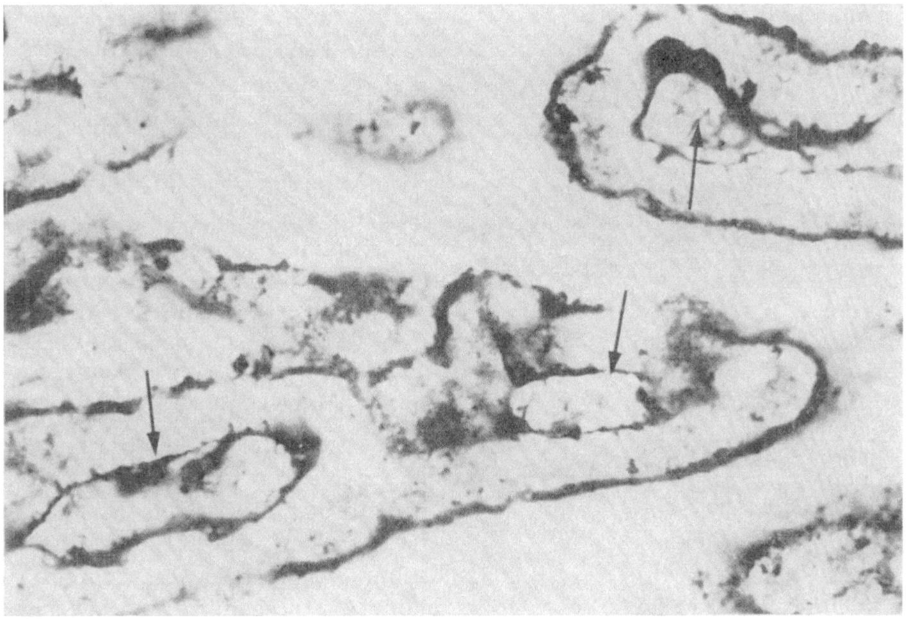

Abb. 2. *Plexus chorioideus* des Kaninchens. Feine argyrophile Fasern sind direkt an der basalen Zellfläche lokalisiert und folgen nach den elektronenmikroskopischen Befunden nach der Zell- und Basalmembran. Die Pfeile markieren das argyrophile Material im Bereich der gefäßführenden Stromschicht. Versilberung nach GOMORI, 800fach.

Die Feinstruktur der Plexuszelle ist geprägt durch einen hohen Gehalt an Mitochondrien vom Cristaetyp, die bisweilen kranzförmig den Zellkern umgeben (Abb. 4, 5). Die Nuclei zeigen eine gleichmäßige Verteilung des Chromatin und feine Chromatinanhäufungen an der mit zahlreichen Poren versehenen Kernmembran. Granuliertes endoplasmatisches Retikulum ist in reichem Maße nachweisbar, häufig in Form mehrerer, parallel verlaufender Membranpaare, und zeigt topisch eine Häufung in den apikalen Zellanteilen (Abb. 4, 6, 7). Weitere Zytoplasmastrukturen sind der GOLGI-Apparat und Lysosomen. Die Zelloberfläche weist einen reichen Besatz mit Mikrovilli auf, die bereits im lichtmikroskopischen Bild nachweisbar sind (Abb. 4, 5). Zusätzlich finden sich in unterschiedlicher Häufigkeit Zilien (Abb. 5) mit kreisförmig angeordneten Filamenten im Inneren und typischen Insertionen im Zytoplasma. Ihr Aufbau entspricht den Kriterien, die von ANDRE (1961), FAURE-FREMIET (1961) und GIBBONS (1965) aufgestellt wurden. Sie finden sich durchweg in kleineren Anhäufungen von 11 bis 16 Zilien in zirkulärer oder ovalärer Anordnung an der apikalen Fläche der einzelnen Zelle (Abb. 5). Die seitlichen Zellwandungen sind häufig durch Einstülpungen der Zellmembran eng miteinander verzahnt (Abb. 4, 7), die Zellgrenzen in unmittelbarer Nähe der apikalen Zellanteile zeigen ferner eine typische Zonula occludens, in der der Interzellularspalt verschlossen erscheint (Abb. 4, 7). Das basale Plasmalemm weist in großer Zahl Invaginationen und Vesikel auf, die für die Mikropinozytose typisch sind (Abb. 8). Die Dichte des Zytoplasma ist bei einzelnen Zellen außerordentlich unterschiedlich (Abb. 4). Die Basalmembran an der basalen Zellfläche besteht aus einem homogenen, osmiophilen Material mit relativ geringer Elektronendichte (Abb. 6, 8), die kontinuierlich den einschichtigen Epithelbelag gegen den bindegewebigen, gefäßführenden Anteil der Plexuszotten abgrenzt. Ein häufig anzutreffender Befund sind Vakuolen sehr differenter Größe im Zytoplasma mit einem vorwiegend wäßrigen Inhalt und Lipidkörper, die speziell beim Kaninchen typische morphologische Charakteristika aufweisen (WEINDL et al. (1969)). Wir haben Plexuspräparate vor und nach zweistündiger Inkubation in begaster Tyrode-Lösung untersucht, ohne irgendwelche strukturellen Unterschiede nachweisen zu können. Insbesondere war eine erhöhte Vesikulation des Zytoplasma oder gar eine Destruktion bestimmter Zellanteile nicht zu beobachten.

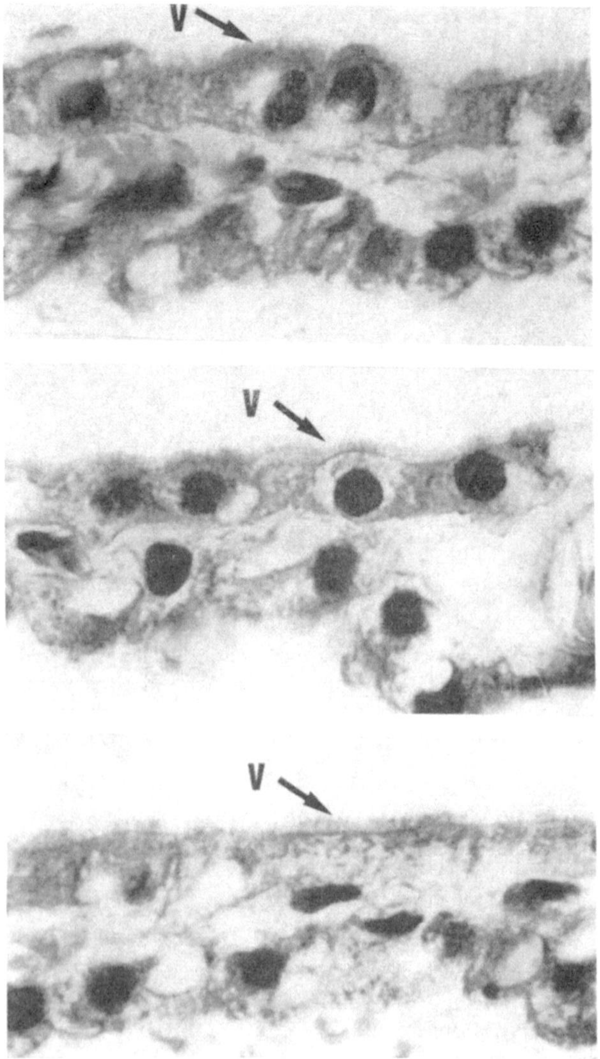

Abb. 3. Die *apikale Zelloberfläche* ist mit einem feinen Besatz an Mikrovilli versehen, der bei geeigneter Fixation und Färbung auch lichtmikroskopisch sichtbar zu machen ist (V = Mikrovilli). VAN GIESON, 920fach

2. *Der Sauerstoffverbrauch des Plexus chorioideus unter Kontroll- und Versuchsbedingungen*

Die Plexus zeigen einen über längere Zeit (bis zu 3 Stunden) konstanten Sauerstoffverbrauch, der unter Kontrollbedingungen bei 11,86 $\pm$ 0,41 µl O_2/mg TG $\times$ h ($n = 50$) liegt (Abb. 9). Schnitte aus der Hirnrinde, die unter gleichen Bedingungen inkubiert wurden, wiesen einen Q_{O_2} von 9,74 $\pm$ 0,87 µl O_2/mg TG $\times$ h ($n = 6$) auf und lagen damit deutlich niedriger als die Plexuspräparate (Tab. 2). Wie zu erwarten, ist dieser Parameter durch Temperatursenkung zu beeinflussen (Abb. 9). Eine Inkubationstemperatur von 25 °C reduziert den Q_{O_2} auf 4,29 $\pm$ 0,53 ($n = 4$), der Q_{10} der Reaktion beträgt somit annähernd 2,1. Bei einer Inkubationstemperatur von 15 °C verbrauchen die Präparate noch 1,0 $\pm$ 0,83 µl O_2/mg TG $\times$ h ($n = 6$).

Bei Variation der Kationenkonzentration im Inkubationsmedium finden sich in zwei Fällen recht typische Veränderungen; sowohl der Kalium- wie auch der Natriumentzug reduziert die Atmung des Gewebes beträchtlich (Abb. 10). Der Q_{O_2} beträgt im ersten Falle 3,25 $\pm$ 0,26 ($n = 4$), im zweiten Falle 4,20 $\pm$ 0,54 ($n = 5$) µl O_2/mg TG $\times$ h. Die Inkubation in einem calciumfreien Milieu beeinflußt die Gewebeatmung nicht. Auch eine Steigerung der Kalium- und Natriumkonzentration bleibt ohne Einfluß auf den Q_{O_2}. Eine Steigerung des Calciumgehaltes der KREBS-RINGER-Lösung über die Konzentration hinaus, die in Tab. 1 angeführt ist, war nicht möglich, da es durch Überschreiten des Löslichkeitsproduktes zu kristallinen Ausfällen kam. Der Calciumgehalt des Inkubationsmediums scheint jedoch für die Gewebeatmung unseres Präparates ohne Bedeutung zu sein.

Während ein Natriumentzug die Atmung des Plexus stark reduziert, ist dieses monovalente Kation durch Lithium in äquimolaren Konzentrationen zu ersetzen (Abb. 9). Die Atmung bleibt mit einem Q_{O_2} von 11,64 $\pm$ 2,15 ($n = 5$) völlig unbeeinflußt. Andererseits läßt der Sauerstoffverbrauch eine deutliche Abhängigkeit von der extrazellulären Natriumkonzentration erkennen (Abb. 11). Die Darstellung zeigt, daß der Sauerstoffverbrauch mit steigender Natriumkonzentration im Inkubationsmedium unter osmotischem Ausgleich mit Saccharose zunimmt. Die Calciumkonzentration beeinflußt diese Abhängigkeit nicht. Eine Erhöhung der Kaliumkonzentration auf 50 mM im Inkubationsmedium steigert die Atmung der Cortexschnitte von 9,74 $\pm$ 0,87 ($n = 6$) auf 15,83 $\pm$ 0,34 ($n = 6$) µl O_2/mg TG $\times$ h. Die Differenz ist signifikant ($P < 0{,}01$). Der Plexus zeigt unter den gleichen Bedingungen eine Atmung von 14,2 $\pm$ 1,64 ($n = 6$) gegenüber den Kontrollen mit einem Q_{C2} von 11,86 $\pm$ 0,41 µl O_2/mg TG $\times$ h; die Mittelwerte dieser beiden Gruppen unterscheidet sich nicht signifikant.

In einer weiteren Versuchsgruppe prüften wir vergleichend den Sauerstoffverbrauch des Plexus chorioideus und von Hirnrindenschnitten, die mit einer Rasierklinge in einer Stärke von 0,3–0,4 mm dem Cortex des freigelegten Großhirns entnommen wurden. Die Rindenschnitte wurden 5–6 min nach dem Tode des Tieres den geplanten Versuchsbedingungen ausgesetzt. Unter

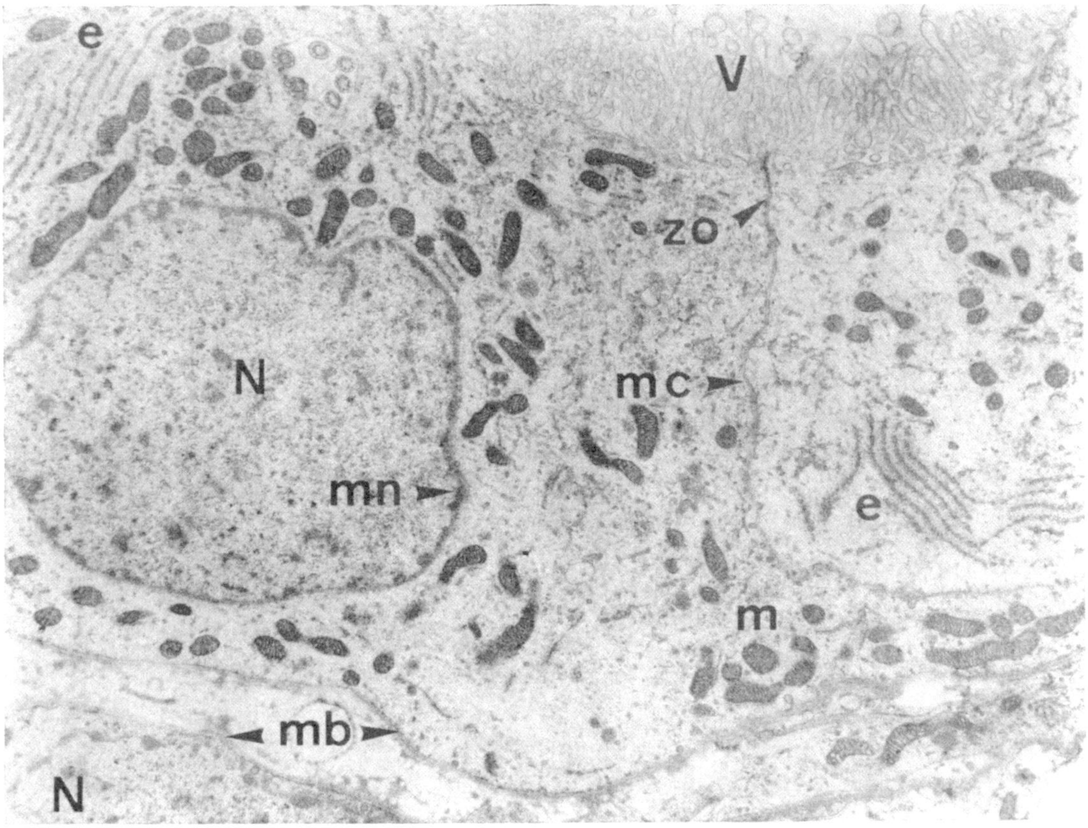

Abb. 4. *Elektronenmikroskopisches Übersichtsbild.* Die apikale Zellfläche mit dem Besatz an Mikrovilli im oberen Bildteil, die basale Oberfläche mit der Basalmembran im unteren Bildanteil. Die unterschiedliche Dichte des Zytoplasma wird bei den beiden angeschnittenen Zellen deutlich. Einzelheiten siehe im Text. Abkürzungen: V = Mikrovilli, m = Mitochondrien, mc = Zellmembran, zo = Zonula occludens, N = Nucleus, mn = Kernmembran, e = Ergastoplasma, mb = Basalmembran. Gesamtvergrößerung: 10120×, Arch.-Nr.: 218/70.

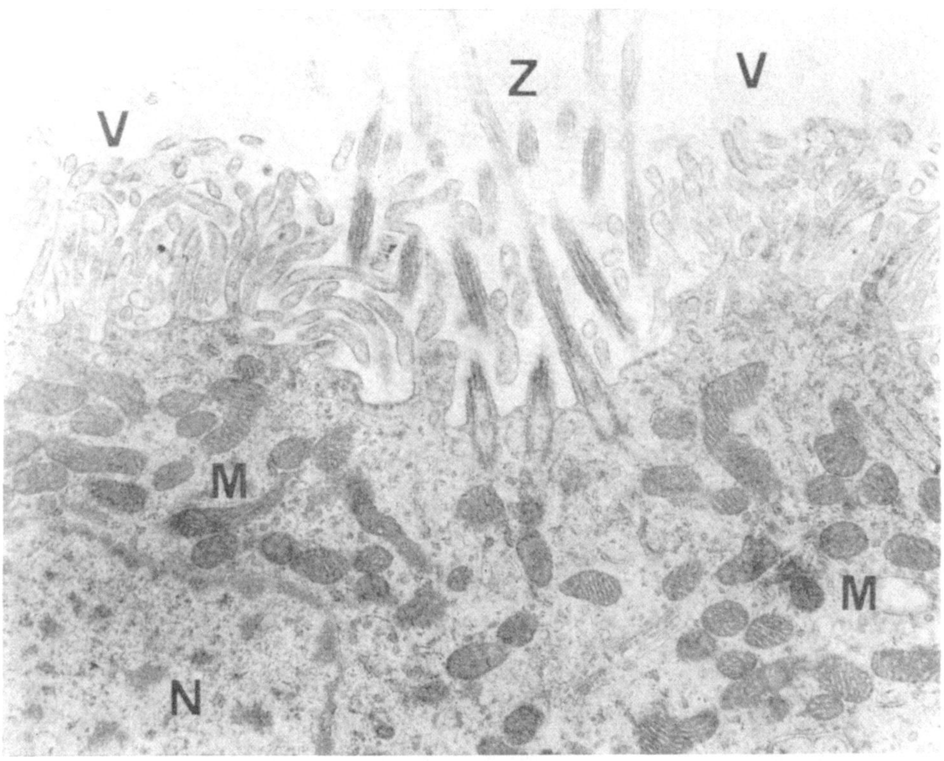

Abb. 5. An der *apikalen Zelloberfläche* finden sich neben dem geschlossenen Besatz mit Mikrovilli inselförmig in Gruppen angeordnete Zilien mit ihrer typischen Innenstruktur. Abkürzungen: Z = Zilien, V = Mikrovilli, M = Mitochondrien, N = Zellkern. Gesamtvergrößerung: 18860×, Arch.-Nr.: 223/70.

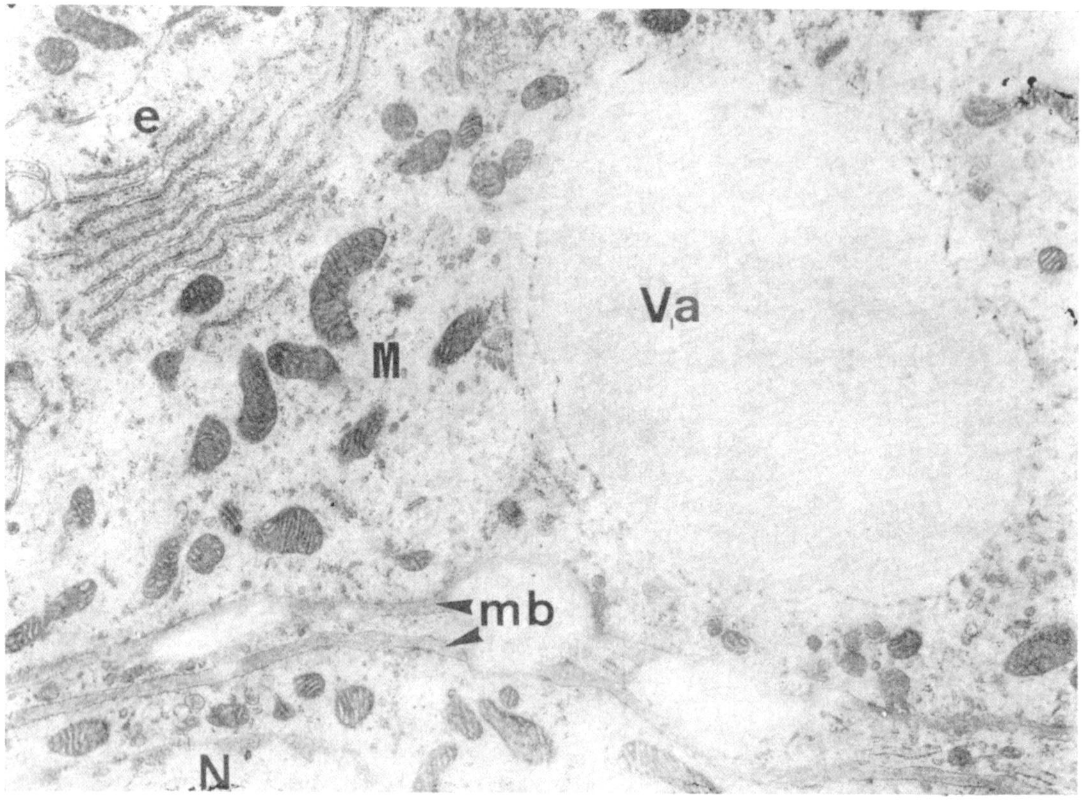

Abb. 6. Darstellung der *basalen Zellfläche* mit einer großen Vakuole, deren Inhalt eine sehr geringe Dichte aufweist. Die Basalmembranen zweier Zellen grenzen hier aneinander. Abkürzungen: mb = Basalmembran, Va = Vakuole, M = Mitochondrien, N = Kern. Gesamtvergrößerung: 18860×, Arch.-Nr.: 225/70.

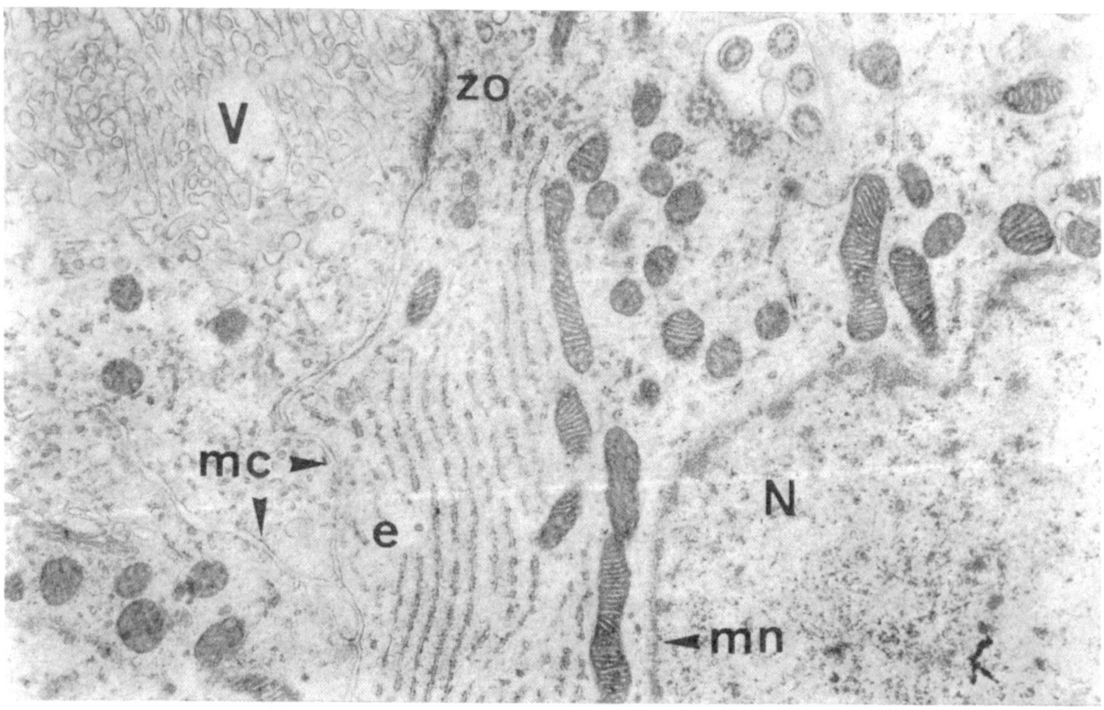

Abb. 7. Die *seitlichen Zellwandungen* besitzen nahe der apikalen Zelloberfläche eine eigentümliche Strukturverdichtung in Form der Zonula occludens, die anscheinend eine Abdichtung der Interzellulärräume gegen die Zelloberfläche hin bedeutet. Die funktionelle Bedeutung dieser Struktur ist nicht sicher bekannt. Das Bild zeigt ferner die dichte perinucleäre Lagerung der Mitochondrien und das im apikalen Zellanteil angeordnete Ergastoplasma. Die Zellgrenzen sind eng miteinander verzahnt. Abkürzungen: N = Nucleus, M = Mitochondrien, V = Mikrovilli, e = Ergastoplasma, mc = Zellmembran, zo = Zonula occludens. Gesamtvergrößerung: 18860×, Arch.-Nr.: 226/70.

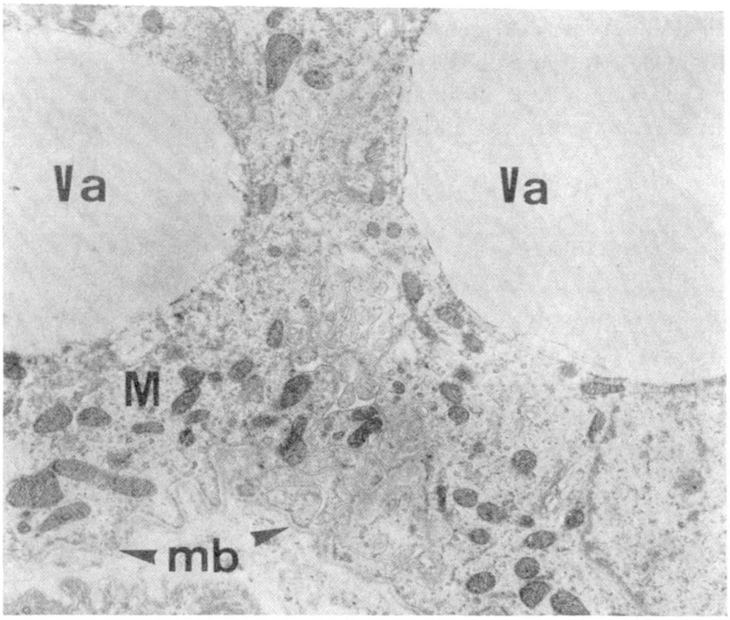

Abb. 8. Der Bildausschnitt läßt die hier extrem starke Verzahnung der *seitlichen Zellwandungen* erkennen, wobei sich auch die basalen Zellflächen im Sinne eines „basalen Labyrinthes" an diesen Einfaltungsvorgängen beteiligen können. Abkürzungen: mb = Basalmembran, M = Mitochondrien, Va = Vakuolen. Gesamtvergrößerung: 10120×, Arch.-Nr.: 220/70.

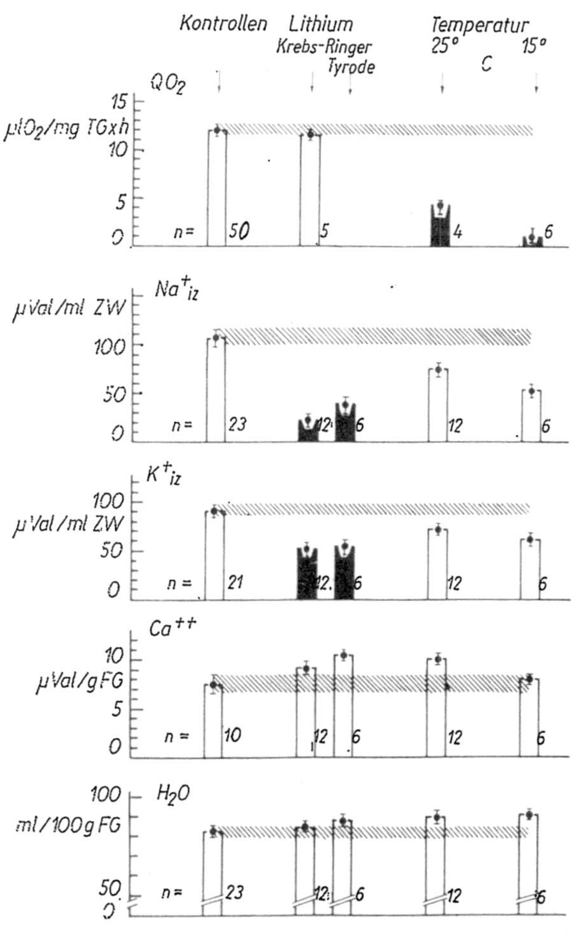

Kontrollbedingungen beträgt der Ruheverbrauch an O_2 für die Hirnrinde 9,74 ± 0,87 µl O_2/mg TG × h. Dieser Wert liegt gering unter dem Q_{O_2} des Plexusgewebes.

3. *Wassergehalt und Elektrolytkonzentrationen*

Für die weiteren Untersuchungen benötigen wir den Extrazellulärraum, der als Inulinraum nach der oben beschriebenen Methode bestimmt wurde. Wir erhielten für den Inulinraum einen Wert von 16,8 ± 1,1 ml/100 g FG ($n = 15$), der den für Hirngewebe ermittelten Werten weitgehend entspricht. Unter Benutzung dieses Wertes und bei Gleichsetzung der Serumkonzentrationen an Na^+, K^+ und Ca^{2+} mit der extrazellulären Konzentration lassen sich als Näherung die intrazellulären Natrium- und Kaliumwerte für die Verhältnisse in vivo bestimmen (Abb. 12). Durch

Abb. 9. Verhalten der verschiedenen Parameter bei *Ersatz von* Na^+ durch äquimolare Mengen Li^+ sowie bei *Senkung der Inkubationstemperatur* auf 25° und 15 °C. Angegeben sind hier und auf allen folgenden Darstellungen die Mittelwerte und die mittleren Fehler der Mittelwerte ($S\bar{x}$) sowie die Zahl der Einzelversuche (n). Schwarz gekennzeichnet sind signifikante Abweichungen von der Kontrollgruppe ($P < 0,01$).

die Inkubation kommt es zu einem Ansteigen der intrazellulären Natriumkonzentration von 64,05 ± 7,74 ($n = 11$) auf 105,85 ± 8,01 µval/ml ($n = 23$) Zellwasser und zu einem entsprechenden Absinken der Kaliumwerte von 130,12 ± 0,8 ($n = 11$) auf 89,89 ± 5,6 ($n = 21$) µval/ml Zellwasser. Der Gewebsgehalt an Calcium ist mit 6,04 ± 0,25 ($n = 6$) für die Verhältnisse in vivo und mit 7,31 ± 0,93 µval/g FG für die Verhältnisse in vitro praktisch konstant. Der Wassergehalt des Gewebes steigt von 72,9 ± 1,2 auf 82,3 ± 2,2 ml/100 g FG an. Diese Veränderungen gehen relativ rasch vor sich und sind nach 15 min bereits völlig abgeschlossen.

Eine Senkung der Inkubationstemperatur auf 25° und 15 °C (Abb. 9) läßt den Wassergehalt des Gewebes leicht ansteigen, die intrazelluläre Natriumkonzentration nimmt ab. Bei 15 °C ist ein Absinken auch des intrazellulären Kaliumgehaltes zu beobachten. Wird Natrium durch Lithium ersetzt, so fällt der intrazelluläre Natriumgehalt stark ab. Die Tyrode-Lösung ist jedoch nicht völlig natriumfrei, da Na^+ als Kation der Puffersubstanzen in geringen Mengen erhalten bleibt (12,3 mM). Die KREBS-RINGER-Lösung enthält entsprechend ihrer anderen Zusammensetzung noch 34,56 mM Na^+ als Kation für HPO_4^{--} und SO_4^{--}. Dieser unterschiedlich hohe Gehalt an Natrium spiegelt sich in der intrazellulären Konzentration wider (Abb. 9). Der intrazelluläre Gehalt in einer Tyrode-Lösung liegt mit 23,17 ± 1,8 ($n = 12$) µval/ml ZW deutlich niedriger als in der KREBS-RINGER-Lösung mit 38,95 ± 1,94 ($n = 6$) µval/ml ZW. Der intrazelluläre Kaliumgehalt sinkt in beiden Medien auf annähernd gleiche Werte signifikant ab. Der Gehalt des Gewebes an Calcium ist gering erhöht, der Wassergehalt im Vergleich zu den Kontrollen nicht sicher verändert.

Änderungen der Kationenkonzentrationen in der Inkubationslösung und damit im extrazellulären Raum werden von gleichsinnigen Änderungen der intrazellulären Konzentrationen der jeweiligen Ionen begleitet (Abb. 10). In der kaliumfreien Lösung sinkt der intrazelluläre Gehalt auf extrem niedrige Werte ab (7,3 ± 1,3 µval/ml ZW, $n = 12$). Zugleich steigt der Natriumgehalt stark an. Bei Senkung der extrazellulären Kaliumkonzentration auf 50% der Kontrollbedingungen wird intrazellulär gleichfalls etwa die Hälfte des Kaliumspiegels im Vergleich zu den Kontrollen konstant gehalten. Eine Steigerung der extrazellulären Kaliumkonzentration auf das Dreifache der Kontrollen läßt Kalium intrazellulär auf 195,49 ± 10,45 µval/ml ZW ($n = 6$) ansteigen, zugleich ist der Calciumgehalt des Gewebes mit 14,02 ± 0,79 µval/g FG ($n = 6$) signifikant gesteigert. Änderungen der extrazellulären Calciumkonzentration werden vom Gewebsgehalt gleichsinnig beantwortet.

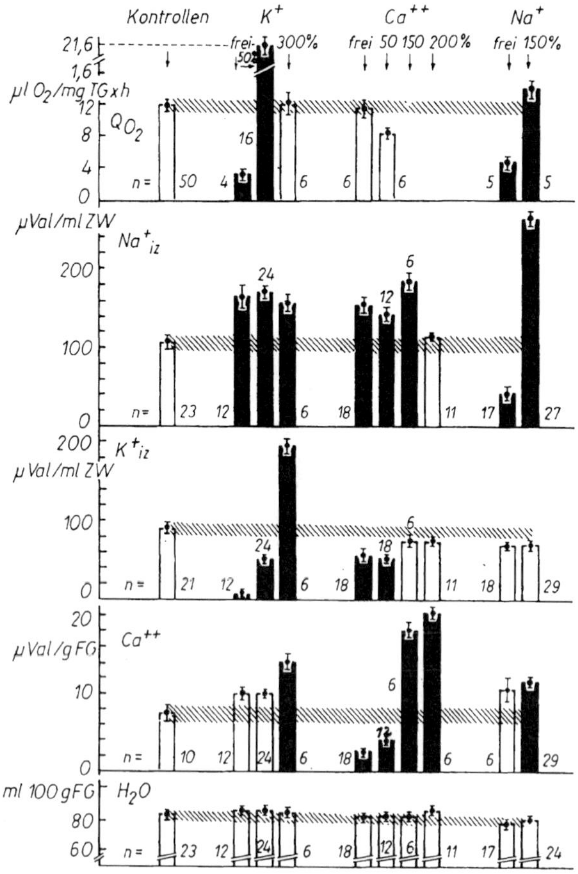

Abb. 10. Änderungen der Versuchsparameter unter dem Einfluß von *Variationen der Kationenzusammensetzung* in den Inkubationsmedien.

In einer calciumfreien Lösung und bei einem auf die Hälfte reduzierten Calciumgehalt ist zugleich der intrazelluläre Kaliumgehalt signifikant vermindert. Der Wassergehalt des Gewebes bleibt unbeeinflußt. Der Effekt einer starken Senkung des extrazellulären Natriumgehaltes wurde bereits besprochen, eine Steigerung auf 150% der Kontrollbedingungen läßt die intrazelluläre Natriumkonzentration auf 264,68 ± 9,36 µval/ml ZW ($n = 27$) ansteigen. K^+_{iz} sinkt dabei gering ab, Calcium hingegen steigt leicht, jedoch signifikant an. Der Wassergehalt bleibt unverändert.

4. *Aufnahme von $^{22}Na^+$ und $^{45}Ca^{2+}$*

Die Markierung des Na^+ im Plexusgewebe erfolgt mit einer relativ hohen Geschwindigkeit (Abb. 13); bereits nach 5 Minuten sind praktisch nahezu 90% (88,5 ± 5,6) markiert, nach 10 min ist das gesamte Natrium im Gewebe gegen das extrazelluläre Natrium ausgetauscht (98,35 ± 9,05).

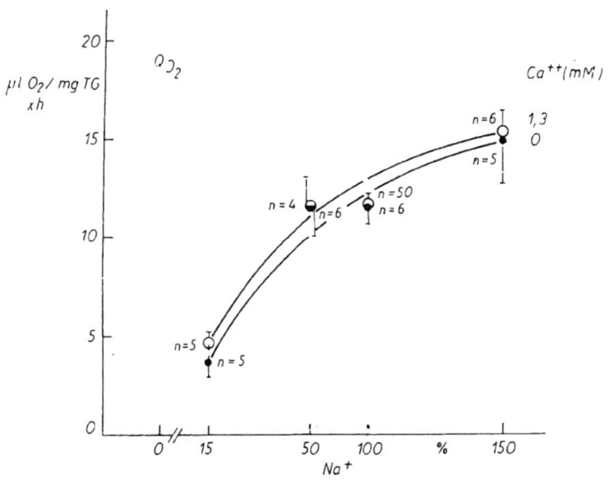

Abb. 11. *Abhängigkeit des Sauerstoffverbrauches des Plexusgewebes von der extrazellulären Na^+-Konzentration* bei normaler (1,3 mM) Calciumkonzentration und unter Calciumentzug (0 mM).

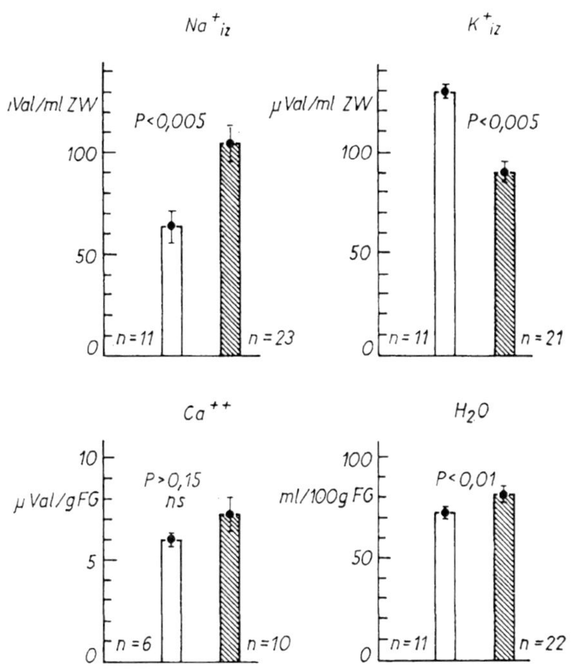

Abb. 12. *Veränderungen der Kationenkonzentrationen und des Wassergehaltes* unter der Inkubation. Weiße Säulen frisch entnommene Plexuspräparate. Schraffierte Säulen: nach 1 Std. Inkubation in Tyrode-Lösung.

Die spezifische Aktivität im Gewebe ist der Tyrode-Lösung gleich.

Ca^{2+} zeigt ein deutlich differentes Verhalten. Nach 5 min sind annähernd 40% des Gewebsgehaltes markiert, nach 15 min nur unwesentlich mehr, nach einer halben Stunde erreicht die Markierung rund 60% des gesamten Calcium-

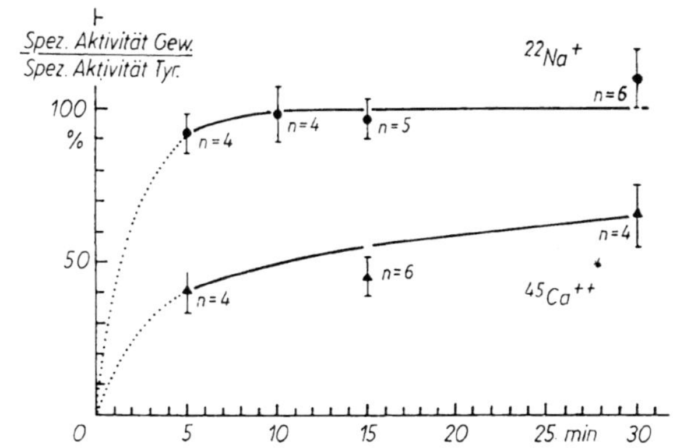

Abb. 13. *Aufnahme von $^{22}Na^+$ und $^{45}Ca^{2+}$* in das Plexusgewebe in Abhängigkeit von der Zeit.

gehaltes im Gewebe. Diese Befunde lassen erkennen, daß ein nicht geringer Teil des Calcium an den Austauschvorgängen nicht oder doch nur sehr langsam teilnimmt. Versuche mit einer Inkubationsdauer bis zu 60 min zeigen, daß die Markierung in der Regel 70% nur eben erreicht.

5. *Abgabe von $^{22}Na^+$ und $^{45}Ca^{2+}$*

Die Abgabekurven der beiden Kationen zeigen einen sehr ähnlichen Verlauf. Bei Auftragung in einem semilogarithmischen System (Zeitachse linear geteilt) wird nach einem anfänglich raschen Abfall der im Gewebe verbleibenden Aktivität ein Kurvenabschnitt erreicht, der auf eine nunmehr langsame Abgabe des Isotops hinweist und zugleich einen praktisch linearen Verlauf erkennen läßt. An einem Einzelbeispiel ist dies für $^{45}Ca^{2+}$ und $^{22}Na^+$ in Abb. 14 demonstriert. Die Abgabehalbwertszeit des linearen Kurvenabschnitts läßt sich aus der graphischen Darstellung ermitteln. Durch Substraktion der Kurvenabschnitte des linearen Anteils nach Extrapolation nach Null hin läßt sich aus der frühen Phase der Aktivitätsabgabe ein zweiter, schnell ablaufender Vorgang ermitteln, der jedoch offensichtlich nicht einheitlich zusammengesetzt und semilogarithmisch nicht zu linearisieren ist. Man erhält auf diese Weise die Abgabehalbwertszeiten einer langsam und einer schnell abgegebenen Fraktion.

Für die linearen Kurvenanteile nach der 15. Minute berechneten wir Regressionsgerade, ferner den Korrelationskoeffizienten und die Halbwertszeit der langsam abgegebenen Fraktion. Abb. 15 zeigt den Verlauf der Regressionsgeraden für die Kontrollgruppen für Na^+ und Ca^{2+}. In Abb. 16

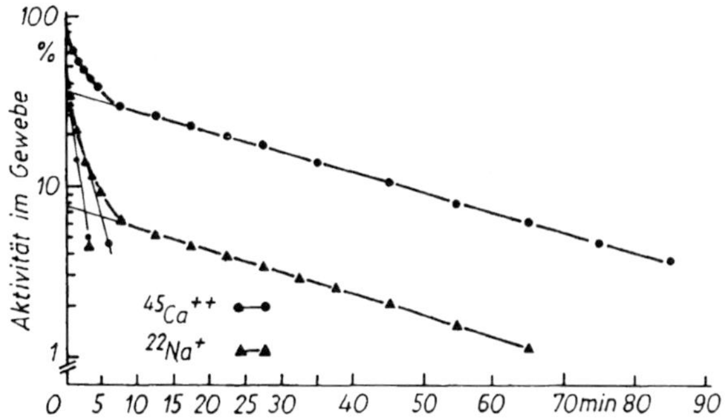

Abb. 14. *Die Abgabe von* $^{22}Na^{+}$ *und* $^{45}Ca^{2+}$ aus dem Plexus chorioideus in vitro. Darstellung an jeweils einem Einzelbeispiel. Es ist wiedergegeben die im Gewebe verbleibende Radioaktivität in Prozenten der zum Zeitpunkt Null insgesamt vorhandenen Gewebsaktivität in Abhängigkeit von der Zeit. Beide Kurven lassen nach einem relativ raschen Abfall der Aktivität in den ersten 10 Minuten dann bei Auftragung im semilogarithmischen System (Zeitachse linear geteilt) einen linearen Kurvenabschnitt erkennen. Die Halbwertszeit dieses linearen Abschnittes wird im Nachfolgenden als Halbwertszeit der langsam abgegebenen Natrium- bzw. Calciumfraktionen bezeichnet. Durch Extrapolaton des linearen Kurvenabschnittes nach Null und Substraktion der dabei gefundenen Werte von der tatsächlich ermittelten Aktivität läßt sich noch eine schnell abgegebene Fraktion mit einer wesentlich kürzeren Halbwertszeit ermitteln. Hierbei handet es sich jedoch, wie aus dem nicht völlig linearen Kurvenabschnitt zu schließen ist, nicht um einen einheitlichen Vorgang.

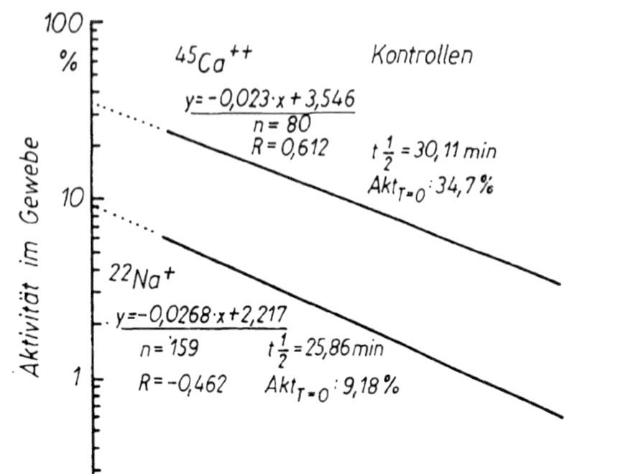

Abb. 15. Ermittlung der Regressionsgleichung und Darstellung der Regressionsgeraden für den linearen Kurvenabschnitt (langsam austauschende Fraktion) *bei der Abgabe von* $^{22}Na^{+}$ *und* $^{45}Ca^{2+}$. R = Korrelationskoeffizient, n = Zahl aller Meßwerte. Die Kontrollgruppe für die Abgabe von $^{22}Na^{+}$ umfaßt 20 Versuche, für die Abgabe von $^{45}Ca^{2+}$ 8 Versuche. Unter Verwendung der Regressionsgleichungen läßt sich der Anteil der langsam austauschenden Fraktion an der insgesamt im Gewebe vorhandenen Aktivität zum Zeitpunkt Null berechnen ($Akt_{T=0}$).

sind die Halbwertszeiten dieser einzelnen Gruppen gemittelt und graphisch dargestellt. Wir finden für Ca^{2+} unter Kontrollbedingungen eine Halbwertszeit von 30,1 min. Bei einem Na^{+}-Entzug ist die Halbwertszeit nicht verändert, unter Ca^{2+}-Entzug verkürzt. Für $^{22}Na^{+}$ finden wir eine langsam abgegebene Fraktion mit einer mittleren Halbwertszeit von 25,8 min. Ein Natriumentzug beschleunigt die $^{22}Na^{+}$-Abgabe erheblich und signifikant, eine Inkubation in calciumfreier Tyrode-Lösung ebenfalls. In einer Lithium-Tyrode ist die Abgabehalbwertszeit deutlich reduziert. Die schnell abgegebenen Fraktionen sowohl für $^{45}Ca^{2+}$ als auch für $^{22}Na^{+}$ zeigen nur unbedeutende Veränderungen ihrer Abgabehalbwertszeiten, die zudem nicht signifikant sind.

Diskussion

Die Interpretation der morphologischen Befunde zeigt als auffälligstes Merkmal der epithelialen Zellschicht des Plexus chorioideus die Charakteristik einer *resorptiv und sekretorisch* hochaktiven Zellpopulation. Die starke Vergrößerung der apikalen Zelloberfläche ist ein allgemeines strukturelles Merkmal stark resorptiv tätiger Zellen und findet sich in etwa ähnlicher Form an den Tubuluszellen der Niere. Die Mikrovilli erreichen dort eine Stärke um 0,1 µm, ein Wert, der sich auch bei den Plexuszellen nachweisen läßt. Die Länge ist relativ uneinheitlich und keineswegs so konstant wie etwa im Bereich der intestinalen Oberfläche. Dort finden sich zugleich als Besonderheit Einlagerungen von Mukopolysacchariden in Form der "enteric surface coat" (Ito (1965) und Fawcett (1965)), die auch die Krypten zwischen den Mikrovilli ausfüllen. Diese Polysaccharidschicht fehlt bei den Plexuszellen. Ebenso ist der Nachweis der Mikrofilamente im Inneren der Mikrovilli beim Stäbchensaum der intestinalen Zelle einfach, bei der Nierentubulus- und Plexuszelle relativ schwierig. Starke Vergrößerungen lassen jedoch erkennen, daß dieses Strukturmerkmal auch bei den beiden letztgenannten Zellarten vorhanden ist. Diese Mikrofilamente bestehen aus einer Doppelhelix mit einer Periode von ca. 60 Å (Forssmann und Baumann (1967)), sie setzen distal am Ende der Mikrovilli an der Innenseite der Zytoplasmamembran, die die Mikrovilli aufbaut, an und scheinen an der Basis der Mikrovilli miteinander verflochten (Palay und Karlin (1959)). Damit ordnen sich

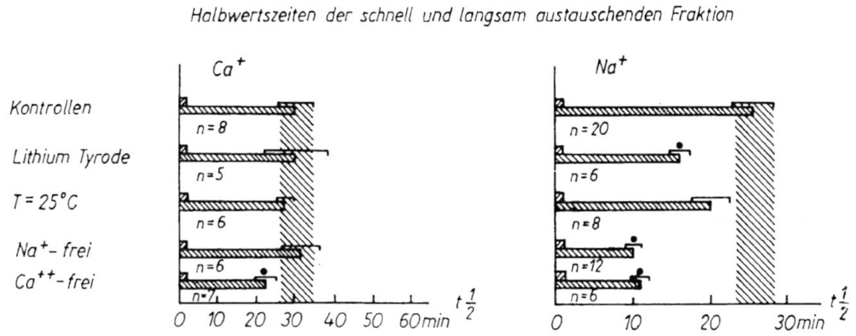

Abb. 16. *Graphische Darstellung der Halbwertszeiten* der schnell und langsam abgegebenen Fraktion für $^{45}Ca^{2+}$ und $^{22}Na^{+}$. Die hier interessierende langsam austauschende Fraktion ist dargestellt als Mittelwert der jeweiligen Versuchsgruppe ($\bar{x} \pm S\bar{x}$). N = Zahl der Einzelwerte, signifikante Abweichungen von der Kontrollgruppe ($P < 0,01$) sind mit einem schwarzen Punkt gekennzeichnet. Weitere Einzelheiten siehe im Text.

die Mikrovilli an der Plexusoberfläche in das Bauprinzip ein, das für eine bestimmte Gruppe resorptiv tätiger Zellen gesichert zu sein scheint. Es handelt sich dabei um die oberflächenbildenden Zellen des Intestinaltraktes, der seriösen Häute (Voth und Kohlhardt (1962)), der Nierentubuli und der Drüsengänge. Allen diesen Zellen ist gemeinsam, daß sie zur Resorption größerer Mengen wäßriger Lösungen befähigt sind.

Damit zeigt sich, daß eine *Vergrößerung der Plexusoberfläche* einmal in Form des papillären Bauprinzips auf der Ebene des Gesamtorgans zu finden ist, zum anderen auf zellulärer Ebene in Form der Umgestaltung der apikalen Zellfläche mit dem dichten Besatz an Mikrovilli.

Ein auffälliges Merkmal ist die Einlagerung von inselförmig angeordneten Zilien zwischen den Mikrovilli, die in der Organogenese außerordentlich charakteristisch für die Zellen des Ependyms bzw. der Auskleidung des Neuralkanals sind (Fujita und Fujita (1964), Wechsler (1963, 1966), Glees und Le Vay (1964), Meller und Wechsler (1965)). Über die Funktion dieser Zilien sind bislang keine sicheren Befunde bekannt.

Das Auftreten der *Zonula occludens* findet sich in vergleichbarer Form bei den intestinalen Zellen. Sie ist anscheinend ein konstantes Merkmal der Plexuszelle, da sie sich bei in Gewebekultur wachsenden Plexuszellen, die durch Trypsinierung isoliert wurden, wieder herausbildet (Meller et al. (1969)). Der *Mitochondrienreichtum* der Plexusepithelien ist ungewöhnlich groß und läßt nach den Erfahrungen an anderen Geweben einen sehr intensiven Stoffwechsel erwarten. Der hohe Sauerstoffverbrauch des Plexus in vitro, der nach unseren Befunden noch über dem Ruheverbrauch der Hirnrinde und im Bereich des Sauerstoffverbrauches der Nierenrinde liegt, steht in guter Übereinstimmung mit diesem morphologischen Substrat.

Die starken Einfaltungen der basisnahen Zellmembran (Pease (1957)) im Sinne eines „basalen Labyrinthes" gelten als relativ typisch für *sekretorisch* aktive Zellen, etwa für die Epithelien der Milchdrüse. Diese Einfaltungen und Verzahnungen sind in der überwiegenden Mehrzahl zwar an der Zellbasis lokalisiert, gehen jedoch vorwiegend aus den seitlichen Zellwänden im basalen Drittel der Zelle hervor, während sich die basale Zellmembran geringer an diesen Strukturen beteiligt. Dieser Befund ist in Abb. 8 sehr sinnfällig.

Als *Fazit der morphologischen Befunderhebung* sei zusammenfassend festgestellt, daß die Plexuszelle nach ihren elektronenmikroskopischen Charakteristika die Merkmale einer sowohl sekretorisch als auch resorptiv tätigen Zelle aufweist und ihr Mitochondrienreichtum auf einen intensiven Stoffwechsel schließen läßt. Die enorme Vergrößerung der Oberfläche durch den papillären Aufbau des Organs und die Strukturierung der apikalen Zelloberfläche durch den dichten Besatz mit Mikrovilli entspricht gleichfalls der Annahme einer regen Transporttätigkeit des epithelialen Zellfilmes. Auch die starke Vaskularisation der subependymalen Bindegewebslager ist in diesem Sinne zu sehen (Millen und Woolam (1953)).

Die Höhe des *Sauerstoffverbrauches* des isolierten Plexus bedeutete für uns trotz der frühen Befunde von Krebs und Rosenhagen (1931) eine Überraschung. Für die Kaninchenhirnrinde fand Ridge (1967) einen Q_{O_2} von 13,1 µl O_2/mg TG × h, wobei jedoch als Puffersystem im Medium ein Tris-Puffer verwendet wurde. Der von uns bestimmte Wert von $9{,}74 \pm 0{,}87\ \mu l\ O_2/mg$ TG × h für den Cortex ist gut vergleichbar mit den Werten, die für den Ruheumsatz an anderen Species, vor allem für das Meerschweinchen, errechnet wurden (McIlwain (1954), Lindbohm und Wallgren (1962), O'Neill et al. (1963), Klaus (1963), Flörkemeier und Klaus (1965), Klaus (1967)). Vergleichswerte für den Plexus liegen von anderen Untersuchern nicht vor. Wir können nach unseren Bestimmungen feststellen, daß dieses Organ, das vorwiegend aus Zellen gliöser Abkunft besteht, mit einem Q_{O_2} von $11{,}86 \pm 0{,}41\ \mu l$ O_2/mg TG × h den Ruheumsatz der Hirnrinde übersteigt. Dieser Wert ist angesichts des Mitochondrienreichtums der Epithelzellen, wie er in den Abb. 4–8 zum Ausdruck kommt, nicht unerwartet. Zu berücksichtigen ist ferner, daß ein nicht geringer Anteil des Feuchtgewichtes und Trockengewichtes des Plexus auf den Bindegewebsanteil und die Gefäße entfällt, deren Sauerstoffverbrauch wesentlich niedriger liegt als etwa der der Hirnrinde. Diese bedeutet, daß der Sauerstoffverbrauch speziell der Plexusepithelien noch höher ist, als der Q_{O_2} für den gesamten Plexus wiedergibt.

Bei den Untersuchungen über den Einfluß der extrazellulären Kationen auf die Atmung des Plexus chorioideus fanden wir eine starke Reduktion des Q_{O_2} sowohl bei einem Natrium- als auch bei einem Kaliumentzug. Die Senkung des Sauerstoffverbrauches mit abnehmendem Natriumgehalt im extrazellulären Raum wird mit einer Einsparung an Energie für die Aufrechterhaltung des Gradienten für das extra- und intrazelluläre Natrium erklärt (Mudge (1951), Whittam und Davies (1953), Grube et al. (1967)), wobei diese Befunde speziell am Nierengewebe erhoben wurden. Am gleichen Organ konnten mehrere Untersucher Beziehungen zwischen dem Sauerstoffverbrauch und einer Beeinflussung des Natriumtransportes durch Strophantin feststellen (Burg und Orloff (1962b), Whittam und Willis (1963), Kleinzeller und Knotkova (1964), Grube et al. (1967), Greven et al. (1970)). Es sei hier auf die Bedeutung der sogenannten Transport-ATPasen hingewiesen, die als membranständige Enzyme für den Transport von Na^+ und K^+ eine bedeutsame Rolle spielen. Sie sind durch Strophantin spezifisch hemmbar (Voth (1966, 1967a und b, 1971), Voth und Kohlhardt (1967), Voth und Jork (1967), Voth und Schäfer (1968), Voth und Förschler (1971)). Strophantin führt am Plexus bereits in einer Konzentration von 10^{-9} g/ml zu einer starken Senkung des K^+_{iz} und zu einem Ansteigen des Na^+_{iz}. Zugleich ist die Na^+-Abgabe beschleunigt (Voth (1971)). Angesichts der enormen Oberflächenvergrößerung der Plexuszellen durch die Mikrovilli und Zilien ist für den Inhibitor eine breite Angriffsfläche gegeben.

Die Abhängigkeit der Atmung von den extrazellulären Natriumkonzentration, wie sie in Abb. 11 zum Ausdruck kommt, entspricht vergleichbaren Befunden an Cortexschnitten des Meerschweinchens von McIlwain (1966). Er fand eine Zunahme des Q_{O_2} bei steigender Natriumkonzentration, wobei diese Abhängigkeit unter einem durch elektrische Reizung induzierten Funktionsstoffwechsel noch deutlicher wurde.

Die Wirkung des Kaliumentzuges dürfte in ähnlicher Weise zu deuten sein. Eine starke Senkung der extrazellulären Kaliumkonzentration führt gleichfalls zu einer Hemmung des aktiven Ionentransportes im Gewebe (Dickens und Greville (1935), Gore und McIlwain (1952), Harris und Maizels (1952), Pappius et al. (1958), Elliott et al. (1962), Hertz und Schou (1962), Klaus (1963, 1964, 1967)). Auch in diesem Falle dürfte der Abfall des Sauerstoffverbrauches mit dem reduzierten Kationentransport gekoppelt sein.

Für die Berechnung der intrazellulären Ionenkonzentrationen ist die Kenntnis des sogenannten *Extrazellulärraumes* von Bedeutung. Wir definierten ihn als Inulinraum mit einem Wert von $16{,}8 \pm 1{,}1$ ml/100 g FG. Zu unserer Methodik sei erwähnt, daß die an anderen Geweben erhobenen Befunde sich gut mit Angaben in der Literatur decken.

Vergleichen wir nun den für den Plexus gefundenen Wert mit den Angaben in der Literatur, so können wir Bestimmungen des ECR im Hirngewebe zum Vergleich heranziehen. Brauchbare Werte erhielten erstmals Woodward et al. (1967) und Oldenburg und Davson (1967) mit einer kombinierten intravenösen und ventrikulozisternalen Indikatorgabe mit einem ECR zwischen 10–14%. Übrigens gelangten Ames et al. bereits 1966 zu einem Wert von 22% für das Kaninchenhirn. Weitere Befunde über diese Spezies liegen von Fenstermacher et al. (1967) mit rund 10% ECR (Saccharoseraum) und von Pollay (1966) mit 14–15% (Thiozynanatraum) vor, die Befunde von Oldendorf und Davson (1967) mit 10,09% (Inulinraum) wurden bereits erwähnt. Untersuchungen an anderen Spezies wie Hund, Ratte, Meerschweinchen, Affe, Katze ergaben insgesamt Werte des ECR zwischen 10 und 20% (van Harreveld et al. (1966), Oppelt und Rall (1967), Baethman et al. (1969), Reulen et al. (1970)). *Unser Wert für den Inulinraum des Plexus fügt sich mit 16,8% somit gut in diese Befunde ein.*

Die auf der Basis des genannten ECR ausgerechneten intrazellulären Na^+- und K^+-Konzentrationen von 105,85 µval/ml ZW bzw. 89,89 µval/ml ZW für die In-vitro-Bedingungen stehen in guter Relation zu entsprechenden Untersuchungen an der Hirnrinde, die allerdings mit zum Teil differenter Methodik gewonnen wurden (McIlwain

(1963, 1966), KEESEY et al. (1965), KLAUS (1967)). Zwar liegt die Natriumkonzentration des Plexus im Vergleich zum Hirngewebe höher, es hat jedoch den Anschein, als handele es sich hier um eine *Besonderheit dieses aus Gliazellen aufgebauten Organes*, da Untersuchungen von KATZMANN (1961), KOCH et al. (1962) und HARTMANN (1966) nachweisen, daß die *Gliazellen einen höheren Na^+- und Cl^--Gehalt aufweisen als Nervenzellen* und Gewebe rein gliöser Zusammensetzung höhere Werte für die beiden Ionen finden lassen als gemischt aufgebaute Gewebe wie der Cortex mit einem hohen Anteil an Nervenzellen.

Für den Plexus errechneten wir als intrazelluläre Konzentrationen für Na^+ und K^+ für die Verhältnisse *in vivo* Werte von 64,05 $\pm$ 7,74 bzw. für K^+ 130,12 $\pm$ 0,8 µval/ml ZW. *Der Kaliumwert entspricht völlig den Angaben in der Literatur für den Cortex in vivo* (HOLLAND et al. (1955), STILLE et al. (1957), WOODBURY et al. (1958), APRISON et al. (1960), KATZMAN (1961), McILWAIN (1963, 1966), WEIS (1964), HAMBERGER et al. (1964) NICHOLSS und KUFFLER (1964), KLAUS (1963, 1967), PULL et al. (1970), REULEN et al. (1970)). Die Natriumkonzentration ist relativ hoch gegenüber den Befunden anderer Autoren (z. B. 30 µval/ml ZW nach KLAUS (1967)), deckt sich jedoch andererseits mit den Befunden von REULEN et al. (1970), die einen Wert von 62,37 $\pm$ 4,66 am Cortex des Hundes fanden. *Der relativ hohe Natriumwert im Plexus* auch unter In-vivo-Bedingungen *mag* ebenso *durch den rein gliösen Gewebsaufbau erklärbar sein.*

Im Nachfolgenden seien nun die Befunde über den *Kationengehalt und -transport unter verschiedenen Versuchsbedingungen besprochen.* In Erweiterung des statischen Bildes der intrazellulären Ionenkonzentrationen bietet die Bestimmung der Aufnahme und Abgabe Einblicke in das dynamische Geschehen der Transportvorgänge. Die Aufnahme von Na^+ aus dem Inkubationsmedium in das Gewebe erfolgt außerordentlich schnell, nach 10 min sind 100% des Gewebenatrium ausgetauscht und markiert. Dieser Befund steht in guter Übereinstimmung mit der Tatsache, daß bei den entsprechenden Abgabeversuchen nach 15 min schon nahezu 90% der Aktivität abgegeben wurden. Nur 9,2% des gesamten Natrium im Gewebe entfallen auf die langsam austauschende Fraktion, wie sich durch Extrapolation der Abgabekurve auf den Zeitpunkt Null hin nachweisen läßt. Die vermutlich auch langsame Aufsättigung des Kompartimentes für die langsam abgegebene Fraktion geht in dem raschen Aktivitätsanstieg der schnell austauschenden Fraktion unter. Die Aufnahmekurve für Natrium erreicht deswegen relativ schnell ihren oberen Wert von 100%. Für Calcium liegen die Verhältnisse anders. Die Aufnahme von $^{45}Ca^{2+}$ erfolgt einmal deutlich langsamer als von Natrium, zum anderen wird ein nicht unwesentlicher Anteil von etwa 30% nur extrem langsam oder gar nicht ausgetauscht. Die Abgabekurve läßt erkennen, daß der Anteil der langsam austauschenden Fraktion am Gesamtcalcium im Gewebe höher ist als für Natrium und rund 35% beträgt. Die auch langsamere Aufsättigung dieser Calciumfraktion bedingt zu einem Teil den langsamen Anstieg der Aufnahmekurve. Ähnliche Befunde beschrieben RAMSEY und MC ILWAIN (1970) sowie STAHL und SWANSON (1971) für den Meerschweinchencortex.

Welche *morphologischen Strukturen* als Räume den einzelnen Fraktionen zuzuweisen sind, ist nicht mit Sicherheit zubeweisen. Die schnell abgegebene Fraktion beider Kationen ist sicherlich *nicht* ausschließlich im Extrazellulärraum lokalisiert, wie eine einfache Überlegung über das Ausmaß des Extra- und Intrazellulärraumes beweist. Der Anteil von 90% am gesamten Natrium und von 60—70% am gesamten austauschbaren Calcium im Gewebe kann nicht auf den ECR von 16,8 ml/100 FG als Lösungsraum entfallen. Wir müssen deswegen annehmen, daß neben der sicher schnell austauschenden Kationenfraktion im extrazellulären Raum auch eine schnell austauschende Fraktion intrazellulär vorhanden ist. Ob die langsam abgegebene Fraktion in den subzellulären Strukturen wie Mitochondrien oder Vesikeln lokalisiert ist, kann zum gegenwärtigen Zeitpunkt noch nicht sicher entschieden werden. Wohl aber ist rein funktionell die Existenz mindestens zweier intrazellulärer Kompartimente zu postulieren, die wahrscheinlich auch untereinander noch im Austausch stehen.

Es bleibt noch zu fragen, ob unsere Befunde eine Antwort auf die Frage zulassen, ob gerichtete Transportvorgänge im Plexus vom Blut zum Liquor oder umgekehrt verlaufen. Nach den morphologischen Befunden überwiegen die Merkmale eines *resorptiv* tätigen Zellverbandes. Demgegenüber zeigten vor allem die subtilen Befunde von AMES et al. (1964, 1965, 1966) ganz eindeutig die Besonderheiten der *sekretorischen* Funktionen. Unsere Untersuchungen über die Aufnahme und Abgabe von Kationen zeigen, daß die funktionellen Aspekte beider Richtungen gut übereinstimmen. Damit dürfte unseres Erachtens mit hoher Wahrscheinlichkeit für das Plexusgewebe sowohl eine sekretorische als auch eine resorptive Funktion gegeben sein.

Zusammenfassung

Es wurden Untersuchungen am isolierten Plexus chorioideus des Kaninchens durchgeführt. Wir bestimmten folgende Parameter: 1. die elektronenmikroskopischen Besonderheiten des Plexusepithels, 2. den Sauerstoffverbrauch mit der WARBURG-Methode, 3. den Extrazellulärraum als Inulinraum, 4. die intrazellulären Konzentrationen an Na^+ und K^+, den Gewebsgehalt an Calcium und Wasser, 5. die Aufnahme von $^{22}Na^+$ und $^{45}Ca^{2+}$, 6. die Abgabe von $^{22}Na^+$ und $^{45}Ca^{2+}$. Der Q_{O_2} des Plexusgewebes ist auffallend hoch und liegt mit 11,86 $\pm$ 0,41 µl O_2/mg TG $\times$ h über dem Ruheverbrauch des Cortex. Durch Temperatursenkung, Natrium- und Kaliumentzug wird der Q_{O_2} stark reduziert. Die intrazellulären Kationenkonzentrationen folgen gleichsinnig den Änderungen in der extrazellulären Flüssigkeit. Der Extrazellulärraum beträgt 16,8 $\pm$ 1,1 ml/100 FG.

Die Aufnahme von Natrium in das Plexusgewebe erfolgt sehr rasch, nach 10 min ist Natrium zu 100% ausgetauscht. Ca^{2+} wird wesentlich langsamer ausgetauscht, rund 30% des gesamten Calcium im Gewebe nehmen an den Austauschvorgängen nicht teil. Die Abgabe von Natrium erfolgt anfänglich rasch, so daß nach 5 min bereits 90% abgegeben wurden. Der verbleibende Anteil wird dann als langsam austauschende Fraktion mit einer Halbwertszeit von 25,8 min in das Medium abgegeben. Der Anteil der langsam austauschenden Fraktion am gesamten Natrium im Gewebe beträgt rund 10%. Calcium wird entsprechend seiner langsamen Aufnahme auch deutlich langsamer abgegeben. Die Halbwertszeit der langsam austauschenden Fraktion beträgt 30,1 min, ihr Anteil am gesamten austauschbaren Calcium annähernd 35%.

Die erhobenen Befunde werden unter Verwendung der von anderen Autoren beschriebenen Ergebnisse besprochen. Sie lassen vor allem auch unter Berücksichtigung der elektronenmikroskopischen Struktureigentümlichkeiten der Plexusepithelien den Schluß zu, daß im Plexus chorioideus sowohl sekretorische als auch resorptive Vorgänge ablaufen, deren Definition Aufgabe weiterer Untersuchungen sein wird.

Summary

A study has been made on the choroid plexus of rabbits in vitro by measuring the following parameters: (1.) The light- and electronmicroscopic structure; (2.) The oxygen consumption of the tissue with the conventional Warburg manometric apparatus; (3.) The extracellular space; (4.) The intracellular sodium and potassium concentration, the tissue content of calcium and water; (5.) The uptake and (6.) the desaturation of $^{22}Na^+$ and $^{45}Ca^{2+}$.

The rate of oxygen consumption by the choroid plexus (11,86 $\pm$ 0,41 µl O_2/mg dry wt $\times$ h) exceeds that by cortex brain slices significantly. In the absence of sodium or potassium and by lowering the temperature to 15 °C the respiration was nearly 30% of the control values. The concentrations of intracellular cations follow the changes of the extracellular Na^+ and Ca^{2+} ions. The value of the extracellular space (inulin space) was 16,8 $\pm$ 1,1 ml/100 g (wet wt).

The rate of $^{22}Na^+$ uptake is high, after 10 min the tissue sodium was completely exchanged. The rate of calcium exchange was significantly lower, nearly 30% of calcium do not take part in the exchange. The rate of loss of tracer sodium is high, after 5 min 90% of the tissue sodium have been washed out. Exponential analysis of $^{22}Na^+$ efflux showed an initial rapid phase (90% of the total sodium content) and a slowly exchanging phase with $t_{1/2}$ = 25,8 min; nearly 10% of total sodium content belonge to this phase. Exponential analysis of the desaturation of $^{45}Ca^{2+}$ showed an initial rapid phase and a slowly exchanging phase with $t_{1/2}$ = 30,1 min (35% of the exchangable calcium).

The results suggest that corresponding to the fine structure of the choroid plexus the cytophysiological observations on cation exchange show the characteristic features both of a secretory and of an absorbing organ.

Danksagung

Der Deutschen Forschungsgemeinschaft, Bad Godesberg, sei für ihre Unterstützung verbindlich gedankt (Forschungsaufträge Vo 96/2—5).

Ein Teil des Tiermaterials konnte durch eine Spende der Firma BYK-GULDEN, Konstanz, beschafft werden.

Die hier vorgetragenen Befunde sind Teil der Habilitationsschrift „Untersuchungen über den Sauerstoffverbrauch und den Elektrolytstoffwechsel am isolierten Plexus chorioideus des Kaninchens“ von D. VOTH, Mainz 1971.

Literatur

AGSTEN, M., D. VOTH, R. POSSNER und M.-L. FÖRSCHLER: Untersuchungen über die Beziehungen zwischen dem Kationenmilieu des Inkubationsmedium und der Atmung des Plexus chlorioideus des Kaninchens in vitro. Naunyn-Schmiedebergs Arch. Pharmak. exp. Path. **269**, 424—425 (1971).

AMES, A. III, M. SAKANOUE und S. ENDO: Na ,K, Ca, Mg, and Cl concentrations in choroid plexus fluid and cisternal fluid compared with plasma ultrafiltrate. J. Neurophys. **27**, 672—681 (1964).

AMES, A. III, K. HIGASHIE und F. B. NESBETT: Relation of potassium concentration in choroid-plexus fluid to that in plasma. J. Physiol. **181**, 506—515 (1965).

AMES, A. III, K. HIGASHI und F. B. NESBETT: Effects of P_{CO_2}, acetazolamide and ouabain on volume and composition of choroid-plexus fluid. J. Physiol. **181**, 516—524 (1965).

AMES, A. III, und F. B. NESBETT: Intracellular and extracellular compartments of mammalian central nervous tissue. J. Physiol. (Lnd.) **184**, 215—238 (1966).

ANDRÉ, J.: Sur quelques détails nouvellement connus de l'ultrastructure des organites vibratiles. J. Ultrastruct. Res. **5**, 86—108 (1961).

APRISON, M. H., A. LUKENBILL und W. A. SEGAR: Sodium, potassium chloride and water content of six discrete parts of the mammalian brain. J. Neurochem. **5**, 150—155 (1960).

BERING, E. A.: Water exchange of central nervous system and cerebrospinal fluid. J. Neurosurgery **9**, 275—287 (1952).

BERING, E. A.: Water exchange in the brain and cerebrospinal fluid. J. Neurosurgery **11**, 234—242 (1954).

BERING, E. A.: Studies on the role of the choroid plexus in tracer exchange between blood and cerebrospinal fluid. J. Neurosurgery **12**, 385—392 (1955).

BRAY, G. A.: A simple efficient liquid scintillator for counting aqueous solutions in a liquid scintillation counter. Anal. Chem. **1**, 279—285 (1960).

BROOKS, C. McC., F. F. KAO und B. B. LLOYD: Cerebrospinal fluid and the regulation of ventilation. Blackwell, Oxford 1965.

CAMERON, G.: Secretory activity of the choroid plexus in tissue culture. Anat. Rec. **117**, 115—125 (1953).

COBEN, L. A.: Uptake of iodide by choroid plexus in vivo and lication of the iodide pump. Am. J. Physiol. **217**, 89—97 (1969).

DAVSON, H.: Intracranial and intraocular fluids. In: Handbook of Physiology. Neurophysiology. Washington, D. C.: Am. Physiol. soc. (1960), Bd. III, Sect. 1, Kap. 72, S. 1761—1788.

DAVSON, H.: The cerebrospinal fluid. Ergeb. Physiol. Biol. Chem. expt. Pharmak. **52**, 20—73 (1963).

DAVSON, H., and C. P. LUCK: The effect of acetazolamide on the chemical composition of the aqueous humor and cerebrospinal fluid of some mammalian species and on the rate of turnover of ^{24}Na in these fluids. J. Physiol. **137**, 279—293 (1957).

DAVSON, H., KLEEMAN, C. R. und E. LEVIN: Quantitative studies of the passage of different substances out of the cerebrospinal fluid. J. Physiol. (Ldn.) **161**, 126 bis 142 (1962).

DAVSON, H., und M. POLLAY: Influence of various drugs on the transport of ^{131}J and PAH across the cerebrospinal fluid-blood barrier. J. Physiol. (Ldn.) **167**, 239—246 (1963).

DE ROUGEMONT, J., A. AMES III, F. B. NESBETT und H. F. HOFMAN: Fluid formed by choroid plexus. A technique for its collection and a comparison of its electrolyte composition with serum and cisternal fluids. J. Neurophysiol. **23**, 485—495 (1960).

DICKENS, F., und G. D. GREVILLE: The metabolism of normal and tumor tissue. XIII. Neutral salt effects. Biochem. J. **29**, 1468—1483 (1935).

DREYWOOD, R.: Qualitative test for carbohydrate material. Industr. Eng. Chem. Anal. Ed. **18**, 499—504 (1946).

ELLIOTT, K. A. C., und L. S. WOLFE: Neurochemistry. Thomas, Springfield (III) 1962.

ELLIOTT, K. A. C., und F. BILODEAN: The influence of potassium on respiration and glycolysis by brain slices. Biochem. J. **84**, 421—428 (1962).

FAURÉ-FREMIET, E.: Cils vibratiles et flagelles. Biol. Rev. **36**, 464—536 (1961).

FAWCETT, D. W.: Surface specializations of absorbing cells. J. Histochem. Cytochem. **13**, 75—91 (1965).

FENSTERMACHER, J. D., und M. O. BARLETT: Sucrose space measurements in the rabbit central nervous system. Am. J. Physiol. **212**, 1268—1272 (1967).

FISHMAN, R. A.: CARRIER transport of glucose between blood and cerebrospinal fluid. Am. J. Physiol. **206**, 836—844 (1964).

FLÖRKEMEIER, V., und W. KLAUS: Das Verhalten des Sauerstoffverbrauches und des K- und Ca-Umsatzes von Hirnschnitten bei Steigerung der extracellulären Mg-Konzentration. Naunyn-Schmiedebergs Arch. exp. Path. Pharmak. **251**, 140—141 (1965).

FORSSMANN, W. G., und M. NAUMANN: Zur Ultrastruktur des Stäbchensaumes im Duodenum der Ratte. Morph. Jb. **111**, 250—257 (1967).

FÜLGRAFF, G., J. GREVEN und H. HOLZHÜTTER: Die Wirkung von Furosemid auf die renale Aufnahme von Glucose, Lactat, Pyruvat und freien Fettsäuren. Naunyn-Schmiedebergs Arch. Pharmak. **266**, 329 (1970).

FUJITA, H., und S. FUJITA: Electron microscopic studies on the differentiation of the ependymal cells and the glioblast in the spinal cord of domestic fowl. Z. Zellforsch. **64**, 262—272 (1964).

GIBBONS, I. R.: Chemical dissection of cilia. Arch. Biol. (Liège) **76**, 317—357 (1965).

GLEES, P., und S. LE VAY: Some electrone microscopical observations on the ependymal cells of the chick embryo spinal cord. J. Hirnforsch. **6**, 355—360 (1964).

GORE, M. B. R., und H. MCILWAIN: Effect of some inorganic salts on the metabolic response of sections of mammalian cerebral cortex to electrical stimulation. J. Physiol. (Ldn.) **117**, 471—483 (1952).

D. M. GREENBERG, R. A. AIRD, M. D. D. BOELTER, W. CAMPBELL, W. E. COHN und M. M. MURAYAMA: A study with radioactive isotopes of the permeability of the blood-cerebrospinal fluid barrier to ions. Am. J. Physiol. **140**, 47—64 (1943).

GREVEN, J., A. BIEG, K. WOLF und G. FÜLGRAFF: Der renale Sauerstoffverbrauch nach Strophantin und 6-Aminonicotinamid. Naunyn-Schmiedebergs Arch. Pharmak. **266**, 339 (1970).

GRUBE, G., K. PHILIPPS und CH. WEISS: Die Wirkung von Änderungen der Natriumkonzentration im Suspensionsmedium und von Strophantin auf die Sauerstoffaufnahme isolierter Nierenzellen der Ratte. Z. ges. exp. Med. **143**, 150—160 (1967).

HARRIS, E. J., und M. MAIZELS: The permeability of human erythrocytes to sodium. J. Physiol. (Ldn.) **113**, 506—524 (1952).

HAMBERGER, A., und H. RÖCKERT: Intracellular potassium in isolated nerve cells and glial cells. J. Neurochem. **11**, 757—760 (1964).

HARTMANN, J. F.: High sodium of cortical astrocytes. Arch. Neurol. **15**, 633—642 (1966).

HERTZ, L., und M. SCHOU: Univalent cations and the respiration of brain-cortex slices. Biochem. J. **85**, 93—104 (1962).

HERTZ, L., und T. CLAUSEN: Effects of potassium and sodium on respiration: their specifity to slices from certain brain regions. Biochem. J. **89**, 526—533 (1963).

HOLLAND, W. C., und G. V. AUDITORE: Distribution of potassium in liver, kidney and brain of rat and guinea pig. Am. J. Physiol. **183**, 309—313 (1955).

HORSTMANN, E., und H. MEVES: Die Feinstruktur des molekularen Rindengraues und ihre physiologische Bedeutung. Z. Zellforsch. mikroskop. Anat. **49**, 569–604 (1959).

ITO, S.: The enteric surface coat on cat intestinal microvilli. J. Cell Biol. **27**, 475–491 (1965).

KATZMANN, R.: Electrolyte distribution in mammalian central nervous systems. Neurology (Minneapolis) **11**, 27–36 (1961).

KEESEY, J. C., H. WALGREN und H. MC ILWAIN: The sodium, potassium and chloride of cerebral tissues: maintenance, change on stimulation and subsequent recovery. Biochem. J. **95**, 289–300 (1965).

KISTERN, S. J.: Carbonic anhydrase inhibition. IV. The effect of acetazolamide on cerebrospinal fluid flow. J. Pharmakol. **117**, 402–405 (1956).

KLEINZELLER, A., und A. KNOTKOVA: The effect of Quabain on the electrolyte and water transport in kidney cortex and liver slices. J. Physiol. (Ldn.) **175**, 172–192 (1964).

KLAUS, W.: Neuere Aspekte über den Wirkungsmechanismus der Herzglykoside. Z. naturwiss.-med. Grundlagenforsch. **2**, 43–117 (1964).

KLAUS, W.: Der Elektrolytstoffwechsel von Hirngewebe und seine Beeinflussung durch Narkotika. Anaesthesiologie und Wiederbelebung Bd. 11, Springer-Verlag, Berlin–Heidelberg–New York 1967.

KLAUS, W.: Über den Einfluß elektrischer Reizung auf den Sauerstoffverbrauch und Elektrolythaushalt von Hirngewebe in vitro. Pflügers Arch. Physiol. **278**, 83 (1963/64).

KOCH, A., und D. M. WOODBURY: Carbonic anhydrase inhibition and brain electrolyte composition. Am. J. Physiol. **198**, 434–440 (1960).

KOCH, A., J. B. RANCK jr., und B. L. NEWMAN: Ionic content of the neuroglia. Exp. Neurology **6**, 186–200 (1962).

KRATZING, C. C.: Metabolic effects of electrical stimulation of mammalian tissues in vitro. Biochem. J. **50**, 253–257 (1951).

KREBS, H. A., und H. ROSENHAGEN: Über den Stoffwechsel des Plexus chorioideus. Z. ges. Neurol. Psych. **134**, 643–648 (1931).

LINDBOHM, R., und H. WALLGREN: Changes in respiration of rat brain cortex slices induced by some aliphatic alcohols. Acta pharmac. tox. **19**, 53–58 (1962).

LORENZO, A. V., und R. W. P. CUTLER: Amino acid transport by choroid plexus in vitro. J. Neurochem. **16**, 577–585 (1969).

LUMSDEN, C. E.: Observations on the choroid plexus-maintained as an organ in tissue culture. In: The cerebrospinal fluid. CIBA Foundation Symposium (Ed.: G. E. Wolstenholme und C. M. O'Connor), S. 97 to 123, Churchill, London 1958.

MAREN, T. H., und F. J. FISCHER: Abolition of the plasma-cerebrospinal fluid chloride gradient by acetazolamide: role of carbonic anhydrase in C. S. F. secretion. Fed. Proc. **18**, 419 (1959).

MARIN GIRON, F.: Secretory cells in the choroid plexuses of the rabbits brain. Trab. Inst. Cajal Invest. biol. **57** (Suppl.), 9–20 (1965).

MAXWELL, D. S., und D. C. PEASE: The electron microscopy of the choroid plexus. J. biophys. biochem. Cytol. **2**, 467–474 (1956).

MAYER, S. E., R. P. MAICKEL und N. B. BRODIE: Disappearance of various drugs from the cerebrospinal fluid. J. Pharmakol. exp. Ther. **128**, 41–43 (1960).

MCILWAIN, H.: Study of human cerebral biopsy specimes in an electrically excited condition. Arch. Neurol. Psychiatr. **71**, 488–495.

MCILWAIN, H.: Characteristics required in electrical impulses for stimulation of the respiration of separated mammalian cerebral tissue. J. Physiol. (Ldn.) **124**, 117–129 (1954).

MCILWAIN, H., und R. RODNIGHT: Practical neurochemistry. J. & A. Churchill, Ltd., London 1962.

MCILWAIN, H.: Biochemistry and central nervous system. J. & A. Churchill, Ltd., London 1966.

MELLER, K., und W. WECHSEL: Elektronenmikroskopische Untersuchung der Entwicklung der telencephalen Plexus chorioideus des Huhnes. Z. Zellforsch. **65**, 420–440 (1965).

MELLER, H., WAGNER und W. BREIPOHL: Das Verhalten trypsinierter Plexus chorioideus-Zellen in Gewebekulturen. Eine elektronenmikroskopische Untersuchung Z. Zellforsch. **97**, 392–402 (1969).

MERRITT, H. H., und F. FREMONT SMITH: The cerebrospinal fluid. Philadelphia 1937, Saunders Verlag.

MILLEN, J. W., und G. E. ROGGERS: An electron microscopic study of the choroid plexus in the rabbit. J. biophys. biochem. Cytol. **2**, 40.7–415 (1956).

MILLEN, J. W., und D. H. M. WOOLLAM: Vascular pattern in the choroid plexus. J. Anat. **87**, 114–123 (1953).

MILLEN, J. W., und D. H. M. WOOLLAM: The anatomy of the cerebrospinal fluid. Oxford University Press. London 1962.

MUDGE, G. H.: Studies on potassium accumulation by rabbit kidney slices. Effect of metabolic activity. Am. J. Physiol. **165**, 113–127 (1951).

NICHOLSS, J. J., und S. W. KUFFLER: Extracellular space as a pathway for exchange between blood and neurons in the central nervous system of the leech: Ionic composition of the glial cells and neuron. J. Neurophysiol. **27**, 645–671 (1964).

NORMAN, A., P. A. RONDELL und D. F. BOHR: Determinations of extracellular fluid space (ECF) from small samples of tissue. Am. J. clin. Path. **32**, 465–467 (1959).

OLDENDORF, W. H., und H. DAVSON: Brain extracellulär space and the sink action of cerebrospinal fluid. Measurement of rabbit brain extracellular space using sucrose labeled with carbon 14. Arch. Neurol. **17**, 196–205 (1967).

PAPPIUS, H. M., M. ROSENFELD, D. M. JOHNSON und K. A. C. ELLIOTT: Effects of sodium-free media upon the metabolism and potassium and water content of brain slices. Canad. J. Biochem. Physiol. **36**, 217–226 (1958).

OPPELT, W. W., T. H. MAREN, E. S. OWENS und D. P. RALL: Effects of acid-base alterations on cerebrospinal fluid production. Proc. Soc. exp. Biol. N. Y., **114**, 86–89 (1963).

OPPELT, W. W., und D. P. RALL: Brain extracellular space as measured by diffusion of various molecules into brain. In: I. Klatzo und F. Seitelberger Brain Edema, p. 333 Springer-Verlag Wien–New York 1967.

PALAY, S. L., und L. J. KARLIN: An electron microscopic study of the intestinal villus. I. The fasting animal. J. biophys. biochem. Cytol. **5**, 363—372 (1959).

PAPPENHEIMER, J. R., S. R. HEISEY und E. F. JORDAN: Active transport of Diodrast and phenolsulfonophthalein from cerebrospinal fluid to blood. Am. J. Physiol. **200**, 1—10 (1961).

PEASE, D. C.: Infolded basal plasma membranes found in epithelia noted for their water transport. J. biophys. biochem. Cytol. **2**, 203—208 (1957).

O'NEILL, J. I., S. H. SIMON und J. T. CUMMINS: Inhibition of stimulated cerebral cortex respiration and glycolysis by cholinolytic drugs. Biochem. Pharmac **12**, 809—820 (1963).

POLLAY, M.: Cerebrospinal fluid transport and the thiocyanate space of the brain. Am. J. Physiol. **210**, 275—279 (1966).

POLLAY, M., und H. DAVSON: The passage of certain substances out of the cerebrospinal fluid. Brain **86**, 137—150 (1963).

POLLAY, M., und F. CURL: Secretion of cerebrospinal fluid by the ventricular ependyma of the rabbit. Am. J. Physiol. **213**, 1031—1058 (1967).

POSSNER, R., D. VOTH und M. AGSTEN: Vergleichende Untersuchungen über die Abgabe von ^{45}Calcium und ^{22}Natrium und den Sauerstoffverbrauch des isolierten Plexus chorioideus des Kaninchens. Comparative Investigations on the desaturation of ^{45}Calcium und ^{22}Sodium and the oxygen consumption of the isolated rabbit choroid plexus. Naunyn-Schmiedebergs Arch. Pharmak. **266**, 427—428 (1970).

PULL, I., H. MCILWAIN und R. L. RAMSEY: Glutamate, calcium ion chelating agents and the sodium and potassium ion contents of tissues from the brain. Biochem. J. **116**, 181—187 (1970).

RALL, D. P., und W. SHELDON: Transport of organic acid dyes by the isolated choroid plexus of the spiny dogfish S. acanthias. Biochem. Pharmakol. **11**, 169—170 (1962).

RAMSEY, R. L., und H. MCILWAIN: Calcium content and exchange in neocortical tissues during the cation movements induced by glutamates. J. Neurochem. **17**, 781—787 (1970).

REULEN, H. J., U. HASE, A. FENSKE, M. SAMII und K. SCHÜRMANN: Extrazellulärraum und Ionenverteilung in grauer und weißer Substanz des Hundehirns. Acta. neurochirurg. **22**, 305—325 (1970).

RIDGE, J. W.: Resting and stimulated respiration in vitro in the central nervous system. Biochem. J. **105**, 831—835 (1967).

ROTHMAN, A. R., J. R. GASKINS, E. J. FREIREICH und D. P. RALL: Importance of bulk flow in the exchange of compounds across the blood cerebrospinal barrier. Natur **193**, 383—385 (1962).

SCÁKY, T. Z., und B. M. RIGOR: A concentrative mechanism for sugars in the choroid plexus. Life Sciences **3**, 931—936 (1964).

SCHALTENBRAND, G.: Plexus und Meningen. In: Hdb. der mikroskop. Anat. des Menschen. Ed.: W. Bargmann Bd. IV/2., S. 1—139 (1955).

SCHANKER, L. S., L. D. PROCKOP, J. SCHOU und P. SISODIA: Rapid efflux of some quaternary ammonium compounds from cerebrospinal fluid. Life Sciences **10**, 515—521 (1962).

STILLE, G., und H. KRÖGER: Das Verhalten der Elektrolyte im Blut, Muskel und Gehirn unter der Wirkung von Analepticis. Naunyn-Schmiedebergs Arch. exp. Path. Pharmak. **230**, 14—25 (1957).

TAKEMORI, A. E., und M. W. STENWICK: Studies of the uptake of morphine by the choroid plexus in vitro. J. Pharmacol. exp. Ther. **154**, 586—594 (1966).

TENNYSON, V. M., und G. D. PAPPAS: Electron microscope studies of the developing telecephalic choroid plexus in normal and hydrocephalic rabbits. In: Disorders of the developing nervous system (Ed.: W. Fields und M. Desmond), S. 267—325 Ch. C. Thomas, Springfields III (1961).

TENNYSON, V. M., und G. D. PAPPAS: Fine structure of the developing telencephalic and myelencephalic choroid plexus in the rabbit. J. comp. Neurol. **123**, 379—412 (1964).

TOCHINO, Y., und L. S. SCHANKER: Transport of serotonin and norepinephrine by the rabbit choroid plexus in vitro. Biochem. Pharmakol. **14**, 1557—1566 (1965).

TOCHINO, Y., und L. SCHANKER: Active transport of quaternary ammonium compounds by the choroid plexus in vitro. Am. J. Physiol. **208**, 666—673 (1965).

TOCHINO, Y., und L. S. SCHANKER: Serum and tissue factors that inhibit amine transport by the choroid plexus in vitro. Am. J. Physiol. **210**, 1229—1233 (1966).

TSCHIRGI, R. D., R. W. FROST und J. L. TAYLOR: Inhibition of cerebrospinal fluid formation by a carbonic anhydrase inhibitor, 2-acetylamino-1,3,4-thiadiazole-5-sulfonamide (Diamox). Proc. Soc. exp. Biol. N. Y. **87**, 373—376 (1964).

VAN HARREFELD, A., N. AHMED und D. J. TANNER: Sulfate concentrations in cerebrospinal fluid and serum of rabbits and cats. Am. J. Physiol. **210**, 777—780 (1966).

VOTH, D.: Untersuchungen über die ATPase-Aktivität im Zytoplasma der Epithelzellen vom Plexus chorioideus des Rindes. Enzymologia biol. clin. **7**, 203—214 (1966).

VOTH, D.: Über einige Besonderheiten der mikrosomalen Adenosintriphosphatase aus Rattenhirn. Acta neurochirurg. **16**, 316—317 (1967).

VOTH, D.: Über das Verhalten von Adenosintriphosphatasen in verschiedenen Rattenhirnfraktionen unter besonderer Berücksichtigung des Einflusses mono- und bivalenter Kationen. Brain Research **4**, 60—80 (1967).

VOTH, D.: Untersuchungen über den Einfluß verschiedener Pharmaka auf den Sauerstoffverbrauch und den Elektrolytstoffwechsel des isolierten Plexus chorioideus des Kaninchens. — In Vorbereitung — (1973).

VOTH, D., und M. KOHLHARDT: Untersuchungen zur Histomorphologie und Zytologie des menschlichen Mesothels. Z. Zellforsch. **58**, 546—572 (1962).

VOTH, D., und M. KOHLHARDT: Untersuchungen über den Einfluß verschiedener Kationen auf die ATP-Spaltung durch die Zytoplasmafraktion vom Plexus chorioideus des Rindes. Experientia **23**, 105—106 (1967).

VOTH, D., und K. JORK: Über den Einfluß von Buttersäurederivaten, Glutaminsäure und Isonikotinsäurehydrazid auf die Na^+- K^+- aktivierbare, Mg^{++}-abhängige ATPase in Rattenhirn-Mikrosomen. Med. Pharmacol. exp. **16**, 251—260 (1967).

VOTH, D., und A. SCHÄFER: Vergleichende photometrische und elektronenmikroskopische Untersuchungen an isolierten Rattenhirn-Mitochondrien und -Mikrosomen in vitro unter den Bedingungen der osmotischen Schwellung und ATP-induzierten Kontraktion. Brain Research **10**, 322—341 (1968).

VOTH, D., und M. AGSTEN: New findings of experiments in animals concerning the metabolic efficiency of, and the cationic transport by, the choroid plexus. Exerpta med. **217**, 27 (1970).

VOTH, D., und M.-L. FÖRSCHLER: Vergleichende Untersuchungen über die enzymatische Hydrolyse von p-Nitrophenylphosphat und Adenosin-5-triphosphat durch drei Fraktionen aus Rattenhirn. Brain Research **30**, 169—183 (1971).

VOTH, D., N. NAKAYAMA und K. DIEBOLD: Vergleichende Untersuchungen über die Substratoxydation durch den Plexus chorioideus und Hirnrindenschnitte des Kaninchens in vitro. Brain Research **39**, 483—492 (1972).

VOTH, D., M. AGSTEN und W. KÄVENHEIM: Die Aufnahme und Abgabe verschiedener Kationen durch den isolierten Plexus chorioideus des Kaninchens in vitro. Naunyn-Schmiedebergs Arch. Pharmak. exp. Path. **269**, 425—426 (1971).

WECHSLER, W.: Elektronenmikroskopischer Beitrag zur Entwicklung und Differenzierung von Zellen am Beispiel des Nervensystems. Verh. Dtsch. Ges. Path. **47**, 316—322 (1963).

WECHSLER, W.: Zur Entwicklung der Liquorräume des Gehirns von Gallus domesticus (Elektronenmikroskopische Untersuchungen). Wiener Ztschr. Nervenheilk. Suppl. **1**, 49—69 (1966).

WEINDL., A., I. SCHINKO, R. WETZSTEIN und A. HERZ: Die spärischen Lipidkörper im Epithel des Plexus chorioideus beim Kaninchen. Z. Zellforsch. **100**, 300—315 (1969).

WEIS, K. H.: Tierexperimentelle Untersuchungen über den Einfluß der Narkose auf die Konzentrationen von Kalium und Natrium sowie den Kaliumaustausch einzelner Organe in vivo. Med. Habilitationsschrift, Mainz 1964.

WEISS, G. B.: Homogeneity of extracellular space measurement in smooth muscle. Am. J. Physiol. **210**, 771—776 (1966).

WELCH, K.: Active transport of iodide by choroid plexus of the rabbit in vitro. Am. J. Physiol. **202**, 757—760 (1962).

WELCH, K.: Concentration of thiocyanate by the choroid plexus of the rabbit in vitro. Proc. Soc. exptl. Biol. Med. **109**, 953—954 (1962).

WELCH, K.: Secretion of cerebrospinal fluid by choroid plexus of the rabbit. Am. J. Physiol. **205**, 617—624 (1963).

WELCH, K., und K. SADLER: Permeability of the choroid plexus of the rabbit to several solutes. Am. J. Physiol. **210**, 652—660 (1966).

WHITTAM, R., und R. E. DAVIES: Relations between metabolism and rate of turnover of sodium und potassium in guinea pig kidney-cortex slices. Biochem. J. **56**, 445—453 (1954).

WISLOCKI, G. B., und A. J. LADMAN: The fine structure of the mammalian choroid plexus. In: The cerebrospinal fluid. Production, circulation and absorption. CIBA Foundation Symposium. (Ed.: G. E. W. Wolstenholme und C. M. O'Connor), S. 55—79 London.

WOLSTENHOLME, G. E. W., und C. M. O'CONNOR: (Ed) CIBA Foundation Symposium on the cerebrospinal fluid. London, 1958.

WOODBURY, D. M., L. T. ROLLINS, M. D. GARDNER, W. L. HIRSCHLI, J. R. HOGAN, M. L. RALLISON, G. S. TANNER und D. A. GRODIE: Effect of carbondioxyde on brain excitability and electrolytes. Am. J. Physiol. **192**, 79—90 (1958).

WOODWARD, D. L., D. J. REED und D. M. WOODBURY: Extracellular space of rat cerebral cortex. Am. J. Physiol. **212**, 367—370 (1967).

Anschrift der Autoren:

Prof. Dr. med. DIETER VOTH,
Neurochirurgische Klinik
Frau Dipl.-Math. DORIS MÜLLER,
Institut für Statistik und Dokumentation der
Johannes-Gutenberg-Universität,
65 Mainz, Langenbeckstraße 1

Anatomisches Institut der Universität Bern (Schweiz)

Anwendung cytoarchitektonischer Kriterien für die Neuronentypisierung in der Elektronenmikroskopie[1])

Von

Peter H. Burri und Hans-Rudolf Schneider

Einleitung

Dem Studium der Beschaffenheit und des Verteilungsmusters der Nissl-Schollen kommt bei zahlreichen lichtmikroskopischen Untersuchungen des Nervensystems eine besondere Bedeutung zu. Das nisslgefärbte Präparat ermöglicht Untersuchungen über die Lokalisation der Projektionen bestimmter Faserbündel dank dem Phänomen der retrograden Degeneration (Chromatolyse: Nissl (1892), Kirkpatrick (1968)). Nisslbildveränderungen in einer Nervenzelle können auch eintreten nach mehrmaliger Reizung der entsprechenden Nervenfaser oder infolge Änderung des Funktionszustandes, wie dies bei neurosekretorisch tätigen Nervenzellen der Fall ist (Gfeller 1969, mündliche Mitteilung), oder aber bei ablaufenden oder abgelaufenen pathologischen Prozessen. Nicht zuletzt aber bildet das Nisslbild die Grundlage der von Brodman (1909) begründeten und von Feremutsch (1952) erstmals übersichtlich und kritisch als Methode dargestellten Cytoarchitektonik.

Gestützt auf bestimmte Aussonderungskriterien der Nervenzellen (Feremutsch 1952) ermöglicht die Cytoarchitektonik eine Unterteilung der Zellbezirke des Zentralnervensystems in definierte einzelne Grisea mit bestimmten Aussonderungsmerkmalen. Neben der monomorphen, d. h. aus einer einzelnen Zellart bestehenden Form kann sich ein Griseum entweder aus verschiedenen, strukturell zu trennenden Zelltypen zusammensetzen (polymorphes Grau), und schließlich sich mit dem Nachbarschaftsgriseum mischen, oder in ein zweites Griseum hineingebettet sein, wobei eine heteromorphe Zone entsteht. Zudem findet man innerhalb einer Species bei der Untersuchung bestimmter Areale verschiedener Gehirne eine starke Variabilität (Feremutsch 1948, Schneider 1968). Die erwähnten cytoarchitektonischen Charakteristika „Polymorphie", „Heteromorphie" lassen sich mit dem Begriff der „zellulären Inhomogenität" zusammenfassen und erschweren mit der „Variabilität" die Orientierung in elektronenmikroskopischen Untersuchungen. Ferner verunmöglichen die Kleinheit des Ultradünnschnittes und die mangelnde Übersicht die Zuhilfenahme der in der Lichtmikroskopie so hilfreichen Nachbarschaftsbeziehungen für die Identifizierung einer Zelle oder eines Zellareals. Auch ist in einem heteromorphen oder polymorphen Gebiet eine noch so sorgfältig und gezielt durchgeführte Gewebsentnahme, gefolgt von einer gerichteten Einbettung der Blöcke, keine Hilfe für die Zelltypisierung.

Ein brauchbares Hilfsmittel für die Bestimmung von Neuronen auf dem Bildschirm des Elektronenmikroskops bietet hingegen die parallel durchgeführte lichtmikroskopische Untersuchung von semifinen nisslgefärbten Plastic-Schnitten des betreffenden Blocks, (Schneider, Burri und Weber 1971). Ein ständiges Vergleichen ist aber recht zeitraubend. Es würde die Untersuchung von inhomogenen Zellarealen äußerst erleichtern, besäße man aus der Lichtmikroskopie Kriterien, die sich bei der Bestimmung des Nervenzelltyps am Elektronenmikroskop anwenden ließen. Auf die

---

[1]) Diese Arbeit wurde unterstützt vom Schweizerischen Nationalfonds zur Förderung der wissenschaftlichen Forschung.

Den Herren Professoren K. Feremutsch und E. R. Weibel danken wir herzlich für die Durchsicht und Kritik des Manuskriptes; ebenso sei Frau U. Grassi-Täschler, Herrn Karl Babl und besonders Herrn W. Weber für ihre zuverlässige technische Mitarbeit gedankt.

Bedeutung einer solchen Anwendung der lichtoptischen Aussonderungskriterien der Nervenzellen bei der Interpretation ultradünner Schnitte im Elektronenmikroskop hat schon BLACKSTAD (1967) hingewiesen. Er schreibt: "The distribution and amount of granular endoplasmic reticulum display variations sufficiently pronounced to be seen in electron micrographs and may perhaps prove to be a criterion, (....) thus allowing a diagnosis of cell type in electron micrographs".

Als führendes Aussonderungskriterium in der Cytoarchitektonik wird in erster Linie die innere Struktur der Nervenzelle, insbesondere die Beschaffenheit und das Verteilungsmuster der Nisslsubstanz, welcher das Ergastoplasma der Nervenzelle zugrunde liegt, angesehen. Das lichtmikroskopische Bild stellt aber wegen der Dicke des Schnittes die Summe unzähliger Überlagerungseffekte dar, was die Brauchbarkeit dieses Kriteriums in der Elektronenmikroskopie zweifelhaft erscheinen ließ.

Es war das Ziel dieser Arbeit, vorerst an leicht auffindbaren Neuronen prinzipiell die Möglichkeit einer cytodiagnostisch anwendbaren Korrelation zwischen lichtmikroskopischem Nisslbild einerseits und Verteilungsmuster und Ultrastruktur des Ergastoplasmas andererseits zu untersuchen (BURRI und SCHNEIDER, 1969). Es sollte geprüft werden, ob die Kenntnis der lichtmikroskopischen Nisslstruktur die Identifizierung von Neuronen im Elektronenmikroskop ermöglichen könnte. Die für diese Untersuchung herangezogenen Neuronentypen sind die Zellen aus dem motorischen Ursprungskern des N. hypoglossus, die Neuronen des Nucleus supraopticus und die Purkinjezellen des Kleinhirns der Ratte.

Material und Methode

Dieser Abschnitt wurde in einer speziell der Perfusionsfixation und der Färbetechnik von semifinen Eponschnitten gewidmeten Arbeit ausführlich behandelt (SCHNEIDER, BURRI und WEBER 1971). Eine kurze Übersicht über die verwendeten Techniken soll hier jedoch gegeben werden (Tabelle 1).

Die Gehirne von CFN-COBS-Ratten wurden durch Perfusion mit natriumcacodylatgepuffertem, 5%igem Glutaraldehyd und 1%igem OsO4 (pH 7.4) fixiert und in 1 mm dicke Frontalschnitte zerlegt. Die zu untersuchenden Kernbezirke wurden mit einer Stereolupe unter Zuhilfenahme der stereotaktischen und architektonischen Atlanten von KÖNIG und KLIPPEL (1963) und von WÜNSCHER et al. (1965) aufgesucht, in Blöcke zurechtgeschnitten und nach Entwässerung in Eponplatten gerichtet eingebettet. 1 μ dicke Schnitte für die Lichtmikroskopie und sofort anschließend 600–900 Å dicke Ultradünnschnitte für die Elektronenmikroskopie wurden auf einem LKB-Ultrotome III mit Diamantmessern angefertigt. Die Ultradünnschnitte wurden auf parlodionbespannte und kohlebedampfte 1-Loch-Kupferträger aufgenommen. Sie wurden mit gesättigter Bleizitratlösung (REYNOLDS 1963) oder mit Uranylacetat und Bleizitrat (FRASCA und PARKS 1965) einfach oder doppelt kontrastiert. Die semifinen Schnitte wurden der von SCHNEIDER, BURRI und WEBER (1971) beschriebenen Nisslfärbung unterzogen.

Das zu Vergleichszwecken herangezogene nisslgefärbte Paraffinmaterial stammte von durch Immersion in Formalin fixierten Rattenhirnen. Die Schnitte waren nach dem Verfahren von WINDLE, RHINES und RANKIN (1943) nisslgefärbt worden.

Resultate

Die Morphologie der in dieser Arbeit als Beispiel gewählten Nervenzelltypen ist schon vielfach beschrieben worden. Die folgende Beschreibung

Tabelle 1

	Dickschnitte	semifine Schnitte	Ultradünnschnitte
Fixation	Formalin	Perfusionsfixation mit Glutaraldehyd und OsO4. Für Technik, siehe Schneider, Burri und Weber (1971).	
Einbettung	Paraffin	Epon 812 (Luft 1961)	
Schnittdicken	10 μ	1 μ	600–900 Å
Färbung, bzw. Kontrastierung	Thionin nach Windle, Rhines und Rankin (1943)	Thionin nach Schneider, Burri und Weber (1971)	Doppelkontrastierung mit Uranylacetat und Bleizitrat (Frasca und Parks 1965) oder mit gesättigter Bleizitratlösung (Reynolds 1963)
Träger	Objektträger	Objektträger	Parlodionbespannte und kohlebedampfte 1-Loch-Kupferträger, ⌀ 3 μ

der drei Neuronentypen beschränkt sich nach einer kurzen Skizzierung der Zellen auf das Aussehen und die Anordnung des Ergastoplasmas.

I. Nucleus motorius nervi hypoglossi (Abb. 1)

A. Lichtmikroskopie

a) Paraffinschnitt

Die Perikarya der Hypoglossus-Neuronen erscheinen im Schnitt bald dreieckig oder polygonal mit zipflig ausgezogenen Ecken, bald eher rundlich ohne Anschnitte von Fortsätzen (Abb. 1a). Der Kern ist rundlich, hell, mit sehr deutlichem Nucleolus. Die Kernmembran ist glatt und oft gut sichtbar; wo die Kernmembran undeutlich bleibt, können Cytoplasmabestandteile den Kernrand überlagern. Das Cytoplasma ist in weitem Maße besetzt mit großen, ovalen, teilweise konfluierenden oder durch feine Brücken zusammenhängenden Nissl-Schollen. Diese nehmen gegen die Zellperipherie an Größe zu, wobei der äußerste Zellrand von Schollen frei bleibt.

b) Epondickschnitt

Die Abb. 1b zeigt Hypoglossus-Zellen im semifinen Eponschnitt, bei gleicher Vergrößerung wie in Abb. 1a. Der auffallende Größenunterschied ist bedingt durch die Schrumpfung des in Paraffin eingebetteten Materials. Die Nissl-Schollen erscheinen in den Epondickschnitten etwas kleiner, die Verschmelzung mehrerer Schollen und die brückenartigen Verbindungen zwischen einzelnen Schollen sind wegen der geringen Schnittdicke und der besseren Auflösung seltener zu sehen.

Gegen die Dendritenabgänge zu nehmen die Nissl-Klumpen oft eine längliche Form an, lagern sich parallel zueinander in der Achse des Dendriten und dringen in dessen Anfangsteil ein. Die Verteilungscharakteristik der Schollen im Cytoplasma entspricht derjenigen von Abb. 1a.

B. Elektronenmikroskopie

Die Zellen sind in diesem monomorphen Kernareal ihrer Größe wegen sehr leicht aufzufinden (Abb. 1c). Neben dem blassen, runden und zentral gelegenen Kern fallen im Cytoplasma große Areale mit 4—12 dichtgepackten, parallel zueinander und oft tangential zur Kernmembran liegenden Cisternen des rauhwandigen endoplasmatischen Retikulums auf. Die Cisternenmembran ist abwechslungsweise bald dicht, bald nur locker mit Ribosomen besetzt. Die längste in einem Membranflachschnitt gezählte Polysomspirale bestand aus 16 Ribosomen. Die Matrix zwischen den Cisternen ist außerordentlich reich an freien Ribosomen, welche in kleine Häufchen von 4—8 Ribosomen gegliedert sind. In der Peripherie des Cytoplasmas bleibt aber die unmittelbar der Zellmembran angrenzende Zone praktisch frei von RNS.

II. Nucleus supraopticus (Abb. 2)

A. Lichtmikroskopie

a) Paraffinschnitt

Das Areal des Nucleus supraopticus ist reichlich kapillarisiert und relativ dicht besetzt mit ellipsoidalen Zellen, deren Längsachse parallel zur Pia der Hirnbasis verläuft. Die je nach Schnittrichtung rundlichen oder länglichen Zellkerne weisen oft stark exzentrisch gelegene, gelegentlich sogar direkt der deutlichen Kernmembran aufliegende Nucleoli auf. Eine helle, feingekörnte Cytoplasmaschale umfaßt den Kern; entlang den Längsseiten des Kernes ist dieser Saum schmal, er verbreitert sich an beiden Kernpolen. Die Nissl-Substanz bildet je nach Schnittrichtung an beiden Enden der länglichen Zelle eine sehr homogene, sichelförmige Kappe, oder umgibt, unmittelbar der Zellmembran anliegend, den exzentrisch gelagerten Kern halbmondförmig (Abb. 2a).

b) Epondickschnitt

Zum Vergleich zeigt die Abb. 2b Supraopticus-Neuronen im Epondickschnitt bei gleicher Vergrößerung wie in Abb. 2a. Die Zellen sind etwas größer, ihr Aussehen weicht aber mit Ausnahme der besseren Auflösung von Details nicht von obiger Beschreibung ab. Der breite Nisslsaum in der Zellperipherie ist deutlich erkennbar, ebenso die nisslfreie Zone um den Zellkern herum.

B. Elektronenmikroskopie

Der rundliche Zellkern liegt meistens etwas exzentrisch (Abb. 2c). Gelegentlich kann der perinukleären Cisterne unmittelbar anliegendes nucleoläres Material beobachtet werden. Im Perikaryon ist eine verschieden breite, kernnahe Zone zu erkennen, in welcher ein ausgedehnter Golgi-Apparat, glattwandige Vesikel, zahlreiche Mitochondrien und Granula verschiedener Größe und ungleichmäßiger Elektronendichte gefunden werden. Im Vergleich zur Außenzone enthält sie nur

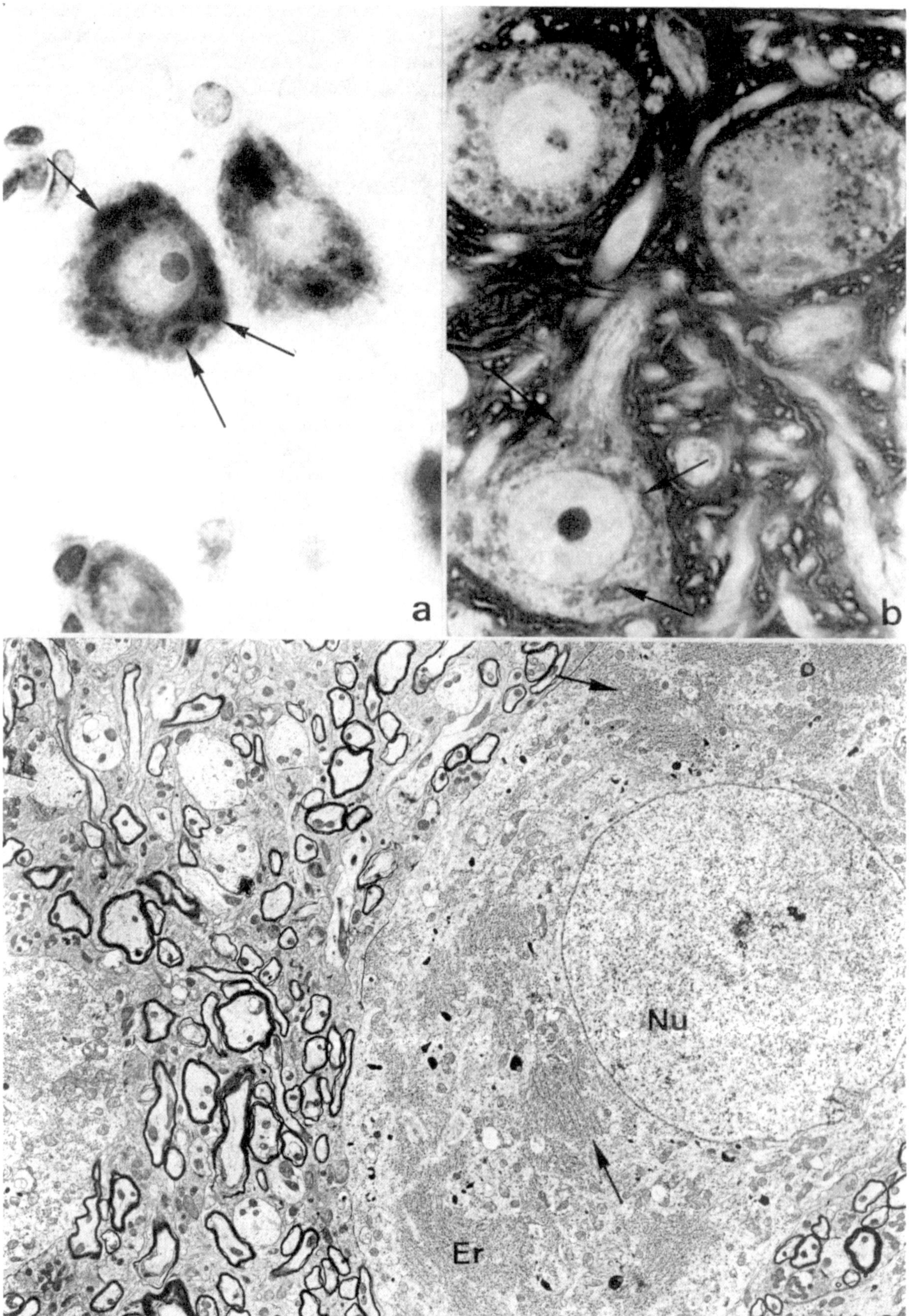
a
b
Nu
Er
c

spärlich Ribosomen und nur wenige rauhwandige Cisternen. In der Außenzone, unmittelbar unter der Zellmembran, findet man eine äußerst kompakte Region, die nur von rauhwandigem, endoplasmatischem Retikulum und freien Ribosomen belegt ist. Die Cisternen verlaufen zwar oft parallel zur Zelloberfläche, verzweigen sich aber häufig oder verlaufen unregelmäßig gekrümmt, so daß in der Außenzone ein unruhiges Bild entsteht. Sie enthalten ein mäßig elektronendichtes, flockiges Material. Zwischen den Lamellen des Ergastoplasmas liegen viele freie Ribosomen.

Diese ergastoplasmareiche Außenzone ist an den Zellpolen der länglichen Zellen am kräftigsten entwickelt; sie bildet dort halbmondförmige Kappen.

III. Purkinje-Zellen (Abb. 3)

A. Lichtmikroskopie

a) Paraffinschnitt

Die Zellen erscheinen rundlich (Abb. 3a) und liegen in der bekannten Art der Körnerschicht des Cerebellums an. Die Zellkerne sind blasig, besitzen einen deutlichen Nucleolus und zeigen eine gut sichtbare Kernmembran mit vielen basophilen Auflagerungen. Stark basophile, gelegentlich bis in die Kernmitte reichende sogenannte Kernfalten können dem Zellkern ein bizarres Aussehen verleihen. Das Cytoplasma des Perikaryons wirkt durch die Einlagerung von kleinen polymorphen Nissl-Körnern gesprenkelt. Diese ballen sich manchmal, besonders in Kernnähe und in der Zellperipherie zu größeren Brocken zusammen.

b) Epondickschnitt

Die Purkinje-Zellen sind in Abb. 3b trotz gleicher Vergrößerung wiederum deutlich größer als in Abb. 3a. Die kleinen, aber zahlreichen Nissl-Schollen sind gut zu erkennen. Die Schollen sind scharf begrenzt und etwas verästelt. Typische Kernauflagerungen und „Kernfalten" sind regelmäßig vorhanden.

B. Elektronenmikroskopie

Die Zellen erscheinen als runde Gebilde mit zentralem Kern (Abb. 3c). Die Kernmembran kann außerordentlich tief ins Kerninnere invaginiert sein. Die Einfaltungen und ihre Umgebung enthalten reichlich freie Ribosomenhaufen und mit Ribosomen besetzte Cisternen, was die Basophilie der lichtmikroskopischen „Kernkappen" und „Kernfalten" erklärt. Im ganzen Cytoplasma regellos verteilt liegen kleine Inseln von freien Ribosomen und rauhwandigem, endoplasmatischem Retikulum bestehend aus 1—5 Cisternen. Diese verzweigen sich oft und weichen in breitem Winkel auseinander. Nur selten liegen mehr als zwei bis drei Cisternen parallel zueinander. Zwischen den Nissl-Haufen liegen Mitochondrien, Golgi-Felder und Lipidtropfen.

IV. Ultrastrukturelle Unterschiede im Bau des Ergastoplasmas

Die Abb. 4 illustriert, wie markant die Unterschiede im Feinbau des Ergastoplasmas von einem Neuronentyp zum andern sind.

Das Ergastoplasma der Hypoglossus-Neuronen besteht aus langen, parallel zueinander verlaufenden Cisternen, und die Matrix zwischen den Cisternen ist außerordentlich dicht mit Polysomenhaufen von meist 4—8 Ribosomen besetzt (Abb. 4a).

In den Supraopticus-Neuronen (Abb. 4b) bietet das Ergastoplasma, obschon es auch einen dichten Eindruck macht, ein unruhiges Bild. Die Cisternen verlaufen meist unregelmäßig gekrümmt und können deshalb im Schnitt nur auf kurzen Strecken

← Abb. 1. *Neuronen des Nucleus originis nervi hypoglossi.*

a) Nisslgefärbter Paraffinschnitt. Das Cytoplasma ist besetzt mit zahlreichen groben, zum Teil konfluierenden Nissl-Schollen (Pfeile). ×1250.

b) Nisslgefärbter semifiner Eponschnitt. Die Nissl-Schollen sind wegen der besseren Auflösung feiner und etwas gekörnt (Pfeile); die Verteilungscharakteristik stimmt gut mit derjenigen im Paraffinschnitt überein. ×1250.

c) Ausschnitt eines Hypoglossus-Neurons. Der Kern (Nu) ist umgeben von Cytoplasma, welches dicht belegt ist mit breiten Feldern von Ergastoplasma (Er). Diese bestehen in typischer Weise aus zahlreichen langen, parallel zueinander verlaufenden Cisternen (Pfeile) und vielen dazwischengelagerten freien Ribosomen. ×4150.

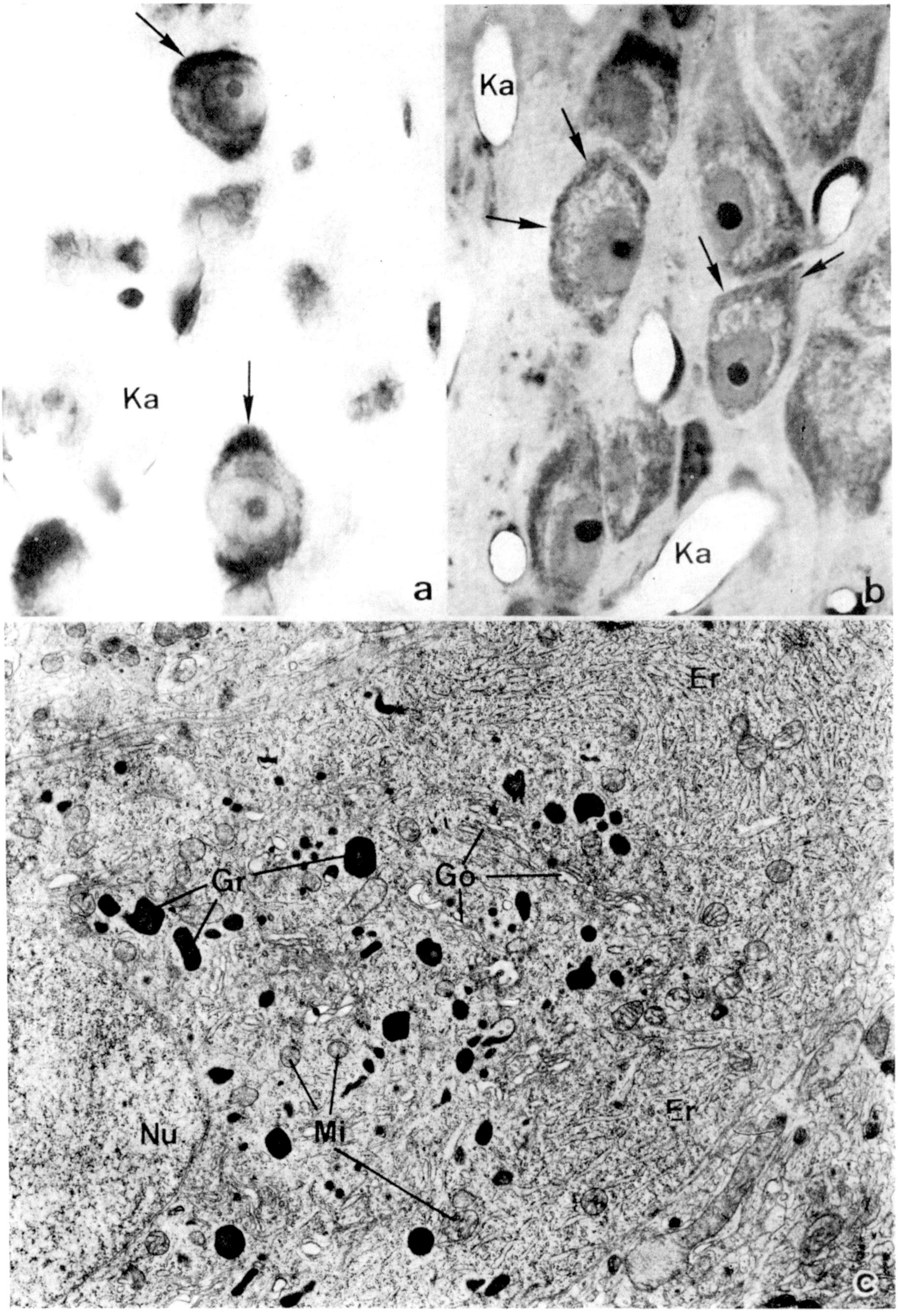
Ka
a
Ka
Ka
b
Er
Gr
Go
Mi
Nu
Er
c

← Abb. 2. *Neuronen des Nucleus supraopticus.*

a) Nisslgefärbter Paraffinschnitt. Das Gebiet ist reichlich kapillarisiert (Ka). Die Nisslschollen bilden kompakte Kappen oder Schalen in der äußersten Zellperipherie (Pfeile). ×1 250.

b) Nisslgefärbter semifiner Eponschnitt. Auch hier fallen die vielen Kapillaren (Ka) auf. Die Kerne der Neuronen liegen meistens exzentrisch; die Nisslsubstanz umfaßt hufeisenförmig die ganze Zelle; sie liegt unmittelbar unter der Zellmembran (Pfeile). ×1 250.

c) Ausschnitt aus einem Supraopticus-Neuron. Unmittelbar dem Kernpol (Nu) anliegend eine fast nisslfreie Zone mit Granula (Gr), Mitochondrien (Mi) und Golgi-Apparat (Go).

In der Zellperipherie, der Zellmembran anliegend, ein breites Band fast reinen Ergastoplasmas (Er). ×12 300.

Abb. 3. *Purkinje-Zellen des Kleinhirns.* →

a) Nisslgefärbter Paraffinschnitt. Das Cytoplasma erscheint durch die Einlagerung der gleichmäßig verteilten Nissl-Schollen gesprenkelt. Nisslsubstanz ist oft der Kernmembran aufgelagert (Doppelpfeile). Die Kerne zeigen die für die Purkinje-Zellen typischen „Kernfalten" (Pfeile). ×1 250.

b) Nisslgefärbter semifiner Eponschnitt. Die der Körnerschicht (Ks) aufliegenden Purkinje-Zellen zeigen eine „Sprenkelung" des Cytoplasmas durch die mittelgroben Nissl-Schollen, auch „Kernfalten" sind deutlich sichtbar (Pfeile). ×1 250.

c) Ausschnitt einer Purkinje-Zelle. Der Kern (Nu) weist zahlreiche Invaginationen seiner Membran auf (Pfeile) (= Kernfalten); diese sind besetzt mit einigen rauhwandigen Cisternen und mit freien Ribosomen. Die Ergastoplasmafelder (Er) sind homogen über das Cytoplasma verteilt. ×5 750.

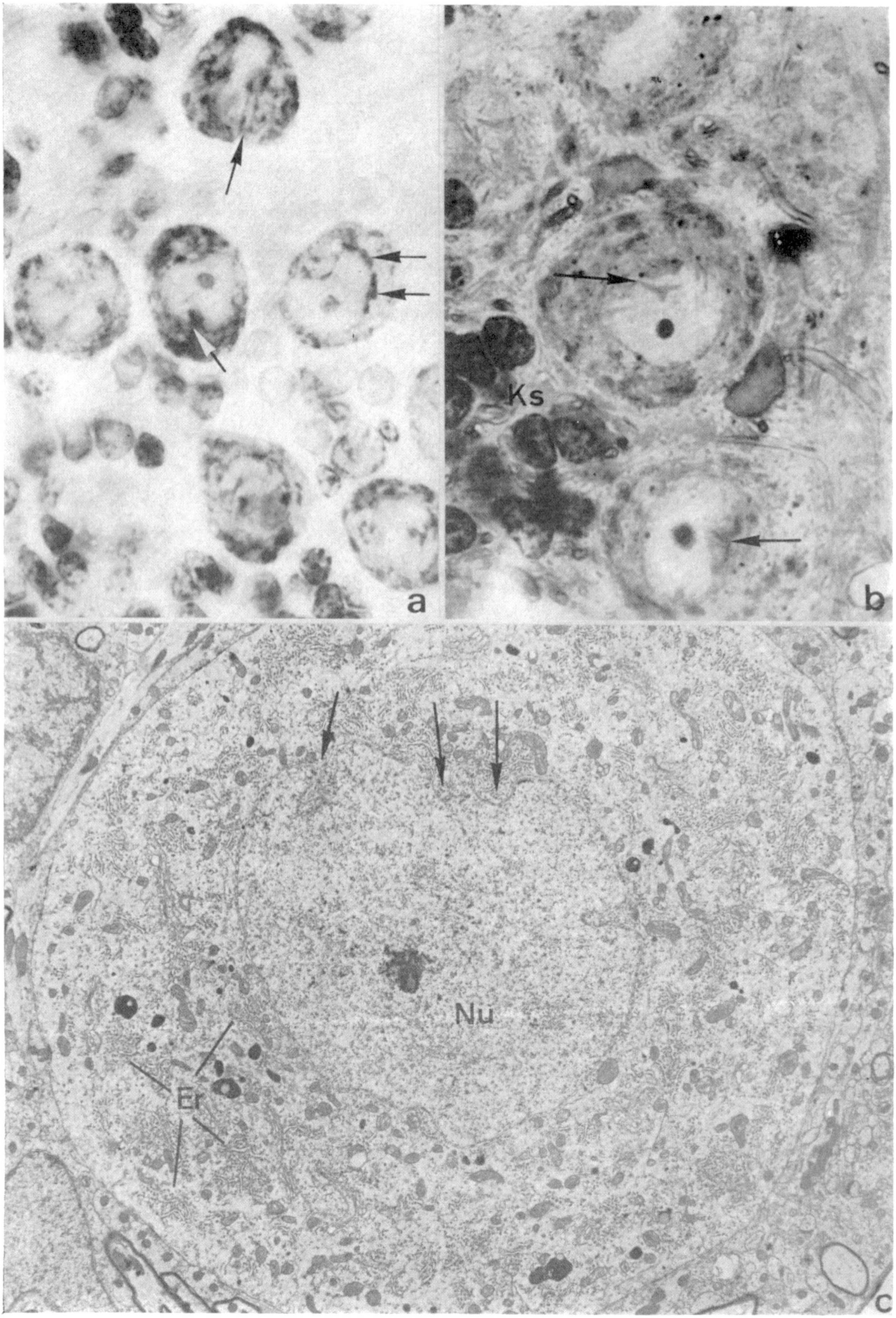
a
b
Ks
Nu
Er
c

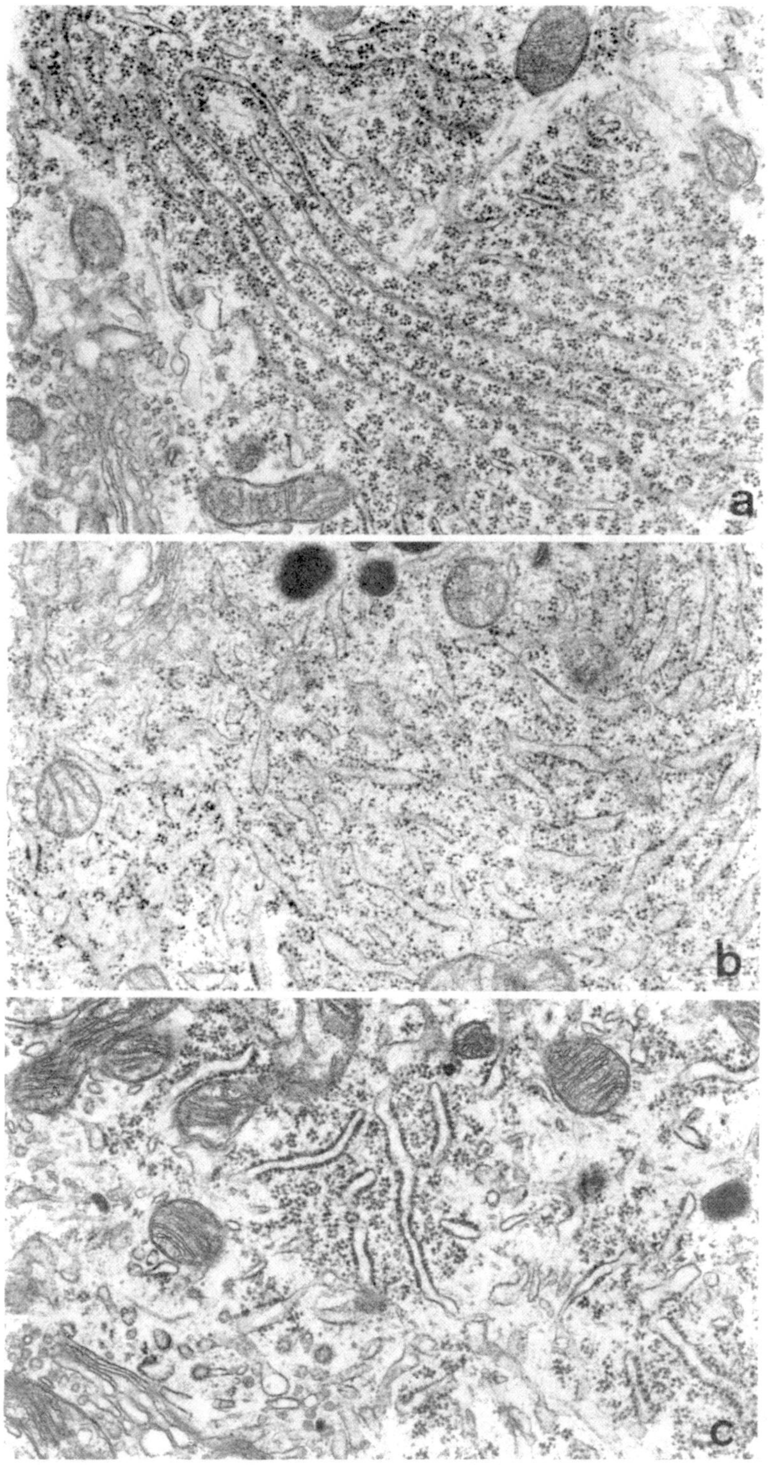

Abb. 4. Ultrastrukturelle Einzelheiten des Ergastoplasmas der verschiedenen Zelltypen bei gleicher Vergrößerung: a = aus Hypoglossus-Neuron; b = aus Supraopticus-Neuron; c = aus Purkinje-Zelle. ×24500. Beschreibung siehe Text.

verfolgt werden. Sie liegen zudem nur selten parallel zueinander, und ihr Ribosomenbesatz ist spärlich. Die dazwischen liegenden Polysomen sind locker angeordnet.

In den Purkinje-Zellen des Kleinhirns (Abb. 4c) sind die Ergastoplasma-Anteile fein über das Cytoplasma verteilt. Sie bestehen aus nur vereinzelten, kurzen, zum Teil verzweigten, in breitem Winkel auseinanderweichenden Cisternen, die aber sehr dicht mit Ribosomen belegt sind. Auch die intercisternale Matrix ist gefüllt mit Polysomenhaufen.

Diskussion

Bei der elektronenmikroskopischen Untersuchung von Gehirnabschnitten, die nicht nur aus einem Nervenzelltyp bestehen, die also als heteromorph oder polymorph bezeichnet werden, stößt man auf die Schwierigkeit, die verschiedenen Zelltypen lichtoptisch definierten Zellen zuordnen zu müssen. Erst wenn dies möglich ist, werden elektronenoptisch erhobene Befunde wirklich relevant und können mit Berechtigung in die Fülle der lichtmikroskopisch gewonnenen Erkenntnisse des Baues des Nervensystems eingeordnet werden. Es müssen im elektronenmikroskopischen Bild Kriterien vorhanden sein, welche eine sichere Diagnose des Zelltyps erlauben, wobei es aus Gründen der Einfachheit vorzuziehen ist, wenn solche Unterscheidungsmerkmale auch auf lichtmikroskopisch bekannten Strukturen beruhen. Zellgröße und Zellform fallen, sobald keine extremen Unterschiede zwischen Zelltypen vorliegen, in der Elektronenmikroskopie als sichere Kriterien dahin, weil man wegen der im Verhältnis zu den großen Zellen äußerst dünnen Schnitte darüber nur mit Serienschnitten Aufschluß erhält (KARLSSON 1967). Die Nachbarschaftsbeziehungen, welche in der Lichtmikroskopie wesentlich zur Lokalisation beitragen können, sind bei der mangelnden Übersicht, die man im Elektronenmikroskop hat, nur in seltenen Fällen von Nutzen. Selbstverständlich ist es immer möglich, einen Epondickschnitt beizuziehen; das ständige Vergleichen ist aber sehr mühsam. In der Lichtmikroskopie kann eine Nervenzelle auf Grund ihrer Gestalt in verschiedene Golgi-Typen, oder wie in der Cytoarchitektonik auf Grund ihrer inneren Struktur, d. h. auf Grund des Nissl-Bildes, beschreibend klassiert werden.

PALAY und PALADE haben 1955 gezeigt, daß der lichtoptischen Nissl-Substanz das Ergastoplasma zugrunde liegt. Seither wurde zwar das endoplasmatische Retikulum verschiedenster Ganglienzellen bezüglich des Enzymgehaltes und seiner Bedeutung für den Eiweiß-Stoffwechsel untersucht (NOVIKOFF 1967), den Fragen der Kongruenz zwischen Nisslbild und Ergastoplasma sowie der vergleichenden ultrastrukturellen Morphologie aber wurde nur wenig Aufmerksamkeit geschenkt. Das lichtmikroskopische Nisslbild wurde mehr oder weniger als Resultat von schnittdickenbedingten Überlagerungen und Summationen feinerer Ergastoplasmaelemente betrachtet (SOTELO und PALAY 1968).

Bei der Untersuchung der Hypoglossus-Zellen zeigte es sich, daß den typischen groben Nissl-Schollen entsprechende Ansammlungen von Ergastoplasma zugeordnet werden können. Allerdings ist festzuhalten, daß was im Lichtmikroskop als grobe Nissl-Scholle erscheint, sich im Elektronenmikroskop durchaus als zwei bis drei eng beieinanderliegende, durch feine Brücken verbundene Ergastoplasma-Anhäufungen darstellen kann. Das Ganze imponiert aber auch im Elektronenmikroskop bei schwächeren Vergrößerungen als einheitliches Feld, so daß die Übereinstimmung sofort erkannt wird. Bei den Supraopticus-Neuronen entspricht der mit Toluidin blass gefärbte perinukleäre Hof der mitochondrien- und granulareichen Zone, die den Golgi-Komplex enthält. Dagegen erweist sich die dichte, halbmondförmige basophile Polkappe der Zelle elektronenoptisch als fast reines Ergastoplasmafeld mit zwischengelagerten freien Risosomen. Auch bei den Purkinje-Zellen entspricht der feinen, fleckförmig im Cytoplasma verteilten Nissl-Substanz eine zufallsartige Verteilung von kleinen Gruppen von ribosomenbesetzten, ungerichteten Cisternen und dazwischen eingelagerten Polysomen. Die Ursache für die in der Lichtmikroskopie als Kernauflagerungen und Kernfalten beschriebenen Inhomogenitäten des Zellkernes sind die manchmal bis zur Kernmitte reichenden ribosomenreichen Cytoplasmaeinstülpungen, die auch ein bis zwei dicht mit Ribosomen besetzte Cisternen enthalten können.

Diese Befunde zeigen, daß das Verteilungsmuster der Ribosomenaggregate und der Anhäufungen von Ergastoplasma, wie es sich im elektronenmikroskopischen Präparat darbietet, trotz der unvergleichlich geringeren Schnittdicke gut mit dem Verteilungsmuster der Nisslsubstanz im Lichtmikroskop übereinstimmt. Dies bedeutet, daß das im Lichtmikroskop für eine bestimmte Zelle als typisch angesehene Nissl-Bild nicht erst durch einen Überlagerungs- oder Summationseffekt im relativ dicken Schnitt zustande kommt. Daß dies auch für Zellen mit feinverteiltem Ergastoplasma gilt, ist am Beispiel der Purkinje-Zelle ersichtlich. Es wird also möglich, bei Kenntnis der im Nissl-Bild cytoarchitektonisch relevanten Strukturmerkmale einzelne Nervenzellen im Elektronenmikroskop ohne weiteres lichtoptisch definierten Zelltypen zuzuordnen.

Die in unseren Untersuchungen mit positivem Ergebnis geprüfte Typisierungsmethode, welche an leicht aufzufindenden und leicht identifizierbaren Ganglienzellen durchgeführt wurde, werden sich an polymorphen und heteromorphen Gehirnabschnitten zu bewähren haben. Immerhin ließe sich aus den Ergebnissen unserer Untersuchungen folgendes methodisches Vorgehen bei der elektronenmikroskopischen Untersuchung von „inhomogenen" und „variablen" Gebieten des Zentralnervensystems vorschlagen:

1. Lichtmikroskopisches Studium der interessierenden Area und cytoarchitektonische Charakterisierung der verschiedenen Zelltypen auf Grund der von Feremutsch (1952) ausgearbeiteten Kriterien.
2. Fakultativ: Nisslfärbung semifiner Schnitte von für die Elektronenmikroskopie eingebetteten Eponblöcken nach Schneider, Burri und Weber (1971); erste Orientierung, ob gewünschtes Gebiet im Block wirklich angeschnitten wurde.
3. Identifizierung der verschiedenen Zelltypen im Elektronenmikroskop auf Grund der unter 1. erarbeiteten Nisslbildkriterien. Anschließend Inangriffnahme der Untersuchungen im Hinblick auf die geplante Fragestellung.

Sotelo und Palay (1968) haben schon auf die unterschiedlichen Anteile von membrangebundenen und freien Ribosomen, sowie auf abweichende Polysomenmuster bei verschiedenen Zelltypen hingewiesen. Sie haben festgestellt, daß diese Parameter nicht von der Zellgröße abhängig sind, und die Vermutung geäußert, daß die verschiedenen Neuronen auch verschiedene zelltypspezifische Eiweiße synthetisieren. Die Beziehung zwischen Polysomengröße und Komplexität des produzierten Eiweißes war von Rich et al. (1963) erhärtet worden. Es stellt sich daher die Frage, ob nicht in einer weiteren Stufe die feinstrukturellen Unterschiede des Ergastoplasmas allein schon zur Identifizierung und Klassierung der Nervenzellen genügen könnten. Zu analysieren wären nebst Lage und Größe, besonders die Anzahl, die Dichte, die Verlaufsrichtung und der Ribosomenbesatz der Cisternen, die Kettenlänge der Polysomen, sowie das Ausmaß der Einlagerung von freien Ribosomen und Polysomen. Die hier beschriebenen Nervenzelltypen können ohne weiteres allein auf Grund ihrer ultrastrukturellen Ergastoplasma-Morphologie voneinander unterschieden werden (Abb. 4), dies sogar in Zellanschnitten, die nur periphere Cytoplasmaanteile enthalten.

Es bleibt abzuklären, ob dieses einfache und rasche Typisierungsverfahren allgemeine Gültigkeit erlangen könnte.

Zusammenfassung

Den Schwierigkeiten, in heteromorphen und polymorphen Kernarealen des Zentralnervensystems die verschiedenen Nervenzelltypen voneinander zu unterscheiden, begegnet man in der Lichtmikroskopie mit Hilfe cytoarchitektonischer Methoden, welche hauptsächlich auf der Beurteilung der Neuronen nach ihrem Erscheinungsbild in der Nisslfärbung beruhen.

In der Elektronenmikroskopie stellen sich dieselben Probleme in noch akuterer Form, fehlen doch im kleinen Ultradünnschnitt meistens die für die Orientierung nützlichen Nachbarschaftsbeziehungen. Die vorliegende Arbeit sollte deshalb abklären, inwiefern die Verteilungs- und Strukturcharakteristika des Ergastoplasmas im Elektronenmikroskop mit der lichtoptisch erkennbaren Nisslsubstanz übereinstimmen, und wieweit diese Merkmale sich für die Erkennung verschiedener Neuronen in der Elektronenmikroskopie anwenden ließen. Zu diesem Zweck wurden vergleichende licht- und elektronenmikroskopische Untersuchungen an drei Nervenzelltypen mit typischem Nisslmuster unternommen: an Zellen des motorischen Ursprungskernes des N. hypoglossus, des Nucleus supraopticus und an den Purkinje-Zellen des Kleinhirns. Von allen drei Gebieten wurden Paraffinschnitte, sowie 1 μ dicke und ultradünne Schnitte von eponeingebettetem Material untersucht.

Die Resultate zeigen, daß auf allen drei Stufen eine gute Übereinstimmung zwischen den sich entsprechenden Strukturen herrscht, daß also, trotz den in der Lichtmikroskopie schnittdickenbedingten Summations- und Überlagerungseffekten, im Ultradünnschnitt das Nisslbild am Ergastoplasma wiedererkannt wird. Es ist bei Kenntnis der Nisslbildmerkmale der zu untersuchenden Zelltypen dem Untersucher ohne weiteres möglich, am Elektronenmikroskop die Zelltypen zu definieren. Dies ist um so leichter, als zwischen verschiedenen Nervenzellen zusätzliche feinstrukturelle Unterschiede im Bau des Ergastoplasmas bestehen, die als differentialdiagnostische Merkmale größere Bedeutung erlangen könnten.

Application of cytoarchitectonic methods for neuron identification in electron microscopy

In light microscopy cytoarchitectonic methods, based especially on the appearance of the neurons in Nissl stained sections are extremely useful for nerve cell identification in poly- or heteromorphic areas of the brain. Problems of identification of neurons are even more acute in electron microscopy because of the smallness of investigated areas and the lack of neighbouring topographical interrelations. The aim of the present work was to investigate the possibilities of applying the knowledge of the light microscopic Nissl pattern of nerve cells for their ultrastructural identification. For this purpose three regions of the rat brain, the hypoglossal nucleus, the supraoptic nucleus, and the Purkinje cells of the cerebellum were investigated by light microscopy in Nissl stained paraffin- and 1 μ thick epon sections, and in ultrathin sections by electron microscopy.

The results revealed that at all investigated levels there was a good morphological agreement between the corresponding structures. That means that knowledge of the light microscopical distribution pattern and size characteristics of the Nissl-bodies of a neuron allows the investigator to identify the cell type at the electron microscopic level. Besides its distribution and size characteristics, the ergastoplasm shows fine structural differences from one cell type to the other, such as length, number and arrangement of the cisternae, abundance of ribosomes adhering to the cisternal membranes, length of the polysomes, and amount of free ribosomes between the endoplasmic sacs.

It is postulated that systematic description of these parameters in any type of neuron may represent a useful guide for nerve cell identification for many electron microscopists.

Referenzen

Blackstad, Th. W.: Cortical grey matter. A correlation of light and electron microscopic data. In: The Neuron, ed. by H. Hydén. Elsevier Publishing Company, Amsterdam—London—New York 1967, chapter 2, p. 72.

Brodman, K.: Vergleichende Lokalisationslehre der Großhirnrinde. Verlag: J. A. Barth, Leipzig, 1909.

Burri, P. H., und H. R. Schneider: Ausdehnung cytoarchitektonischer Methoden auf die elektronenmikroskopische Untersuchung des Gehirns. J. Microscopie **8**, 37a (1969).

Feremutsch, K.: Die Variabilität der cytoarchitektonischen Struktur des menschlichen Hypothalamus. Mschr. Psych. Neurol. **116**, 257—283 (1948).

Feremutsch, K.: Die Methode der cytoarchitektonischen Aussonderung von Nervenzellarealen im Gehirn. Bibl. psychiatr. neurol. **91**, 74—136 (1952).

Frasca, J. M., and V. R. Parks: A routine technique for doublestaining ultrathin sections using uranyl and leadsalts. J. Cell Biol. **25**, 157—160 (1965).

Karlsson, U.: Three dimensional studies of neurons in the lateral geniculate nucleus of the rat. I. Organelle organization in the perikaryon and its proximal branches. J. Ultrastr. Res. **16**, 429—481 (1966).

Kirkpatrick, J. B.: Chromatolysis in the hypoglossal nucleus of the rat: An electron microscopic analysis. J. Comp. Neurol. **132**, 189—212 (1968).

Koenig, J. F. R., und R. A. Klippel: The rat brain. A stereotaxic atlas... The Williams and Wilkins Company, Baltimore 1963.

Luft, J. H.: Improvements in epoxy resin embedding methods. J. biophys. biochem. Cytol. **9**, 409—414 (1961).

Nissl, F.: Über die Veränderungen der Ganglienzellen am Facialiskern des Kaninchens nach Ausreißung der Nerven. Allg. Z. Psychiat. **48**, 197—198 (1892).

Novikoff, A. B.: Enzyme localization and ultrastructure of neurons. In: The Neuron. Ed. by H. Hydén. Elsevier Publishing Company, Amsterdam—London—New York 1967, chapter 6, pp. 255—318.

Palay, S. L., and G. E. Palade: The fine structure of neurons. J. biophys. biochem. Cytol. **1**, 69—107 (1955).

Reynolds, E. S.: The use of leadcitrate of high pH as an electronopaque stain in electron microscopy. J. Cell Biol. **17**, 208—211 (1963).

Rich, A., S. Penman, Y. Becker, J. Darnell and C. Hall: Polyribosomes: Size in normal and polio-infected HeLa cells. Science **142**, 1658 (1963).

Schneider, H. R.: Some findings concerning the relationship between ontogenesis and cytoarchitecture of the primate brain. J. Comp. Neurol. **133**, 411—428 (1968).

Schneider, H. R., P. H. Burri und W. Weber: Perfusionsfixation des Gehirnes für die elektronenmikroskopische Untersuchung und Nisslfärbung an semifinen Eponschnitten. Mikroskopie **28**, 67—79 (1972).

Sotelo, C., and S. L. Palay: The fine structure of the lateral vestibular nucleus in the rat. I. Neurons and neuroglial cells. J. Cell Biol. **36**, 151—179 (1968).

Windle, W. F., R. Rhines and J. Rankin: A Nissl method using buffered solutions of thionin. Stain Techn. **18**, 77—86 (1943).

Wuenscher, W., W. Schober und L. Werner: Architektonischer Atlas vom Hirnstamm der Ratte. S.-Hirzel-Verlag, Leipzig, 1965.

Anschrift des Autors:

Dr. med. Peter H. Burri
Anatomisches Institut
Bühlstraße 26
CH-3000 Bern

Hinweise für Mitarbeiter

1. Es werden nur Arbeiten aufgenommen, die dem Publikationsgebiet der Zeitschrift angehören.

2. Es muß sich um wissenschaftlich wertvolle Arbeiten handeln, die neue und bisher unveröffentlichte Ergebnisse bringen. Arbeiten rein referierenden oder spekulativen Inhalts können in der Regel nicht aufgenommen werden.

3. Die Manuskripte sind, einseitig mit Schreibmaschine geschrieben, in druckfertiger Form einzureichen. Sie können in deutscher, englischer oder französischer Sprache abgefaßt werden.
   Gewünschte Kursivschrift ist durch eine Wellenlinien-Unterstreichung zu markieren. Hervorhebung einzelner Worte durch gesperrte Schrift ist im Manuskript durch unterbrochene Unterstreichung, und für den Kleindruck vorgesehene Abschnitte sind im Manuskript durch „p" zu kennzeichnen. Fußnoten sind fortlaufend zu numerieren. Außer der üblichen Zusammenfassung soll noch eine weitere Zusammenfassung in englischer Sprache beigefügt werden. Bei englischen Originaltexten kann für die zweite Zusammenfassung die deutsche, französische oder russische Sprache gewählt werden. Es wird um Angabe des Kolumnentitels gebeten.

   Die Zahl der Abbildungen ist auf das unbedingt nötige Maß zu beschränken. Es wird gebeten, im Manuskript auszuweisen, an welcher Stelle des Textes die Abbildungen und Tabellen zu publizieren sind. Bei Abbildungsvorlagen, die die Satzspiegelgröße (16,9 cm × 23,8 cm) überschreiten, ist auf der Rückseite der Vorlage der Verkleinerungsmaßstab anzugeben. Kleinere Abbildungen sollten der Spaltenbreite (8,1 cm) in entsprechender Weise angepaßt werden. Die Legenden zu den Abbildungen sind auf ein gesondertes Blatt zu schreiben.

4. Im Interesse einer schnellen Veröffentlichung der Beiträge wird das Journal für Hirnforschung im Sofortumbruch hergestellt. Die Autoren erhalten deshalb lediglich eine Umbruchkorrektur. In den Korrekturabzügen können lediglich Wortkorrekturen angegeben werden.

5. Von jeder Originalarbeit werden kostenlos 80 Sonderdrucke geliefert.

6. Der Verlag behält sich das ausschließliche Recht der Vervielfältigung, der Verbreitung und der Übersetzung in fremde Sprachen innerhalb der gesetzliche Schutzfrist vor. Es ist ohne ausdrückliche Genehmigung auch nicht gestattet, Photokopien, Mikrofilme und dergleichen von dieser Zeitschrift oder von Teilen derselben herzustellen.

   Manuskripte nehmen entgegen:

   Professor Dr. J. Anthony, Museum National d'Histoire Naturelle, 55 Rue de Buffon, Paris V/Frankreich;
   Professor Dr. A. Hopf, Institut für Hirnforschung, 4 Düsseldorf, Himmelgeisterstr. 300;
   Professor Dr. W. Kirsche, Anatomisches Institut der Humboldt-Universität, 104 Berlin, Philippstr. 12;
   Professor Dr. J. Szentágothai, Anatomisches Institut der Universität Budapest, Tüzoltó ut 58, Budapest IX/Ungarn.

К сведению авторов

1. Принимаются только работы, освещающие область, публикуемая в данном журнале.

2. Статьи дложны быть научно ценными работами, освещающие новые и еще не опубликованные до сих пор результаты. Как правило, в журнале таких работ печатать нельзя, которые носят характерреферата или занимаются спекуляциями.

3. Рукописи должны представляться в готовой к печати форме: печатаные на машинке на одной стороне листа. Они могут быть написаны на английском, немецком или французском языках.
   Желаемый навор курсивом должен быть маркирован подчеркиванием слов волнистой линией. Выдвижение отдельных слов набором вразрядку должно быть подчеркнуто в рукописи штрихованной линией; абзацы, для которых предусматривается мелкий шрифт, просим обозначить латинской буквой „р". Подстрочные примечания должны иметь сплошную нумерацию. Кроме принятого резюме просим приложить еще второе резюме на английском языке. В случае если оригинал будет представляться на английском языке, автор может писать резюме на немецком, французском или русском языках. Кроме того просим составить колонтитул.

   Количество иллюстраций следует ограничить на крайне необходимое число. Желательно отмечать в рукописи, в какое место в тексте следует включить иллюстрацию или таблицу. Оригиналы иллюстраций, формат которых переступает площадь набора (16,9 см × 23,8 см) должны носить на обороте масштаб уменьшения. Иллюстрации меньшего формата рекомендуем приспосабливать к ширине столбца. Объяснения под иллюстрациями должны быть составлены на отдельном листе.

4. В интересах немедленной публикации статей журнал „Journal für Hirnforschung" изготовляется безграночным способом, т. е., авторы получают только одну верстку. В корректурный оттиск могут быть внесены только корректуры слов.

5. От каждой оригинальной статьи автор бесплатно получает 80 отдельных оттисков.

6. Издательство оставляет за собой исключительное право размножения, распространения и перевода на иностранные языки в течение законного срока защиты авторских прав. Без категорического разрешения также не разрешается изготовление фотокопий, микрофильмов и т. п. от этого журнала или от частей его.

Рукописи принимают:

Prof. D. J. Anthony, Museum National d'Histoire Naturelle, 55 Rue de Buffon, Paris V/Frankreich;
Prof. Dr. A. Hopf, Institut für Hirnforschung, 4 Düsseldorf, Himmelgeisterstr. 300;
Prof. Dr. W. Kirsche, Anatomisches Institut der Humboldt-Universität, DDR-104 Berlin, Philippstr. 12;
Prof. Dr. J. Szentágothai, Anatomisches Institut der Universität Budapest, Tüzoltó utca 58, Budapest IX/Ungarn.

FSC
www.fsc.org
MIX
Papier | Fördert gute Waldnutzung
FSC® C083411

Zeitfracht Medien GmbH
Ferdinand-Jühlke-Straße 7
99095 Erfurt, Deutschland
produktsicherheit@kolibri360.de